湖北省市场监督管理培训中心系列教材

计量检测人员专业实务指南

JILIANG JIANCE RENYUAN ZHUANYE SHIWU ZHINAN

湖北省市场监督管理培训中心　编著

图书在版编目(CIP)数据

计量检测人员专业实务指南/湖北省市场监督管理培训中心编著. —武汉:中国地质大学出版社,2022.11
 湖北省市场监督管理培训中心系列教材
 ISBN 978-7-5625-5379-3

Ⅰ.①计… Ⅱ.①湖… Ⅲ.①计量检测-技术培训-教材 Ⅳ.①TB9

中国版本图书馆 CIP 数据核字(2022)第 206735 号

计量检测人员专业实务指南		湖北省市场监督管理培训中心 编著
责任编辑:张燕霞 周 旭	选题策划:张燕霞	责任校对:徐蕾蕾
出版发行:中国地质大学出版社(武汉市洪山区鲁磨路388号)		邮政编码:430074
电 话:(027)67883511	传 真:(027)67883580	E-mail:cbb@cug.edu.cn
经 销:全国新华书店		http://cugp.cug.edu.cn
开本:787 毫米×1092 毫米 1/16	字数:397 千字	印张:15.5
版次:2022 年 11 月第 1 版	印次:2022 年 11 月第 1 次印刷	
印刷:武汉市籍缘印刷厂		
ISBN 978-7-5625-5379-3		定价:80.00 元

如有印装质量问题请与印刷厂联系调换

《计量检测人员专业实务指南》

编委会

主　编：陈　祁　　陈燕飞　　洪　翠

副主编：桑晓鸣　　蔡江华　　代　娜

编　委：张　民　　汪　君　　杨　戈　　江　昭
　　　　田　园　　陈　波　　陈　魏　　黄　敏
　　　　韩　础

前　言

计量是国家质量基础设施(national quality infrastructure,NQI)的重要组成部分,是科技创新、产业发展、国防建设、民生保障的重要基础。党的十八大以来,我国计量事业的发展迈上了新台阶,共建成185项国家计量基准和6.2万余项社会公用计量标准,标准物质供给数量持续增长,量值传递溯源体系更加完善,计量监督管理体系不断健全……计量在国民经济社会发展中的作用更加凸显。然而,也因为社会经济的快速发展,各领域对精准计量的高质量需求与目前计量供给不充分、不平衡、不全面之间的矛盾也日益突出,部分新兴领域的量值溯源基础建设尚存空白,某些关键计量测试技术急需突破,计量监督管理思路和模式有待进一步创新。

2021年12月,国务院发布《计量发展规划(2021—2035年)》,指出"实施计量优先发展战略,加强计量基础研究,强化计量应用支撑,提升国家整体计量能力和水平已成为提高国家科技创新能力、促进经济社会高质量发展的必然要求",充分强调了计量的重要地位。早在1985年,我国就颁布了《中华人民共和国计量法》,作为计量工作的重要法律支撑。随着社会经济的发展,该法经历了多次修订。2018年,《中华人民共和国计量法》经历了最新的第五次修订。同年,国际单位制基本单位全面采用物理常数定义,国际测量技术规则与格局将予重构,由此带来的影响广泛而深远。可以预见,随着全球科技的进步,计量行业的要求也将不断更新,《中华人民共和国计量法》的修订也还会继续。

湖北省市场监督管理培训中心(以下简称"培训中心")是湖北省市场监督管理局直属公益二类事业单位,成立40余年来,已发展成为具有全国影响的市场监管培训机构。多年来,培训中心深耕计量领域,持续开展计量管理人员、计量标准考评员、注册计量师、计量检定校准人员培训,为社会输送了大批计量专业人才。基于培训中心多年计量相关培训积累的资源成果,结合近年来的法律法规政策变化,我们组织多位长期在计量领域从事技术或管理工作的研究员、评审员、权威专家编写了这本《计量检测人员专业实务指南》。

本书共包括十章,桑晓鸣负责第一章、第二章、第四章、第九章的编撰及全书初步统稿修订,陈燕飞负责第七章、第八章的编撰及全书初步统稿修订,代娜负责第五章、第六章的编撰,张民负责第三章的编撰,汪君负责第十章的编撰,蔡江华负责最终统稿修订。其他编委会成员参与本书顾问、审核、修订及新形态教材资源的二维码制作。本书各章节配有二维码,读者可扫码登陆"市场监管教育在线"观看相关视频及补充文件。"市场监管教育在线"还有众多市场监管领域公益培训班及课程,欢迎您注册登陆学习。

因编著者水平所限,书中不尽人意甚至谬误之处在所难免,恳请广大读者和业内专家批评指正。读者可扫描下方二维码通过微信公众号联系我们,期待您的关注。

编著者

2022 年 11 月

目 录

第一章　计量的发展与概念 (1)

第一节　计量的起源与发展 (1)
第二节　测量与计量 (8)
第三节　计量学 (13)

第二章　量和单位 (16)

第一节　量和单位的基本概念 (16)
第二节　单位制、一贯单位制和基本单位 (18)
第三节　法定计量单位 (19)
第四节　法定计量单位的基本使用方法 (26)

第三章　计量法律、法规及计量组织机构 (33)

第一节　计量法 (33)
第二节　计量法规和规章 (34)
第三节　计量管理和监督 (37)
第四节　计量技术机构 (39)
第五节　注册计量师 (42)

第四章　计量器具 (45)

第一节　计量器具类别及特性 (45)
第二节　计量器具检定 (54)
第三节　校　准 (58)
第四节　检　验 (59)
第五节　检定、校准和检验之间的区别 (60)
第六节　量值溯源与量值传递 (61)

第五章　测量误差及数据处理 (64)

第一节　测量误差 (64)
第二节　误差来源 (71)

第三节　测量误差基本性质和处理 ……………………………………… (73)
　　第四节　测量结果中异常值的处理 ……………………………………… (88)
　　第五节　有效数字的处理准则 …………………………………………… (95)

第六章　测量不确定度的评定与表示 …………………………………… (98)

　　第一节　概率论的基本知识 ……………………………………………… (98)
　　第二节　测量不确定度的基本概念 ……………………………………… (107)
　　第三节　测量不确定度评定 ……………………………………………… (112)
　　第四节　测量结果的处理和报告 ………………………………………… (130)
　　第五节　测量误差与测量不确定度的关系 ……………………………… (133)
　　第六节　校准和测量能力 ………………………………………………… (139)

第七章　质量控制 …………………………………………………………… (142)

　　第一节　质量控制的方法 ………………………………………………… (142)
　　第二节　期间核查 ………………………………………………………… (152)
　　第三节　计量比对 ………………………………………………………… (162)

第八章　计量标准 …………………………………………………………… (173)

　　第一节　术语与定义和计量标准命名 …………………………………… (173)
　　第二节　建立计量标准的要求 …………………………………………… (177)
　　第三节　计量标准的运行 ………………………………………………… (183)
　　第四节　计量标准考核的申请 …………………………………………… (193)
　　第五节　计量标准的更换、封存与注销 ………………………………… (200)

第九章　法定计量检定机构 ………………………………………………… (203)

　　第一节　机构组织结构和通用要求 ……………………………………… (203)
　　第二节　资源要求与配备管理 …………………………………………… (205)
　　第三节　过程及其实施要求 ……………………………………………… (210)
　　第四节　计量管理体系要求 ……………………………………………… (216)
　　第五节　管理体系文件的建立 …………………………………………… (220)
　　第六节　法定计量检定机构考核的准备 ………………………………… (226)

第十章　CMA 和 CNAS 概述 ……………………………………………… (231)

　　第一节　检验检测机构资质认定（CMA） ……………………………… (231)
　　第二节　实验室和检验机构认可（CNAS） ……………………………… (233)
　　第三节　实验室和检验机构认可的实施 ………………………………… (234)

第一章 计量的发展与概念

日常生活中,处处有计量。在菜市场买白菜,称重 0.5 kg;在高度机上量身高,176 cm;买一瓶啤酒,上面标注净含量 500 mL……我们将数字后面的符号称作计量单位,数字加上计量单位,称作量值。计量就是指实现单位统一、量值准确可靠的活动。计量是科技、工业、经济发展的重要技术基础之一,关系到科技进步、市场营商环境、产品质量、人民群众的健康安全和人与自然环境的和谐发展。计量是如此的重要,那我国是从什么时候开始有计量的呢?其发展与变化过程是怎样的呢?下面我们来谈谈计量的历史。

第一节 计量的起源与发展

计量起源很早,发展历史悠久,下面我们按照时间线,来回顾中国计量的历史。

一、古代计量

中国古代计量的发生,可以追溯到四五千年以前的原始社会时期。随着社会生产力的发展,人们产生了对长度(图1-1)、容量(图1-2)、质量(图1-3)和时间(图1-4)等计量的需要,于是就地取材,以人体躯干或行为、某种天然物或植物果实作为标准进行计量活动,如伸掌为尺、迈步定亩、滴水计时等。

根据传说,黄帝"设五量",有"权衡、斗斛、尺丈、里布、十百",简称为度、量、衡、里、数。黄帝的继承者尧、舜,则根据日月星辰的运动规律来制定历法,把一年定为 366 日。舜冬巡时协调各部落氏族的日月和四时季节,对各部族的历法和度量衡作了协调统一。

规矩准绳是最古老的测量工具。用"准"定平直,"绳"测长短,"规"画圆,"矩"画方。中国古代第一位建立度量衡标准的人是大禹。大禹治水,首先考察水势,寻找水的源头和上下游流经的地域。这一系列活动都离不开测量。《史记》载:禹"身为度,称以出",这表明当时是以大禹的身长和体重作为长度、质量的单位。有了单位和标准,并把它复制到木棍、矩尺和准绳上,测量长度时就可以直接读数和计算。治水过程中,即使在不同地区也可以复现和传递这个量了。

大禹派人去四方勘测,涉及更大的长度时,一般木棍、矩尺、准绳无法满足测量需求。于是,智慧的古人开始"用脚步丈量大地","步"成为测量大地最原始的单位,并一直延续了几千年。那怎样才算一步呢？古人讲"跬步","不积跬步,无以至千里"。《孔丛子》说:"跬,一举足也,倍跬为步。"即一条腿跨出的距离称"跬",再把另一条腿跨出的距离称"步"。今日所称的"步"则为一举足,其实相当于古代的半步。

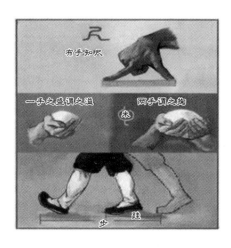

秦始皇诏八斤铜权　重1 997.8 g

秦始皇诏陶量　容970 mL

图1-1　布手知尺(上)、掬手成升(中)、跬步(下)　　图1-2　铜权(上)、陶量(下,容器)

新莽铜石权
重29 950 g　　　新莽九斤铜石权
重2 222.8 g

图1-3　新莽铜石权(秤砣)　　　　　　　　　　图1-4　计时工具——日晷

《孔子家语》记"布指知寸,布手知尺"(图1-1上);一只手盛的就是"溢",两手合盛就是"掬"(图1-1中),两手之盛与一升容量相当;240步(图1-1下)为一亩;等等。这些都是古时计量的体现。

二、度量衡的起源与单位

《辞源》解说度量衡,"测量长短之器曰度;测量大小之器曰量;测量轻重之器曰衡"。"度量衡"的名称最早见于《商书·舜典》,"协时月正日,同律度量衡"。官方说法叫度量衡,在民间则是"尺、斗、秤"。

（一）度

计量长短的器具称为度。长度单位很早就产生了，是以人身体的某个部分或某种动作命名，如寸、咫、尺、丈、寻、常、仞等。尺是长度的基本单位。一尺的长度与一手的长相近，古时"布手知尺"。每个朝代的尺寸不一样，比如秦时，一尺约 23.1 cm；唐代，一尺合今 30.7 cm 等。

寸：布指为寸，即指节的长度，一尺等于十寸。

咫：与尺比较接近，是妇女手伸展后从拇指到中指的距离，稍短于尺。后来咫、尺连用，表示距离短，如"近在咫尺"。

丈：杖的本字，象形文字中像手拿着一根棍状的东西，后用作量词。一丈等于十尺，约现在的 3.33 m。在商代，一尺合今 16.95 cm，按这一尺度，人高约一丈，故有"丈夫"之称。

寻：古时两臂为一寻，有"舒肘知寻"说法；一寻为七尺，也有说八尺为一寻。《说文解字·寸部》："度人臂之两倍为寻，八尺也。"而《说文通训定声》则对上面这种说法进行了考证："度广四寻，度深四仞。皆伸两臂为度，度广则身平臂直，而适得八尺，度深则身侧臂曲，而仅得七尺。"

常：一常等于二寻。

仞：古代以一人之高为一仞。仞与尺的比例关系，一向没有明确的定数，说一仞为四尺、五尺六寸、七尺、八尺的都有，一般认为是八尺。

随着经济社会的发展及长度应用场景的变化，"寸、咫、尺、丈、寻、常、仞"7 个长度单位中，只保留了寸、尺、丈 3 个，并在寸位以下加一"分"位（比如"掌握分寸"），丈位以上加一"引"位。1 引 = 10 丈，1 里 = 15 引 = 150 丈，都是十进，这就是所谓五度——分、寸、尺、丈、引。

五度中分是最小单位，分以下还有没有更小的单位呢？——厘、毫、秒、忽。不过，这些长度小单位的日常应用场景较少，一般数学专业人士才用得到。所谓"度长短者，不失毫厘"，是表示测量时应该具有微小数的精度的意思。《孙子算经》有"蚕所吐丝为忽，十忽为一秒，十秒为一毫，十毫为一厘，十厘为一分"的说法。这些十退位的分、厘、毫、秒、忽成为算术上专用的小数名称和长度小单位名称。到了宋代，把秒改为丝（一直用到现在）。清末时把长度小单位定到毫位为止。

（二）量

测定计算容积的器皿称为量，古时的容量单位有圭（guī）、抄、撮、勺、合、升、斗、斛（读 hú，一斛本为十斗，后来改为五斗）、豆、区、釜、钟以及溢、掬等，都是十进位。

升是容量的基本单位，斗和斛则是应用场景中的常用单位。商鞅统一秦国度量衡，于公元前 344 年制造了标准量器铜方升（图 1-5），上刻有"十六尊五分尊壹为升"（十六寸五分寸壹为升）等字样，用度量审其容，反映了中国古代劳动人民在数字运算和器械制造等方面所取得的高度成就。

图 1-5 战国商鞅方升

全长 18.7 cm,升纵 7 cm,横 12.5 cm,深 2.3 cm,容积 202.15 cm³,重 0.69 kg

关于容量的小单位,《孙子算经》说:"六粟为一圭,十圭为抄,十抄为撮,十撮为勺,十勺为合。"这样,六粟为一圭(一说,十粟为一圭),其余圭、抄、撮、勺以及合、升、斗、斛 8 个单位,都是十进位。如:1 升=10 合=1/10 斗。

此处要提一下"石"(dàn)。石本来是质量单位,一百二十斤为一石。自秦汉开始,石也作为容量单位,与斛相等。魏晋名士谢灵运欣赏曹植才华,曾说:"天下才共一石,曹子建独得八斗,我得一斗,自古及今共分一斗。"这句话包含的信息量很大,里面既有对才子的高度推崇,又有自信的人生态度,还有计量知识点。"才高八斗"的典故也出自此处。

(三)衡

测量物体轻重的工具称为衡,古时的质量单位有石、钧、斤、两、钱、分、厘、毫、丝、忽。

先秦时期的质量单位复杂不一,例如《孙子算经》讲:"称之所起,起于黍。十黍为一絫,十絫为一铢,二十四铢为一两。"《说苑·辨物》:"十粟重一圭,十圭重一铢。"自《汉书·律历志》把铢、两、斤、钧、石 5 个单位命名为"五权"之后,名称开始一致,其进位方法为:二十四铢为两,十六两为斤,三十斤为钧,四钧为石。

再说分、厘、毫、丝、忽等,原是小数名称,后从长度借用为质量单位名称,自宋代开始定为十退位单位。宋代权衡的改制废弃了铢、絫、黍等名称,其质量单位名称自大到小依次为石、钧、斤、两、钱、分、厘、毫、丝、忽,其进位方法已如前述。其中特殊点是钱两的关系,一两等于十钱,一钱约现在的 3.69 g。

三、近代计量的发展

(一)中国近代的计量发展

清康熙时期,康熙本人亲自累定黍尺,以一百粒黍子纵向排列的长度作为清营造尺一尺的长度基准;以营造尺尺度导出容量基准,"升方三十一寸六百分"(1035 mL);以营造尺的立方寸的金属的质量作为衡重基准,"赤金每立方寸重十六两八钱"(37 g)。以上计量制度即"营造尺库平制"。到光绪时期,清政府规定以尺、升和两为度量衡单位。

1875年17个国家在巴黎签署了"米制公约",成立了国际计量委员会,设立了国际计量局。

1912年北洋政府确定营造尺库平制和米制两制并行。数年后公布《权度法》,规定营造尺库平制为甲制,米制为乙制,米制在中国度量衡名称前冠以"公"字,如"公尺""公升""公斤"等。

1927年南京政府推行"米制",成立了度量衡标准委员会,采用了"一、二、三制",即一米等于三市尺,一升等于一市升,一公斤等于二市斤的市用制。第二年公布《中华民国权度标准方案》,将公尺、公升和公斤定为标准制,市尺、市升和市斤为市用制,一直延用到1949年。

1953年,鉴于度量衡已不能包括温度、电学等许多物理量,遂将度量衡改称为计量。

1959年国务院发布了《关于统一我国计量制度的命令》,确定公制为我国基本计量制度,正式采用十两为一斤的市制。国家设立了国家科委计量局和中国计量科学研究院,后又成立国家标准计量局。

1977年我国参加国际米制公约组织并颁发《中华人民共和国计量管理条例(试行)》,其中规定了我国要逐步采用国际单位制。1986年7月1日《中华人民共和国计量法》实施。

(二)国际近代计量和米制的创立

文艺复兴后,西方思想获得了解放,科学技术的发展开始突飞猛进。以物理学为例,意大利的伽利略做了著名的落体实验和斜面滑球实验,法国的帕斯卡发现了帕斯卡定律,英国的波意尔发现了波意尔定律,牛顿建立起完整的经典力学体系,德国的华伦海脱首先用水银制成了数值稳定的温度计,瑞典的摄尔西斯建立了著名的摄氏温标……物理学的发展,推动了很多物理量的诞生,如质量、力、长度、能量、速度、时间、加速度、压力、温度等;创造了许多测量仪器和装置,如天平、温度计、脉搏计、望远镜等。但是,物理量单位制的杂乱和无规律,严重影响了物理学家的学术表达及沟通交流。

1791年,法国国民议会颁布新的度量衡制度:采用十进制;米的长度以自北极到赤道段经过巴黎的子午线的四千万分之一为标准;千克质量单位以 1 dm^3 温度为 4 ℃ 的纯水在真空中的质量为标准。由于铸出了纯铂米和千克原器,则颁布法律以确定米和千克的值。法国确定从1840年1月1日开始实行"米制"。

(三)从《米制公约》到国际单位制的建立

19世纪初,米制开始向世界普及。1875年5月20日,17个国家的全权代表签署了《米制公约》,决定成立国际计量局(BIPM)——这是计量学走向国际统一的里程碑。

1889年,第一届国际计量大会(CGPM)召开,批准了米和千克两个单位的定义。

1. 长度单位米的定义

长度的单位是米,规定为国际计量局所保存的铂铱尺上的两条中间刻线的轴线在 0 ℃ 时的距离。这根铂铱尺已被国际计量大会宣布为米原器,保存在标准大气压下,放在两个对称的、置于同一水平面上并相距 571 mm 的直径至少为 1 cm 的圆柱上。

2. 质量单位千克的定义

国际千克原器是采用铂铱合金制成的直径和高均为 39 mm 的圆柱体。

1901 年,第三届国际计量大会进一步明确以下规定:千克是质量单位,它等于国际千克原器的质量;"重量"一词表示的量与"力"的性质相同;物体的重量是该物体的质量与重力加速度的乘积;特别是,一个物体的标准重量是该物体的质量与标准重力加速度的乘积。

3. 时间单位秒的定义

时间单位秒的定义也依赖于地球。第一次定义是在 1820 年,科学家根据观测地球自转和绕太阳公转的周期来确定时间,因为人们的计时习惯是与一昼夜时间密切相关的,而一年中每个昼夜的长短各不相同,故用平均的昼夜时间(平太阳日)进行定义,即秒的定义:1 秒=1 平太阳日/86 400。

1930 年,出现了振荡周期非常稳定的石英晶体振荡器,由此发现了平太阳秒的变化约为 1×10^{-8} 量级,即一昼夜约有 1 ms 的变化。为了避免地球自转和公转不均匀对秒定义的影响,1960 年对秒作第二次定义时,是用 1900 年的回归年,即历书上的特定的回归年进行定义的:1 秒=1 回归年/31 556 925.974 7。这样定义的秒,亦称历书秒,比第一次定义的准确度高一个量级,达到 1×10^{-9}。

4. 电的定义

意大利的 G. G. 乔吉倡导将米、千克、秒单位制与一个实用的电单位(例如电压或电阻单位)结合起来,建立以 4 个基本单位为基础的一贯单位制。

第六届国际计量大会修订了《米制公约》,确定了建立和保存电学单位基准,并组织各国的基准比对。

5. 温度的定义

在 18 世纪华氏温标和摄氏温标的基础上,法国工程师卡诺(S. Carnot)提出了热机中的卡诺循环原理;英国物理学家汤姆逊(W. Thomson)用卡诺循环中热功与温度成正比的公式,提出了建立热力学温标的方案,并以复现性很好的水的三相点为参考点;开尔文建议用上述方案建立热力学温标。

6. 发光强度的定义

1840 年,美国的爱迪生发明了电灯,英国率先规定了发光强度的单位,这是在电灯发明前所规定的标准光源——烛光(candel),即采用一支标准蜡烛的发光强度作为单位。1909 年,美、英、法等国决定用一组碳丝白炽灯代替蜡烛作为发光强度的国际标准,取名为国际烛光。

由此可见,从 19 世纪中期至 20 世纪初期的半个多世纪内,先后建立起长度、质量、时间、电、温度和发光强度等 6 个单位的国际标准。

四、现代计量的发展

1986 年我国确定采用国际单位制(SI),采用的 7 个基本单位如下。

(1)米:光在真空中于(1/299 792 458)s 时间间隔内所经路径的长度。

(2)千克:国际千克原器的质量为 1 kg。国际千克原器是 1889 年第一届国际计量大会批准制造的,它是一个高度和直径均为 39 mm 的用铂铱合金制成的圆柱体,原器保存在巴黎国际计量局。

(3)秒:铯-133 原子基态的两个超精细能级之间跃迁所对应的辐射的 9 192 631 770 个周期的持续时间。

(4)安培:在两条置于真空中相互平行的相距 1 m 的无限长而圆截面可以忽略的导线中,通以强度相同的恒定电流,若导线每米长所受的力为 2×10^{-7} N,则导线中的电流强度为 1 A。

(5)开尔文:水的三相点热力学温度的 1/273.16。该单位是以英国物理学家开尔文的名字命名的。"开尔文"的温度间隔与"摄氏度"的温度间隔相等。但开氏温标的零度(0 K),是摄氏温标的零下 273 度(−273 ℃)。

(6)摩尔:简称摩,它是一系统的物质的量,该系统中所包含的基本单元数与 0.012 kg ^{12}C 的原子数目相等。

使用摩尔时,基本单元应予指明,可以是原子、分子、离子、电子及其他粒子,或这些粒子的特定组合。摩尔拉丁文的原意是大量和堆量,它是用宏观的量来量度微观粒子的一个单位。

(7)坎德拉:简称坎,是一个光源在给定方向上的发光强度。该光源发出频率为 540×10^{12} Hz 的单色辐射,且在此方向上的辐射强度为 (1/683)W/sr。

随着科学技术的不断发展,国际单位制凸显了由定义带来的缺陷。根据国际计量局的官方数据,在 1889—1989 年的 100 年间其他千克原器与国际千克原器比较,在质量一致性上发生了约 0.05 mg 的变化。

开尔文被定义为水三相点热力学温度的 1/273.16,但是水三相点关键比对结果显示,水中氢氧同位素丰度随水源、蒸馏工艺过程不同会有明显差异,因而造成水三相点的不同;三相点容器长期存放,器壁钠元素会污染纯水;这些因素都致使实际复现的水三相点有可能偏离开尔文定义值。

故第 26 届国际计量大会重新定义 7 个 SI 基本单位中的 4 个,即千克、安培、开尔文和摩尔,以及所有由它们导出的单位,如伏特、欧姆和焦耳。

2019 年 5 月 20 日是第 20 个世界计量日,新修订的国际单位制体系正式生效,"千克""安培""开尔文"和"摩尔"4 个 SI 基本单位改为由常数定义,加之此前对"秒""米""坎德拉"

的重新定义,至此,国际单位制 7 个基本单位全部实现由常数定义,正式迈入量子时代。重新定义的特点是"计量单位量子化"和"量值传递扁平化"。

量子计量基准的发明和使用,培育并造就出纳米、生物、卫星导航、3D 打印、机器人等一大批高新技术和产业。如今的时间校准可以被植入芯片,让你通过网络在世界任何角落获取最准确的时间。或许有一天,不仅仅时间,包括长度、电流、温度等,各个我们日常生产生活中所必须准确的量值,都可以通过互联网来进行校准,实现无处不在的最佳测量。

第二节　测量与计量

在实际应用场景中,测量和计量的概念很容易被弄混淆,下面对测量和计量分别展开说明。

一、测量

JJF 1001—2011《通用计量术语及定义》对测量的定义是:"通过实验获得并可合理赋予某量一个或多个量值的过程。"测量意味着量的比较并包括实体的计数,而且不适用于标称特性(不以大小区分的现象、物体或物质的特性)。

(一)测量的内涵

测量可能是一项复杂的物理实验,如激光频率的绝对测量、地球至月球的距离测量、纳米测量等;也可能是一个简单的动作,如称体重、量体温、用尺量布等。其操作可以自动进行,也可以手动或半自动进行。这里强调的是一组操作(或一套操作),意指操作的全过程,直到给出测量结果或报告。也就是从明确或定义被测量开始,包括选定测量原理、程序和方法,选用测量标准和仪器设备,控制影响量的取值范围,进行实验和计算,一直到获得具有适当不确定度的测量结果。该组操作的"目的"在于确定量值,这里没有限定测量范围和测量不确定度。因此,这个定义适用于诸多方面和各种领域开展计量管理等。

(二)测量的内容

测量内容包括测量系统、测量过程、测量原理、测量方法、测量程序、测量条件、测量人员和测量结果。

1. 测量系统

测量系统是一套组装的并适用于特定量在规定区间内给出测量值信息的一台或多台测量仪器,通常还包括其他装置。一个测量系统可以仅包括一台测量仪器,如测量半导体材料电导率的装置、校准温度计的装置、光学高温计检定装置等。测量系统可包含实物量具和化学试剂。固定安装的测量系统称为测量装备,如热电偶检定装置又称为热电偶测量装备。

2. 测量过程

测量过程是确定"量值"的一组操作,这个过程是指将输入转化为输出的相互关联、相互作用的活动。测量过程有3个要素,分别是输入、测量活动、输出。输入确定被测量及对测量的要求;测量活动包括测量前的策划及配备资源(人员、设备、环境)和测量中的具体实施;输出要按输入的要求给出测量结果,出具证书或报告。

3. 测量原理

测量原理是测量的科学基础(用作测量基础的现象),是指测量所依据的自然科学中的定律、定理和得到充分理论解释的自然效应等科学原理。比如牛顿第二定律、欧姆定律、多普勒效应、激光干涉原理等都属于测量原理。

4. 测量方法

测量方法是对测量过程中使用的操作所给出的逻辑性安排的一般性描述。检定规程、校准规范和试验鉴定大纲等即测量方法的体现。

根据量值取得的不同方式,测量方法可分为直接测量、间接测量及组合测量。

(1)直接测量。将被测量直接与所选用的标准量进行比较,或者用预先标定好的测量仪表进行测量,从而直接得出测量值的方法称为直接测量。例如,用尺测长度,用玻璃管水位计测水位等。

(2)间接测量。通过直接测量与被测量有确定函数关系的其他各个变量,然后将所得的数值代入函数进行计算,从而求得被测量值的方法称为间接测量。例如,用平衡容器测量汽包水位,通过测量导线电阻、长度及横截面积求电阻率等。

(3)组合测量。在测量出几组有一定函数关系的变量的基础上,通过解联立方程来求取被测量值的方法称为组合测量。例如,在一定温度范围内铂电阻与温度关系为

$$R_t = R_o(1 + At + Bt_2) \tag{1-1}$$

式中:R_o——铂电阻在 0 ℃时的电阻值;

R_t——铂电阻在温度为 t 时的电阻值;

A、B——温度系数(常数),为了求出温度系数 A、B,可以分别直接测出 0 ℃、t、t_2 3 个不同温度值及相应温度下的电阻值 R_o、R_t、R_{t_2},然后通过联立方程来求得 A、B 数值。

根据检测装置动作原理不同,测量分为直读法、零值法(平衡法)、微差法。

(1)直读法。被测量作用于仪表比较装置,使比较装置的某种参数按已知关系随被测量发生变化。由于这种变化关系已在仪表上直接刻度,故直接可由仪表刻度尺读出测量结果。例如,用玻璃管水银温度计测量温度时,可直接由水银柱高度读出温度值。

(2)零值法(平衡法)。将被测量与一个已知量进行比较,当二者达到平衡时,仪表平衡

指示器指零,这时已知量就是被测量值。例如,用天平测量物体的质量,用电位差计测量电势。

(3)微差法。当被测量尚未完全与已知量相平衡时,读取它们之间的差值,由已知量和差值可求出被测量值。用不平衡电桥测量电阻就是用微差法测量的例子。

零值法和微差法测量对减小测量系统的误差很有利,因此测量准确度高,应用较为广泛。

根据仪表是否与被测对象接触,测量分为接触测量法、非接触测量法。

(1)接触测量法。仪表的一部分与被测对象接触,受到被测对象的作用才能得出测量结果的测量方法称为接触测量法。例如,用玻璃管水银温度计测量温度时,温度计的温包应该置于被测介质之中,以感受温度的高低程度。

(2)非接触测量法。仪表的任何部分都不必与被测对象直接接触就能得到测量结果的测量方法称为非接触测量法。例如,用光学高温计测温,是通过被测量对象所产生的热辐射对仪表的作用而实现测温的,因此仪表不必与被测对象直接接触。

根据测量的方式,测量分为绝对测量、相对测量、单项测量、综合测量、自动测量、非自动测量。

(1)绝对测量。绝对测量是所用量器上的示值直接表示被测量大小的测量。

(2)相对测量。相对测量是将被测量同与它只有微小差别的同类标准量进行比较,测出两个量值之差的测量法。

(3)单项测量。单项测量是对多参数的被测物体的各项参数分别测量。

(4)综合测量。综合测量是对被测物体的综合参数进行测量。

(5)自动测量。自动测量是指测量过程按测量者所规定的程序自动或半自动地完成的测量。

(6)非自动测量。非自动测量又叫手工测量,是在测量者直接操作下完成的。

测量方法的种类非常多,还有基本测量法、定义测量法、补偿测量法和符合测量法等。

5. 测量程序

测量程序是根据一种或多种测量原理及给定的测量方法,在测量模型和获得测量结果所需计算的基础上,对测量所做的详细描述。测量程序是规定的具体、详细的操作步骤,或称操作手册、操作程序,可以在质量体系文件的作业指导书中体现出来。

总之,测量原理、测量方法和测量程序是实施测量的3个重要因素,原理是实施测量过程中的理论基础,方法是测量原理的实际应用,而程序是测量方法的具体化。

6. 测量条件

测量的环境条件是保证测量结果准确性的基础。许多测量结果是在一定的环境条件下得出来的结论。测量条件通常有实验室环境条件、大气环境条件(例如温度、湿度等)、机械环境条件(例如振动、冲击等)、电磁兼容条件(例如电磁屏蔽、电磁干扰、辐射等)、供电电源条件(例如电源电压、频率、输出功率稳定性等)、采光照明条件(例如照明、亮度等)等。

通常测量方法中对测量程序和测量仪器的环境条件有规定,比如:

(1)额定工作条件。为使测量仪器或测量系统按设计性能工作,在测量时必须满足的工作条件称为额定工作条件。额定工作条件通常要规定被测量和影响量的量值区间。

(2)极限工作条件。为使测量仪器或测量系统所规定的计量特性不受损也不降低,其后仍可在额定工作条件下工作,所能承受的极端工作条件称为极限工作条件。极限工作条件可包括被测量和影响量的极限值。储存、运输和运行的极限工作条件可以各不相同。

(3)参考工作条件。为测量仪器或测量系统的性能评价或测量结果的相互比较而规定的工作条件称为参考工作条件。参考工作条件一般包括作用于测量仪器的影响量的参考值或参考范围。参考工作条件又称标准工作条件或参比工作条件,过去也曾称作正常工作条件。

7. 测量人员

测量人员应有一定的技能和资格,比如上岗证、专业培训合格证和注册计量师资格等。

8. 测量结果

测量结果是与其他有用的相关信息一起赋予被测量的一组量值。测量结果通常包含这组量值的"相关信息",诸如某些可以比其他方式更能代表被测量的信息。它可以概率密度函数的方式表示。测量结果通常表示为单个测得的量值和一个测量不确定度。对某些用途,如果认为测量不确定度可忽略不计,则测量结果可表示为单个测得的量值。在许多领域这是表示测量结果的常用方式。测量结果定义为赋予被测量的值,并按情况解释为平均示值、未修正的结果或已修正的结果。

二、计量

计量的定义是"实现单位统一、量值准确可靠的活动"。从定义中可以看出,计量源于测量,而又严于一般测量,它涉及整个测量领域,并按法律规定,对测量起着指导、监督、保证的作用。计量与其他测量一样,是人们理论联系实际,认识自然、改造自然的方法和手段。计量是质量的基础,也是能源监测的技术保证。

(一)计量的特点

计量的特点有准确性、一致性、溯源性、法制性。

准确性是指测量结果与被测量真值的接近程度。由于实际上不存在完全准确无误的测量,因此在给出量值的同时,必须给出适应于应用目的或实际需要的不确定度或可能误差范围。所谓量值的准确性,是在一定的测量不确定度或误差极限或允许误差范围内,测量结果的准确性。

一致性（也称统一性）是指在统一计量单位的基础上，无论在何时何地采用何种方法，使用何种计量器具，以及由何人测量，只要符合有关的要求，测量结果应在给定的区间内一致。也就是说，测量结果应是可重复、可再现（复现）、可比较的。

溯源性是指任何一个测量结果或测量标准的值，都能通过一条具有规定不确定度的不间断的比较链，与测量基准联系起来的特性。这种特性使所有的同种量值都可以按这条比较链通过校准向测量的源头追溯，也就是溯源到同一个测量基准（国家基准或国际基准），从而使其准确性和一致性得到技术保证。

法制性是指计量必需的法制保障方面的特性。由于计量涉及社会的各个领域，量值的准确可靠不仅依赖于科学技术手段，还要有相应的法律、法规和行政管理的保障。特别是在对国计民生有明显影响，涉及公众利益和可持续发展或需要特殊信任的领域，必须由政府起主导作用，来建立计量的法制保障。

（二）计量的研究对象及内容

计量的研究对象包括物理量、化学量、工程量、生理量和心理量。物理量是物理学中量度物体属性或描述物体运动状态及其变化过程的量，通俗地说，就是描述物理属性和物理现象的量，比如温度、压力和湿度等；化学量是反映物质的组成、结构、性质以及变化规律的量，是通过各种化学反应而生成的量，比如污水排放中的化学需氧量（COD）、总磷、总氮等；工程量主要指工程测量，比如基桩的完整性检测中应用探伤仪检测混凝土内部缺陷等；生理量是人体机能工作及变化的量，比如用心电图测量心脏的状况、用B超检查脏器的形态结构和用核磁共振测量脑部情况；心理量是不同人对相同物理量的心理感觉，比如用测谎仪记录人在情绪变化时的各种生理变化（呼吸、脉搏、频率、血压和皮肤湿度等）。

计量的内容有计量单位与单位制、计量器具（测量仪器）、量值传递与溯源、物理常量、材料和物质特性的测定、测量不确定度、数据处理、测量理论及其方法、计量管理（计量保证、监督）。

（三）计量的分类

计量可分为科学计量、工程计量、法制计量。

科学计量是指基础性、探索性、先行性的计量科学研究，通常用最新的科技成果来精确地定义与实现计量单位，并为最新的科技发展提供可靠的测量基础。科学计量通常是计量科学研究机构，特别是国家计量科学研究机构的主要任务，包括计量单位与单位制的研究、计量基准与标准的研制、物理常量与精密测量技术的研究、量值溯源与量值传递系统的研究、量值比对方法与测量不确定度的研究等。

工程计量也称工业计量，是指各种工程、工业和企业中的应用计量，例如有关能源或材料的消耗、工艺流程的监控以及产品质量与性能的测试等。随着产品技术含量提高和复杂性的增大，工程计量涉及的领域越来越广泛。为保证经济贸易全球化所必需的一致性和互换性，工程计量已成为生产过程控制不可缺少的环节，如长江隧道定期探伤，太阳能热水器的检测等。

法制计量是为了保证公共安全、国民经济和社会发展,根据法制、技术和行政管理的需要,由政府或其授权机构进行强制管理的计量,包括对计量单位、计量器具(特别是计量基准、标准)、测量方法及测量实验室的法定要求。从实际工作来看,法制计量主要涉及与安全防护、医疗卫生、环境监测和贸易结算等有利害关系或需要特殊信任的领域的强制计量,例如衡器、大气采样器(PM2.5)、电表、水表、煤气表、血压计等的计量器具的计量。

第三节 计量学

随着科技的进步、生产的发展,计量的概念和内容也在衍进,并出现了研究计量理论和实践的专门学科——计量学。从学科发展来看,计量学原是物理学的一部分,后来随着领域和内容的扩展而形成了一门研究测量理论与实践的综合性科学。计量学有时也简称计量,可理解为测量及其应用科学。计量学涵盖有关测量的理论与实践的各个方面,而不论测量的不确定度如何,也不论测量是在科学技术的哪个领域中进行的。计量学作为一门科学,它同国家法律、法规和行政管理结合紧密。

当前,比较成熟和普遍开展的计量科技领域有几何量(长度)、热学(温度)、力学、电磁学、电子学(无线电)、时间频率、声学、光学、化学和电离辐射,即所谓"十大计量"。

1. 几何量计量

几何量计量(也称长度计量)表征有形物体的几何特征和质点的空间位置,是对各种物体的几何尺寸和几何形状的测量,涉及波长、刻线量具、光栅、感应同步器、量块、多面体、角度等具体的测量。生活中常用到的直尺、钢卷尺,在军事和交通中广泛应用的卫星定位系统等,都是长度计量的研究成果。

三坐标测量机是测量和获得尺寸数据的最有效的方法之一,因为它可以代替多种表面测量工具及昂贵的组合量规,并把复杂的测量任务所需时间从小时减到分钟,这是其他仪器达不到的效果。

2. 热学计量

热学计量(又称温度计量)主要包括温度计量和材料的热物性计量。温度计量可分为高温、中温和低温计量(按国际实用温标划分);热物性计量主要包括导热、热膨胀(线胀、体胀)、热扩散(热传导)、比热容和热辐射(黑体)特性等的计量,如普通玻璃温度计、温度传感器、热电偶、铂电阻、红外测温仪、温度灯、温度巡检仪等的计量。

3. 力学计量

力学计量涉及质量、力值(测力)、密度、容量(大容量、中容量和小容量)、力矩(扭矩)、压力、真空、流量、密度、转速、硬度、重力加速度、振动和冲击等量的测量。力学计量比较广泛，比如市场上的公平秤、电子计价秤、水表、燃气表、出租车计价器、汽车轨道衡，化学用的容量瓶、量杯、滴定管、玻璃浮子密度计，石油化工用的油罐车、地埋罐、加油机、立式金属罐、油流量计，工程用的测力计、千斤顶、扭力扳手，工业用的气体(蒸汽)流量计、液体流量计(电磁流量计、涡轮流量计等)、压力表、压力传感器、差压传感器、硬度计、皮带秤、衡器，计量用的砝码、电子天平、活塞式压力计，等等。

4. 电磁学计量

电磁学计量(包括电学计量、磁学计量)涉及的专业范围包括直流和交流的阻抗和电量、精密交直流测量仪器仪表、模数/数模转换技术、磁通量、磁性材料和磁记录材料、磁测量仪器仪表以及量子计量等。比如电流表、电压表、电流电压互感器、万用表、电阻箱、耐压测试仪、兆欧表、家用电能表、场强计等都属于此范畴。

5. 电子学计量

电子学计量(也称无线电计量)包括超低频、低频、高频、微波计量、毫米波和亚毫米波整个无线电频段等各种参量的计量：①有关电磁能参量，如电压、电流、功率、电场强度、功率通量密度和噪声功率谱密度的计量；②有关电信号特征参量，如频率、波长、调幅系数、频偏、失真系数和波形特征参量的计量；③有关电路元件和材料特性参量，如阻抗或导纳、电阻或电导、电感和电容、Q值、复介电常数、损耗角的计量和有关器件与系统网络特性参量(电压驻波比、反射系数、衰减、增益、相移)、心电图仪、脑电图仪的计量。

6. 时间频率计量

时间频率计量用于测量频率值和时间间隔，包括频率计、计数器、晶体振荡器、计时器、秒表等计量。

7. 声学计量

声学计量是研究声压、声强、声功率和响度、听力损失等量的测量。噪声测量涉及交通噪声、环境噪声和建筑声学、电声学的测量。计量的对象有声级计、听力计、水听器、超声功率计、超声波测厚仪、超声探伤仪、医用超声源等。

8. 光学计量

光学计量的对象有光源(自然光源、人工光源、激光)、光探测器、光学介质、光学元件以及光学仪器。涉及发光强度、光亮度、光照度、光亮、曝光量、辐射强度、辐射照度、辐射亮度、色度、材料反射透射特性参量、光谱光度等参量，如日常生活中灯的亮度的测量，交通灯强度、色彩的测量等。计量对象有照度计、激光能量计和分光光度计、比色计、火焰光度计、屈光度计等。

9. 化学计量

化学计量主要针对燃烧热、酸碱度、黏度、湿度、电导率、浊度等物质化学特性的测量。计量对象包括各种气体、液体化学标准物质,有害气体分析仪,酸度计,燃气报警仪等。

10. 电离辐射计量

电离辐射计量是对辐射源放出的射线进行准确测量,主要是指X、γ射线吸收量、照射量和中子注量等的有关参量的测量。电离辐射计量涉及医用X光机、CT机、钴-60治疗机、X刀、工用X射线探伤机、农用大蒜辐照加工设备、环境监测用的水质检测设备以及用于海关、车站、码头的禁止物品检查仪等。

扫描二维码观看
计量概述

第二章　量和单位

量分为定量描述物理现象的物理量和日常生活中使用的非物理量。前者使用的单位是法定计量单位,后者使用的是一般量词。国家标准中的量均为物理量,即量名称和量符号。量名称绝大部分是从历史上沿用下来的,但都已被标准化,须按国家标准给出的定义去理解。量和单位是构建法制计量单位的基础,并通过法制形式标准化。

第一节　量和单位的基本概念

一、量和量值

量是指现象、物体或物质的特性,其大小可用一个数和一个参照对象表示。比如温度是一个量,它表示了物体冷热的程度。量可指一般概念的量或特定量,一般概念的量如长度(l)、能量(E)、电荷(Q)和电阻(R)等,特定量如圆 A 的半径$[r(A)]$、给定系统中质点 i 的动能(T_i)、质子电荷(e)等。量参照对象可以是一个测量单位、测量程序、标准物质或其组合。

除了"量"之外,"可测量的量"也是一个重要概念。可测量的量是指现象、物体或物质可定性区别和定量确定的属性。这里所说的物体和物质,可以是天然的,也可以是经过加工的;现象则是指自然现象(光和热),包括人工控制条件下发生的自然现象。可定性区别是指量在性质上的异同是可以识别的。例如:同一物体(石头)的质量和体积是性质不同的两个量,而两个物体(铜块和铁块)的温度尽管高低不同,却是性质相同的一个量。可定量确定则是指量的可比较性。例如:不同物体的体积(或质量,或温度)是可以相互比较和按大小(或轻重,或高低)排序的。可相互比较并按彼此相对大小排序的量称为同种量,如砝码组中各砝码的质量。

某些在定义和应用上有类似特点的同种量可组合在一起称为同类量,如功、热、能,厚度、周长、波长、距离、直径等。量还有"一般"和"具体"之分。有特定载体和定义的量,如某根棒的长度、某根导线的电阻等,称为"特定量"。实验操作中的量都是"特定量"。而从无数特定同种量中抽象出来的量,如长度、电阻、质量、温度等,则是一般的量。量还有标量、矢量和张量之分。计量学处理的是标量,对于矢量和张量则处理它们分量的模。

至于"物理量"和"可测量的量"之间的关系,我们可以这样理解——物理量是其量值可由一个数乘以测量单位来表示的可测量的量。只能参照约定参考标尺或特定的测量程序表示的量,如硬度、表面粗糙度、感光度、酸碱度等,则不是物理量,但仍是可测量的量。物理量的名称和符号应按国家标准 GB 3100~3102—1993《量和单位》使用。其他可测量的量的名称和符号,可参照有关的国家标准和规范文件使用。

量值,全称量的值,简称值,是用数和参照对象一起表示的量的大小,如给定尺的长度为 10 cm 或 100 mm,给定物体的质量为 0.1 kg 或 100 g,给定弧的曲率为 112 m^{-1},给定样品的摄氏温度为 -5 ℃,铜材样品中镉的质量分数为 3 μg/kg,通俗一点就是数字乘上单位。

二、量和单位

(一)单位和量之间的关系

单位是为了表示同种量的大小而约定的定义和采用的特定量。任何一个物理量 A 与其单位之间的关系均可写成

$$A = \{A\} \cdot [A] \quad (2-1)$$

式中:$\{A\}$——以单位$[A]$表示的量 A 的数值;

$[A]$——约定的定义和采用的量 A 的单位;

$\{A\} \cdot [A]$——量 A 的量值。

单位的大小理论上可以任意选择,但物理量的大小则不应随所采用的单位大小的改变而改变。结合上式来说,若$[A]$增大 k 倍,则$\{A\}$缩小到 $1/k$,而$\{A\} \cdot [A]$保持不变。即量的量值与单位的选择无关,而量的数值则与单位的大小成反比例。如某根棒的长度为 5.34 m,也可表示为 534 cm,两个量值是相等的;而由于单位 m 比 cm 大 100 倍,故用 m 表示的量的数值,是用 cm 表示的数值的 1/100。

两个同种量可以相加或相减,得到的仍是一个同种量。两个同种量或非同种量均可相乘或相除,得到的是另一个新的量。例如,A 和 B 两个量的积和商可分别表示为

$$AB = \{A\}\{B\} \cdot [A][B] \quad (2-2)$$
$$A/B = \{A\}/\{B\} \cdot [A]/[B] \quad (2-3)$$

式中:乘积$\{A\}\{B\}$——量 AB 的数值$\{AB\}$;

乘积$[A][B]$——量 AB 的单位$[AB]$;

商$\{A\}/\{B\}$——量 A/B 的数值$\{A/B\}$;

商$[A]/[B]$——量 A/B 的单位$[A/B]$。

例如,边长为 l_1 和 l_2 的长方形的面积为 $A = l_1 l_2$。若 $l_1 = 2$ m,$l_2 = 3$ m,则 $A = 6$ m^2。又如,做匀速运动的质点的速度为 $v = d/t$。若质点在时间间隔 $t = 2$ s 内所经过的距离 $d = 6$ m,则速度为 $v = d/t = 6$ m/2 s $= 3$ m/s。

(二)量制和量纲

量制是指彼此间由非矛盾方程联系起来的一组量。这里说的量是指一般的量,不是指"特定量",而且这些量不是孤立的,是通过一系列方程式(定义方程式或描述自然规律的方程式)联系在一起的量的体系或系统。物理学、化学等学科为了进行定量研究,在构建其理论体系的同时,也形成了各自的量的体系。通常我们将量制中的某几个量约定地认为在函数关系上彼此独立,并称之为基本量(比如国际单位制中的7个基本量彼此独立,如热力学温度 K、长度 m);而其他的量则作为基本量的函数加以定义,并称之为导出量(如速度 m/s)。

量纲是指给定量与量制中各基本量的一种依从关系,它用与基本量相应的因子的幂的乘积去掉所有数字因子后的部分表示。在与国际单位制一起使用的量制中,若7个基本量的量纲分别用 L、M、T、I、Θ、N 和 J 表示,则某量 A 的量纲的一般表达式为

$$\dim A = L^{\alpha} M^{\beta} T^{\gamma} I^{\delta} \Theta^{\varepsilon} N^{\zeta} J^{\eta} \tag{2-4}$$

上式右边即量 A 的量纲(或称量纲积、量纲式),L、M、T、I、Θ、N 和 J 分别为基本量长度、质量、时间、电流、热力学温度、物质的量和发光强度的量纲符号,α、β、γ……分别为长度量纲指数、质量量纲指数、时间量纲指数……

量纲也叫因次,是指物理量固有的、可度量的物理属性,用来在给定量制中描述量的物理属性的定性概念。每一个物理量都只有一个量纲,每一个量纲下的量度单位(量度标准)是人为定的,因度量衡的标准和尺寸而异,不涉及该量的大小,也不考虑该量是否矢量或张量以及是否带有正负号和数字因数。长度、厚度、波长、周长等这些量的量纲都是长度,符号都是 L。例如直径为 d 的圆周长为 πd,πd 这个量的量纲也是 L,因为 π 只是个数,确定量纲时可不予考虑。量纲通常用一个表示该物理量的正体大写罗马字母表示。

有些量,例如线应变、摩擦因数、折射率等,在其量纲式中基本量量纲的指数均为零,量纲积等于1。这样的量称为"量纲一的量"或"无量纲量"。

第二节 单位制、一贯单位制和基本单位

一、单位制及一贯单位制

单位制是为给定的量制按照给定的规则确定的基本量的单位(基本单位)和导出量的单位(导出单位)的总和。给定的单位制是和给定的量制配合使用的,因此,不同量制一定有不同的单位制。但是,相同的量制由于基本单位的不同可产生不同的单位制,例如同是以长度、质量和时间为基本量的力学量制,产生了以米、千克和秒为基本单位的 MKS 制和以厘米、克、秒为基本单位的 CGS 制。而由 CGS 制派生出 CGSE 制和 CGSM 制两种不同单位制,则是由于导出单位的定义方程式不同。

只有给定了量制,规定了基本单位和导出单位的定义,以及大小单位的进位制度、单位的名称和符号等,才是一个完全确定的单位制。

历史上出现过多种建立单位制的方案。自19世纪下半叶,英国科学促进协会(BAAS)提出一贯性的CGS制以来,由于其显著的优点,得到了广泛的认可。其后出现的MKSA制和国际单位制(SI),也都是一贯性的单位制。在一贯性单位制中,全部导出单位均可由因数为1的基本单位的幂的乘积来表示,可称为一贯导出单位。例如力的单位牛顿可表示为 $1\text{ N}=1\text{ kg}\cdot\text{m}\cdot\text{s}^{-2}$,能的单位可表示为 $1\text{ J}=1\text{ kg}\cdot\text{m}^2\cdot\text{s}^{-2}$。

二、基本单位

基本单位是给定量制中基本量的计量单位。对给定量的一贯单位制中每个基本量只有一个SI基本单位(7个基本量)。

一贯单位制的优点表现在它能使物理量的数值方程式保持与量方程式相同的形式。例如重力场中物体的机械能公式为

$$E = (1/2)mv^2 + mgh \tag{2-5}$$

将物理量写成数值乘单位的形式,则上式变成

$$\{E\}[E] = (1/2)\{m\}[m]\cdot\{v^2\}[v^2] + \{m\}[m]\cdot\{g\}[g]\cdot\{h\}[h] \tag{2-6}$$

可见数值方程式与量方程式确实完全相同。

这在作数值计算时特别有好处,只要公式中代入的是各已知量以基本单位和一贯导出单位表示的数值,则得到的待求量的数值必然是以其单位表示的数值,在计算过程中不必带着单位一起算,既简便又不易出错。

三、制外单位

制外单位指不属于给定单位制的计量单位,如电子伏为能的SI制外单位,日、时、分为时间的SI制外单位。但制外单位也是是我国的法制计量单位。

四、倍数单位和分数单位

倍数单位指按约定的比率由给定单位构成的更大的计量单位,如十进制。
分数单位指按约定的比率由给定单位构成的更小的计量单位,如十进制的分数。

第三节 法定计量单位

在测量中,人们总是用数值和测量单位(在我国,又称为计量单位,简称单位)的乘积来表示被测量的量值(如3 cm)。所谓计量单位,是指为定量表示同种量的大小而约定的定义和采用的特定量,或根据约定定义和采用的标量,任何其他同类量可与其比较使两个量之比

用一个数表示。为给定量值按给定规则确定的一组基本单位和导出单位,称为计量单位制。

计量单位制早期采用的是"米制"。SI 是在米制基础上发展起来的,它是米制的现代形式。实行法定计量单位有利于统一我国计量制度,它将结束多种计量单位制在我国并存的现象,并与国际主流相一致。

一、法定计量单位

法定计量单位是国家法律、法规规定使用的测量单位,它以国际单位制单位为基础,同时结合我国的实际情况而选用了一些非国际单位制单位。

国际单位制是我国法定计量单位的主体,所有国际单位制单位都是我国的法定计量单位。国际单位制有统一性(适用于自然科学的各个领域)、简明性(省却了不同单位制之间的换算)、世界性(代替所有的单位制)等特点。国际标准 ISO 1000 规定了国际单位制的构成及其使用方法。

我国法定计量单位的使用方法,包括量和单位的名称、符号及其使用、书写规则,与国际标准的规定一致。国家选定的作为法定计量单位的非国际单位制单位,也是我国法定计量单位的重要组成部分,具有法定地位。此处要强调的是,除了选入我国法定计量单位的非国际单位制单位,其他的非国际单位制单位一般不得使用。

二、法定计量单位的构成

国际单位制是在米制的基础上发展起来的一种一贯单位制,其国际通用符号为"SI"。它由 SI 单位(包括 SI 基本单位、SI 导出单位)以及 SI 单位的倍数单位(包括 SI 单位的十进倍数单位和十进分数单位)组成。SI 单位是我国法定计量单位的主体,所有 SI 单位都是我国的法定计量单位。此外,我国还选用了一些非 SI 的单位,作为国家法定计量单位。

我国的法定计量单位内容包括国际单位制的基本单位、国际单位制的辅助单位、国际单位制中具有专门名称的导出单位、国家选定的非国际单位制单位及由以上单位构成的组合形式的单位、由词头和以上单位所构成的十进倍数和十进分数单位,如表 2-1 所示。

表 2-1 我国法定计量单位的内容

中华人民共和国法定计量单位	国际单位制(SI)的单位	SI 单位	SI 导出单位	SI 基本单位(共 7 个)
				包括 SI 辅助单位在内的具有专门名称的 SI 导出单位(共 21 个)
				组合形式 SI 导出单位
		SI 单位的倍数单位(包括 SI 单位的十进倍数单位和十进分数单位,共 20 个)		
	国家选定的作为法定计量单位的非 SI 单位(共 16 个)			
	由以上单位构成的组合形式的单位			

三、SI 基本单位的定义

国际单位制 SI 的基本要求是统一且可在世界范围内使用,以支撑国际贸易、高科技制造业、人类健康与安全、环境保护、全球气候研究与基础科学的发展,且 SI 单位须长久稳定,具有内部一致性,可基于当前最高水平的自然理论描述完成实际复现。第 26 届国际计量大会定义了新的基本量单位(表 2-2)的描述,具体如下。

表 2-2 SI 基本单位(7 个)

量的名称	单位名称	单位符号
长度	米	m
质量	千克(公斤)	kg
时间	秒	s
电流	安[培]	A
热力学温度	开[尔文]	K
物质的量	摩[尔]	mol
发光强度	坎[德拉]	cd

1. 长度米的定义

米是 SI 的长度单位,符号为 m。1 m 是光在真空中于 (1/299 792 458) s 时间间隔内所经路径的长度。当真空中光的速度 c 以单位 m/s 表示时,将其固定数值取为 299 792 458 来定义米,其中秒用铯的频率 $\Delta \nu_{Cs}$ 定义。

2. 质量千克的定义

千克是 SI 的质量单位,符号为 kg。国际千克原器的质量为 1 kg,该原器是 1889 年第一届国际计量大会批准制造的,它是一个高度和直径均为 39 mm 的用铂铱合金制成的圆柱体。当普朗克常数 h 以单位 J·s,即 $kg·m^2·s^{-1}$ 表示时,将其固定数值取为 $6.626\ 070\ 15 \times 10^{-34}$ 来定义千克,其中米和秒用 c 和 $\Delta \nu_{Cs}$ 定义。

国际千克原器的质量 $m(IPK)$ 在一定的相对标准不确定度范围内等于 1 kg,该不确定度等于该决议通过时 h 推荐值的不确定度,即 1.0×10^{-8},且未来国际千克原器的质量值将通过实验确定。

3. 时间秒的定义

秒是 SI 的时间单位,符号为 s。铯-133 原子基态的两个超精细能级之间跃迁所对应的辐射的 9 192 631 770 个周期的持续时间为 1 s。当铯-133 原子处非扰动基态时的两个超精细能级间跃迁对应的辐射频率 $\Delta \nu_{Cs}$ 以 Hz（即 s^{-1}）为单位表达时，选取固定数值 9 192 631 770 来定义秒。

4. 电流安培的定义

安培是 SI 的电流单位，符号为 A。在两条置于真空中相互平行、相距 1 m 的无限长而圆截面可以忽略的导线中，通以强度相同的恒定电流，若导线每米长所受的力为 $2×10^{-7}$ N，则导线中的电流强度为 1 A。当基本电荷 e 以单位 C，即 A·s 表示时，将其固定数值取为 $1.602\ 176\ 634×10^{-19}$ 来定义安培，其中秒用 $\Delta \nu_{Cs}$ 定义。

5. 热力学温度开尔文的定义

开尔文是 SI 的热力学温度单位，符号为 K。该单位是以英国物理学家开尔文的名字命名的。当玻尔兹曼常数 k 以单位 $J·K^{-1}$，即 $kg·m^2·s^{-2}·K^{-1}$ 表示时，将其固定数值取为 $1.380\ 649×10^{-23}$ 来定义开尔文，其中千克、米和秒用 h，c 和 $\Delta \nu_{Cs}$ 定义。"开尔文"的温度间隔与"摄氏度"的温度间隔相等，但开氏温标的零度（0 K）是摄氏温标的零下 273 度（-273 ℃）。

水的三相点热力学温度 T_{TPW} 为 1 K，在一定相对标准不确定度范围内等于 273.16 K。该不确定度非常接近于该决议通过时 k 推荐值的不确定度，即 $3.7×10^{-7}$，且未来水三相点的热力学温度值将通过实验确定。

6. 物质的量摩尔的定义

摩尔是 SI 的物质的量的单位，符号为 mol。摩尔简称摩，是一系统的物质的量，是该系统包含的特定基本粒子数量的量度，该系统中所包含的基本单元数与 0.012 kg ^{12}C 的原子数目相等。使用摩尔时，基本单元应予指明，可以是原子、分子、离子、电子及其他粒子，或这些粒子的特定组合。1 mol 精确包含 $6.022\ 140\ 76×10^{23}$ 个基本粒子，该数即以单位 mol^{-1} 表示的阿伏加德罗常数 N_A 的固定数值，称为阿伏加德罗数。

7. 发光强度坎德拉的定义

坎德拉简称坎，是 SI 的给定方向上发光强度的单位，符号为 cd。该光源发出频率为 $540×10^{12}$ Hz 的单色辐射，且在此方向上的辐射强度为 (1/683) W/sr。当频率为 $540×10^{12}$ Hz 的单色辐射的发光效率以单位 lm/W，即 $cd·sr·W^{-1}$ 或 $cd·sr·kg^{-1}·m^{-2}·s^3$ 表示时，将其固定数值取为 683 来定义坎德拉，其中千克、米、秒分别用 h，c 和 $\Delta \nu_{Cs}$ 定义。

四、SI 导出单位和国际单位制的辅助单位

1. 包括 SI 辅助单位在内的具有专门名称的 SI 导出单位(共有 21 个,表 2-3)

表 2-3 SI 辅助单位在内的具有专门名称的 SI 导出单位

量的名称	SI 导出单位		
	名称	符号	用 SI 基本单位和 SI 导出单位表示
[平面]角	弧度	rad	1 rad=1 m/m=1
立体角	球面度	sr	1 sr=1 m^2/m^2=1
频率	赫[兹]	Hz	1 Hz=1 s^{-1}
力	牛[顿]	N	1 N=1 kg·m/s^2
压力,压强,应力	帕[斯卡]	Pa	1 Pa=1 N/m^2
能[量],功,热量	焦[耳]	J	1 J=1 N·m
功率,辐[射能]通量	瓦[特]	W	1 W=1 J/s
电荷[量]	库[仑]	C	1 C=1 A·s
电压,电动势,电位	伏[特]	V	1 V=1 W/A
电容	法[拉]	F	1 F=1 C/V
电阻	欧[姆]	Ω	1 Ω=1 V/A
电导	西[门子]	S	1 S=1 Ω^{-1}
磁通[量]	韦[伯]	Wb	1 Wb=1 V·s
磁通[量]密度,磁感应强度	特[斯拉]	T	1 T=1 Wb/m^2
电感	亨[利]	H	1 H=1 Wb/A
摄氏温度	摄氏度	℃	1 ℃=1 K
光通量	流[明]	lm	1 lm=1 cd·sr
[光]照度	勒[克斯]	lx	1 lx=1 lm/m^2
[放射性]活度	贝可[勒尔]	Bq	1 Bq=1 s^{-1}
吸收剂量,比授[予]能,比释动能	戈[瑞]	Gy	1 Gy=1 J/kg
剂量当量	希[沃特]	Sv	1 Sv=1 J/kg

SI 导出单位是用 SI 基本单位以代数形式表示的单位,其中的乘和除采用数学符号。它由两部分构成:一部分是包括 SI 辅助单位在内的具有专门名称的 SI 导出单位

($1\ Hz = 1\ s^{-1}$);另一部分是组合形式的 SI 导出单位(rad/s),即用 SI 基本单位和具有专门名称的 SI 导出单位(含辅助单位)以代数形式表示的单位。

某些 SI 单位,例如力的 SI 单位,在用 SI 基本单位表示时,应写成 $kg \cdot m/s^2$(力的公式 $F=ma$)。这种表示方法显然比较繁琐,不便使用。为了简化单位的表示式,经国际计量大会讨论通过,给它以专门的名称——牛顿,符号为 N。类似地,热和能的单位通常用焦耳(J)代替牛顿米(N·m)和 $kg \cdot m^2/s^2$。这些导出单位,称为具有专门名称的 SI 导出单位。

2. SI 辅助单位

SI 辅助单位如弧度(rad)和球面度(sr)(表 2-4),它们是具有专门名称和符号的量纲为 1 的量的导出单位。例如,角速度的 SI 单位可写成弧度每秒(rad/s)。它是组合形式的 SI 导出单位之一。

表 2-4 SI 辅助单位

量的名称	单位名称	单位符号
平面角	弧度	rad
立体角	球面度	sr

3. SI 单位的倍数单位

在 SI 中,用以表示倍数单位的词头,称为 SI 词头(表 2-5)。它们是构词成分,用于附加在 SI 单位之前构成倍数单位(十进倍数单位和分数单位),而不能单独使用。

词头符号与所紧接着的单个单位符号(这里仅指 SI 基本单位和 SI 导出单位),应视作一个整体对待,共同组成一个新单位,并具有相同的幂次,而且还可以和其他单位构成组合单位。

表 2-5 20 个倍数单位的词头

因数	词头名称(英文)	词头符号
10^{24}	尧[它](yotta)	Y
10^{21}	泽[它](zetta)	Z
10^{18}	艾[可萨](exa)	E
10^{15}	拍[它](peta)	P
10^{12}	太[拉](tera)	T
10^{9}	吉[咖](giga)	G
10^{6}	兆(mega)	M

续表 2-5

因数	词头名称(英文)	词头符号
10^3	千(kilo)	k
10^2	百(hecto)	h
10^1	十(deca)	da
10^{-1}	分(deci)	d
10^{-2}	厘(centi)	c
10^{-3}	毫(milli)	m
10^{-6}	微(micro)	μ
10^{-9}	纳[诺](nano)	n
10^{-12}	皮[可](pico)	p
10^{-15}	飞[母托](femto)	f
10^{-18}	阿[托](atto)	a
10^{-21}	仄[普托](zepto)	z
10^{-24}	幺[科托](yocto)	y

五、可与 SI 单位并用的法定计量单位

由于实用的需要,在我国的法定计量单位中,为 11 个物理量选定了 16 个与 SI 单位并用的非 SI 单位。其中 10 个是国际计量大会同意并使用的非 SI 单位,具体情况如表 2-6 所示。

表 2-6　16 个与 SI 单位并用的非 SI 单位

量的名称	单位名称	单位符号	换算关系和说明
时间	分	min	1 min=60 s
	[小]时	h	1 h=60 min=3600 s
	天(日)	d	1 d=24 h=86 400 s
平面角	[角]秒	(″)	$1''=(\pi/648\ 000)$ rad
	[角]分	(′)	$1'=60''=(\pi/10\ 800)$ rad
	度	(°)	$1°=60'=(\pi/180)$ rad
旋转速度	转每分	r/min	1 r/min$=(1/60)$s^{-1}

续表 2-6

量的名称	单位名称	单位符号	换算关系和说明
长度	海里	n mile	1 n mile=1852 m （只用于航程）
速度	节	kn	1 kn=1 n mile/h=(1852/3600)m/s （只用于航行）
质量	吨	t	1 t=10^3 kg
	原子质量单位	u	1 u≈1.660 540×10^{-27} kg
体积	升	L,(l)	1 L=1 dm^3=10^{-3} m^3
能	电子伏	eV	1 eV≈1.602 177×10^{-19} J
级差	分贝	dB	
线密度	特[克斯]	tex	1 tex=10^{-6} kg/m
面积	公顷	hm^2	1 hm^2=10^4 m^2

第四节 法定计量单位的基本使用方法

一、法定计量单位的表达、读法及词头

1. 法定计量单位的表达

由两个以上单位相乘构成的组合单位，相乘单位间可用乘点也可不用。但是，中文单位相乘时必须用乘点。例如：力矩单位牛顿米的符号为 N·m 或 Nm，但其中文符号仅为牛·米。相除的单位符号间用斜线表示或采用负指数。例如：密度单位符号可以是 kg/m^3 或 kg·m^{-3}，其中文符号可以是千克/$米^3$ 或 千克·$米^{-3}$。单位中分子为 1 时，只用负数幂。例如：用 m^{-3}，而不用 $1/m^3$。

表示相除的斜线在一个单位中最多只有一条，除非采用括号能澄清其含义。例如：用 W/(K·m)，而不用 W/K/m 或 W/K·m。也可用水平线表示相除，词头的符号与单位符号之间不得有间隙，也不加相乘的符号。口述单位符号时应使用单位名称而非字母名称。例如：浓度单位为毫摩尔每升(mmol/L)，产量单位为吨每公顷(t/hm^2)。

只通过相除构成或通过乘和除构成的组合单位，词头通常加在分子中的第一个单位之前，分母中一般不用词头。例如：摩尔内能单位 kJ/mol，不宜写成 J/mmol。但质量的 SI 单位 kg 不作为有词头的单位对待。例如：能的单位可以写成 J/kg。当组合单位分母是长度、

面积和体积单位时,按习惯和方便,分母中可以选用词头构成倍数单位。例如:密度的单位可以选 g/cm³,水平尺精度为 0.05 mm/m 等。

2. 法定计量单位的读法

法定计量单位有以上写法,在读法上面,有以下规定:
(1)简称与全称读法:牛[顿]、焦[尔]、瓦[特]、伏[特]。
(2)乘/除读法:N·m——牛[顿]米,r/min——转每分。
(3)组合读法:J/(kg·K)——焦[耳]每千克开[尔文],5 kg/m²——5 千克每平方米。
(4)幂的读法:面积单位(m²)——平方米,体积单位(m³)——立方米。
(5)习惯读法:结合我国人民群众的习惯,千米(km)可读成公里,千克(kg)读成公斤也可以。

3. 法定计量单位的词头

在法定计量单位制中,词头的表达也是很关键的,其规律如表 2-7 所示。

表 2-7 词头与符号的表达

词头	符号(用正体字体)
≤10³ 时,小写	一般小写
>10³ 时,大写	源于人名时,首字母大写(L 例外)
注意	单位分子为 1,只用负数幂(如 m⁻³) 但 kg/m³ 是正确的

(1)10^4 称万,10^8 称亿,10^{12} 为万亿,这类数字的使用不受词头名称的影响,但不应与词头混淆。

(2)词头不能重叠使用,如毫微米(误:mμm;),应改用纳米(正:nm);微微法拉(误:μμF),应改用皮法(正:pF)(正:0.1 μF,误:100 000 pF)。词头也不能单独使用,如 15 微米不能写成 15 μ。

(3)倍数、分数单位的词头一般应尽量使数值处于 0.1~1000 范围。如 $1.2×10^4$ N(牛顿),词头应选用 k(10^3)写成 12 kN,不能选用 M(10^6)写成 0.012 MN;0.003 94 m 应写成 3.94 mm;11 401 Pa 应写成 11.401 kPa;$3.1×10^{-9}$ s(秒),词头应选取 n(10^{-9})写成 3.1 ns(纳秒),也不能选取词头 p(10^{-12})写成 3100 ps。

(4)在一些场合中习惯使用的单位可不受数值限制。例如:机械制图中长度单位全部用毫米(mm);导线截面积单位用平方毫米(mm²),国土面积用平方千米(km²)等。

备注:质量的 SI 基本单位名称"千克"中已包含 SI 词头,所以,"千克"的十进倍数单位由词头加在"克"之前构成。例如:应使用毫克(mg),而不得用微千克(μkg)。

词头与单位应视为一体,如 $1\ \mu s^{-1} = 1(\mu s)^{-1} = 1$ MHz。

词头符号的字母,当其所表示的因数小于 10^6 时,一律用小写体;而当大于或等于 10^6 时,则用大写体。尤其要注意区分词头符号 $Y(10^{24})$ 与 $y(10^{-24})$,$Z(10^{21})$ 与 $z(10^{-21})$,$P(10^{15})$ 与 $p(10^{-12})$,$M(10^6)$ 与 $m(10^{-3})$。单位符号没有复数形式,不得附加任何其他标记或符号来表示量的特性或测量过程的信息。它不是缩略语,除正常语句结尾的标点符号外,词头或单位符号后都不加标点。

二、应废除的单位与换算关系(表 2-8)

表 2-8 应废除的单位与换算关系

量的名称	废除的单位名称	废除的单位符号	换算关系
长度	公尺		1 公尺 = 1 m
	公分		1 公分 = 1 cm
	[市]里		1[市]里 = 500 m
	丈		1 丈 = 3.3 m
	[市]尺		1[市]尺 = 0.3 m
	[市]寸		1[市]寸 = 0.03 m
	[市]分		1[市]分 = 0.003 m
	码	yd	1 yd = 91.44 cm
	英尺	ft	1 ft = 30.48 cm
	英寸	in	1 in = 2.54 cm
	埃	Å	1 Å = 0.1 nm
质量(重量)	[市]斤		1[市]斤 = 500 g
	[市]两		1[市]两 = 50 g
	[市]钱		1[市]钱 = 5 g
	磅	lb	1 lb = 453.59 g
	[米制]克拉		1 克拉 = 200 mg
	盎司(常衡)	oz	1 oz = 28.349 g
	盎司(药衡、金衡)	oz	1 oz = 31.103 g
力	千克力(公斤力)	kgf	1 kgf = 9.806 65 N
	达因	dyn	1 dyn = 10^{-5} N
	吨力	tf	1 tf = 9.806 kN

续表 2-8

量的名称	废除的单位名称	废除的单位符号	换算关系
压力	标准大气压	atm	1 atm=1.013 25×10^5 Pa
	工程大气压	at	1 at=9.806 65×10^4 Pa
	毫米水银(银)柱	mmHg	1 mmHg=1.333 224×10^2 Pa
	毫米水柱	mmH$_2$O	1 mmH$_2$O=9.806 38 Pa
	巴	bar	1 bar=1×10^5 Pa
	托(0 ℃)	Torr	1 Torr=1.333 224×10^2 Pa
重力加速度	伽	Gal	1 Gal=1 cm/s^2
功、能、热量	尔格	erg	1 erg=10^{-7} J
	国际蒸汽卡	cal$_{rr}$	1 cal$_{rr}$=4.186 8 J
	大卡	kcal	1 kcal= 4.2 kJ
面积	[市]亩		1[市]亩=666.67 m^2
体积、容积	英加仑	UKgal	1 UKgal=4.546 09 dm^3
	美加仑	USgal	1 USgal=3.785 41 dm^3
	美(石油)桶	bbl	1 bbl=158.987 dm^3
浓度	体积克分子浓度	M	1 M =1 mol/L

三、废弃单位名称及不恰当的计量单位(表 2-9)

表 2-9 废弃单位名称及不恰当的计量单位

废弃量名称/不恰当单位/符号	标准量名称或符号
MM,m/m	(毫米)mm
比重	体积质量,[质量]密度
石	升(1 石=100 L)
公担(q)	千克(1 q=100 kg)
公升,立升	升(L)
CC,cc	mL(毫升)
开氏温度,开氏度,°K	热力学温度,K(开)
度,百分度	摄氏度(℃)
C,c/s(周)	Hz(赫)
度	kW·h

续表 2-9

废弃量名称/不恰当单位/符号	标准量名称或符号
马力	瓦（1 马力＝735.499 W）
电流强度	电流
电量	电荷[量]
分子量	相对分子质量
	分子质量
重量百分数，重量百分比浓度	质量分数
体积百分数，体积百分比浓度	体积分数
摩尔浓度，当量浓度	物质的量浓度，浓度
粒子剂量	粒子注量
放射性强度，放射性	[放射性]活度
载重量	载质量
干重①	干质量
鲜重②	鲜质量

备注：①干重是指生物体（或细胞）除去水以后测得的质量；②鲜重是指生物体（或细胞）在自然状态下测得的质量。

1. "单位＋数"

摩尔数→物质的量；吨数→质量；米数→长度，高度；瓦数→功率。

2. 书写错误

阿伏伽德罗常数→阿伏加德罗常数；付立叶数、付里叶数→傅里叶数。

3. 未优先使用推荐的名称

摩擦系数→摩擦因数；活度系数→活度因子；内能→热力学能；杨氏模量→弹性模量；电位移→电通[量]密度。

4. 不要滥用"浓度"

浓度是物质的量浓度的简称，其单位为 mol/m^3 或 mol/L；单位为 g/L 的应称质量浓度；单位为 1 的质量（体积）百分比浓度应称质量（体积）分数；单位为 mol/kg 的应称溶质的质量摩尔浓度。

5. 使用不规范的量符号

标准：单个拉丁字母或希腊字母，必要时可加下标或其他说明性标记；25 个特征数由

2个字母构成,如马赫数 Ma、雷诺数 Re 等必须使用斜体字母。

把不是单位符号的"符号"作为单位符号使用。

旧符号:sec、m、hr、y 或 yr;正确符号:s、min、h、a(年)。

单位缩写:rpm → r/min;bps → b/s 或 bit/s;p 不是单位符号。

星期(周)、月无国际符号,wk,mo 为非标准符号。

6. 没有使用规定符号(表 2-10)

表 2-10 没有按规定使用的符号

量名称	非标准量符号	标准量符号
质量	M,W,P,μ	m
力	f,N,T	F
压力,压强	P	p
功率	p	P
摄氏温度	T	t,θ
电荷[量]	q	Q
磁感应强度	H,F	B
B 的浓度	C_B	c_B
质量分数	ω	w
体积分数	ψ	φ

7. 组合单位符号书写错误或不规范

(1)相除单位符号中的"/"多于 1 条,分母有 2 个以上单位时未加"( )"。例如:mg/kg/d → mg/(kg·d)(也可 mg·kg^{-1}·d^{-1});mg/kg·d → mg/(kg·d)。

(2)用°、′、″构成组合单位时未加"( )"。例如:15(′)/min 不是 15′/min;α/° → α/(°)。

8. 对单位符号进行修饰

规则:单位符号没有复数形式,符号上不得附加任何其他标记或符号;在单位符号上附加表示量的特性和测量过程信息的标志是不正确的。

(1)加下标。$I=15 A_{max} \to I_{max}=15 A$;$V=200 L_n \to V_n=200 L$。

(2)使用习惯性修饰符号。标准立方米(Nm^3,m^{3}n) → 立方米(m^3);标准升(NL,Ln) → 升(L)。

9. 量值表达不规范

(1)数值与单位符号间未留适当空隙,要求留空 0.25~0.50 字宽。例外:°、′、″与数值间不留空。摄氏温度量值要留空:30 ℃。

(2)把单位插在数值中间或把单位符号拆开。1m85→1.85 m,9s06→9.06 s,30″5→30.5″;34°C→34 ℃,30°~37°C→(30~37)℃或 30 ℃~37 ℃,摄氏25度→25 摄氏度。

(3)量值的和、差表示错误。30±1 mm →(30±1)mm。

(4)量值范围表示不统一。0.2~0.3 mg/(kg·d)→(0.2~0.3)mg/(kg·d)和 0.2 mg/(kg·d)~0.3 mg/(kg·d)都正确,宜用前者;范围号"~""—"都可用,科技中宜用"~"。

(5)对乘方形式的单位加错了词头。规则:词头符号与所紧接的单个单位符号应作为一个整体对待,并具有相同的幂次。

10 000 000 m^2≠10 Mm^2,应为 10 km^2;1 000 000 000 m^{-3}≠1 km^{-3},应为 1 mm^{-3}。

(6)使用非法定单位亩。1 hm^2=15 亩,1 亩=666.67 m^2。我国土地面积的计量单位为平方公里(km^2,100 万平方米)、公顷(hm^2,1 万平方米)、平方米(m^2,1 平方米)。

(7)mmHg。医学中表示血压时可用,但必须给出其与 kPa 的换算关系;根据国际交流和国外期刊的需要,可任意选用 mmHg 或 kPa,其他场合不许使用。

(8)cal,kcal。1 kcal=4.185 8 kJ。

(9)kgf。以隐蔽的形式 kg 出现,如 1 kg/m^2,应为 9.8 N/m^{2}或 9.8 Pa。

扫描二维码观看

计量检定规程及量和单位基本概念

第三章 计量法律、法规及计量组织机构

在社会经济发展过程中,我国逐渐形成比较完善的计量法律体系。我国的计量法律体系包含计量方面的法律、法规、规章及国家计量检定系统表和计量检定规程,它们是我们进行计量管理的根本依据。

计量法律法规体系可分为3个层次:计量法律、计量法规、计量规章。目前,我国已经形成了以《中华人民共和国计量法》为基本法,若干计量法规、规章以及地方性计量法规、规章为配套的计量法律法规体系。

第一节 计量法

计量有其特定要求:一要采用统一的计量单位;二要配备适用的、性能可靠的计量器具;三要所有计量器具必须经过检定或校准,其准确度均要能溯源至国家统一的计量基准;四要有熟悉技术的检定人员;五要依据检定规程或校准规范进行测量和数据处理。为了实现这些要求,国家需要设置专门的技术机构,颁布实施相应的计量法律法规。

1985年,全国人民代表大会常务委员会通过《中华人民共和国计量法》(以下简称《计量法》)。《计量法》以法律的形式确定了我国计量管理工作中应遵循的基本原则,是我国计量管理的最根本的依据。

计量立法是为了完善法制,加强计量监督管理。而加强计量监督管理的核心内容是要解决国家计量单位制的统一和全国量值的准确可靠的问题,也就是要解决可能影响经济建设、科学进步、社会发展和损害国家和人民利益的计量问题——这是计量立法的基本点。计量单位制的统一和量值的准确可靠是保证经济建设、科技进步和社会发展能够正常进行的必要条件,《计量法》中的各项规定都是紧紧围绕着这一点的。

凡是用于贸易结算、安全防护、医疗卫生、环境监测、资源保护、法定评价、公正计量方面的计量器具就由政府计量部门实行强制性管理,其他则由企业、事业组织及其行业部门按照《计量法》规定自行加以管理,各级政府计量行政部门负责监督检查。社会公用计量设施由政府计量行政管理部门规划建立,企业、事业内部使用的计量设施由单位根据需要自行规划建立。

第二节　计量法规和规章

《计量法》是计量领域的最上层建筑,其下则是相应的法规和规章。在我国,计量法规有两大类,即行政管理法规和计量技术法规。

一、行政管理法规

(一)国家计量行政法规

国家计量行政法规一般由国务院计量行政部门起草,经国务院批准后直接发布或由国务院批准后由国家计量行政部门发布。我国现行的计量行政法规有《中华人民共和国计量法实施细则》《国务院关于在我国统一实行法定计量单位的命令》《全面推行我国法定计量单位的意见》《中华人民共和国强制检定的工作计量器具检定管理办法》和《国防计量监督管理条例》等。

《中华人民共和国计量法实施细则》(以下简称《计量法实施细则》,1987年1月由国务院批准,1987年2月1日由国家计量局发布,2016年2月6日国务院令第666号第一次修订,2017年3月1日国务院令第676号第二次修订,2018年3月19日国务院令第698号第三次修订,2022年3月29日国务院令第752号第四次修订。《计量法实施细则》主要对《计量法》中有关计量基准器具和计量标准器具、计量检定、计量器具的制造和修理、计量器具的销售和使用、计量监督、产品质量检验机构的计量认证、计量调解和仲裁检定、费用及法律责任等内容进行了细化。

《国务院关于在我国统一实行法定计量单位的命令》,1984年2月27日由国务院发布,主要目的是明确我国在采用国际单位制的基础上,进一步统一我国的计量单位,该命令规定了我国的"法定计量单位"。

《全面推行我国法定计量单位的意见》,1984年1月由国务院通过,主要对全面推行我国法定计量单位的目标、要求、措施等做出了具体规定。

《中华人民共和国进口计量器具监督管理办法》,1989年10月由国务院批准,2016年2月根据国务院令第666号修改。它主要对进口计量器具的型式批准、进口计量器具的检定、法律责任等做出了规定。

《国防计量监督管理条例》,1990年4月由国务院、中央军事委员会发布。该"条例"是为了加强对国防计量工作的监督管理,保证军工产品的量值准确,对国防计量机构及职责、计量标准、计量检定、计量保证与监督做出了明确规定。

此外,2003年中央军事委员会颁布施行的《中国人民解放军计量条例》(共7章39条),是我国一部重要的计量法规。它明确规定了军队计量工作的基本任务与建设方针,规定了军队计量技术机构的设置与分工,测量标准的溯源与管理,军队计量检定人员的职责、权利、义务与法律责任,同时也确立了与国家军事订货制度相适应的军事计量监督评价体系。

(二)地方计量行政法规

地方计量行政法规是由各省(自治区、直辖市)人民代表大会及其常委会审定、通过和发布的计量方面规范性文件,如《湖北省计量监督管理条例》《河南省计量监督管理条例》《河北省计量监督管理条例》《山东省计量条例》等。

(三)计量行政规章

我国计量方面的行政规章大致可分为综合性计量行政规章、行业计量行政规章和地方计量行政规章3类。

综合性计量行政规章有《计量授权管理办法》《国家计量检定规程管理办法》《法定计量检定机构监督管理办法》《集贸市场计量监督管理办法》《加油站计量监督管理办法》《计量标准考核办法》《定量包装商品计量监督管理办法》和《商品量计量违法行为处罚规定》等。

行业计量行政规章有《水利部计量工作管理办法》《海洋计量工作管理规定》《铁路专用计量器具新产品技术认证管理办法》和《国防科技工业计量监督管理暂行规定》等。

地方计量行政规章有《吉林省用能和排污计量监督管理办法》《宁夏回族自治区眼镜业监督管理办法》《北京市计量监督管理规定》和《湖北省计量计费监督管理办法》等。

需要说明的是,计量法律是计量法规体系的核心和最高法律依据,所有计量法规和规章都是为了保证实施计量法律而制定、发布的子法。

二、计量技术法规

计量技术法规包括国家计量检定系统表、计量检定规程和计量技术规范。它是正确进行量值传递、量值溯源,确保计量基准、计量标准所测出的量值准确可靠,以及实施计量法制管理的重要手段和条件。

《计量法》第十条规定:"计量检定必须按照国家计量检定系统表进行。国家计量检定系统表由国务院计量行政部门制定。"

(一)计量检定系统表

计量检定系统表是国家对量值传递的程序做出规定的法定性技术文件。制定国家计量检定系统表的目的在于把实际用于测量工作的计量器具的量值和国家计量基准所复现的单位量值联系起来(量值溯源),以保证工作计量器具应具备的准确度。计量检定系统表所提供的检定途径应是科学、合理、经济的。

计量检定系统表只有国家计量检定系统一种,它的制定、修订由国务院计量行政部门组织,其起草由建立计量基准的单位负责。一项国家计量基准基本上对应一个计量检定系统表,它反映了我国科学计量和法制计量的水平。计量检定系统表采用框图结合文字的形式,规定了国家计量基准的主要计量特性、从计量基准通过计量标准向工作计量器具的量值传

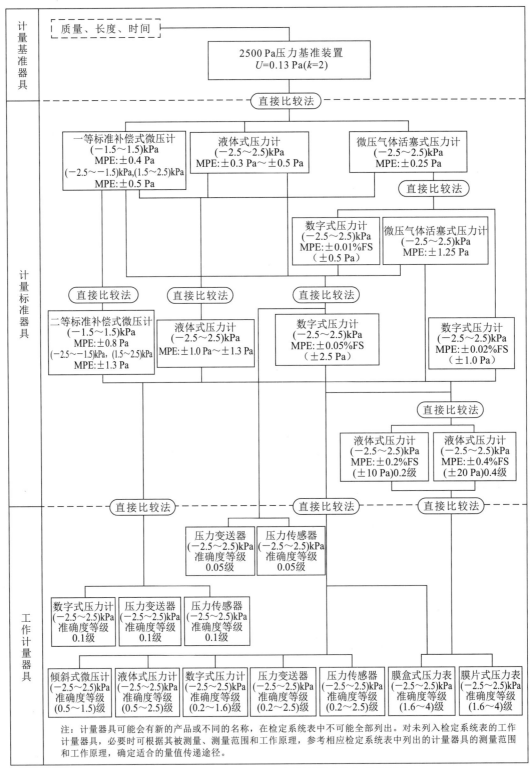

图 3-1 (−2.5~2.5)kPa 压力计量器具检定系统框图

递的最大允许误差等。检定系统框图(图3-1)主要分3部分:计量基准器具、计量标准器具及工作计量器具。其间是检定方法,用点划线分开。

(二)计量检定规程

计量检定规程的基本内容主要是计量器具的工作原理、测量技术和数据处理等,其水平标志着一个国家的计量技术和计量管理水平。因此,任何一种检定规程必须同时具有科学性和法制性,既要考虑现实的生产水平和测量技术水平,又必须保证量值的统一。计量检定规程分为3类:国家计量检定规程、部门计量检定规程和地方计量检定规程。

国家计量检定规程由国务院计量行政部门组织制定。国务院有关部门根据《中华人民共和国依法管理的计量器具目录》和《实施强制管理的计量器具目录》制定。

部门、地方计量检定规程是无国家计量检定规程时,为评定计量器具的计量特性,由国务院有关主管部门或省(自治区、直辖市)级计量行政部门组织制定并颁布,在本部门、本地区施行的法定技术文件。部门、地方计量检定规程如经国家计量行政主管部门审核批准,也可推荐到全国使用。当国家计量检定规程正式发布后,相应的部门和地方计量检定规程应自行废止。

(三)计量技术规范

计量技术规范是指国家计量检定系统表、计量检定规程所不能包含的,计量工作中具有综合性、基础性并涉及计量管理的技术文件和用于计量校准的技术规范。它是计量技术法规体系的组成部分,在计量发展、计量技术管理、实现溯源性等方面提供了指导性规范和方法。

计量技术规范由国务院计量行政部门组织制定,包括通用计量技术规范和专用计量技术规范。通用计量技术规范含通用计量名词术语以及各计量专业的名词术语、国家计量检定规程和国家计量检定系统表、计量保证方案,测量不确定度评定与表示、计量检测体系确认、测量特性评定、计量比对等。专用计量技术规范含各专业的计量校准规范、某些特定计量特性的测量方法、测量装置试验方法等。

计量校准规范是校准的技术依据,校准应当优先选择国家计量校准规范。没有国家计量校准规范的,可以参照相应的计量检定规程或与被校对象相适应的技术标准或技术规范或其他方法,执行校准应了解被校仪器、选择计量标准及相关设备、控制相关的校准条件、按照规定的程序。

第三节 计量管理和监督

在全国范围内,任何组织和个人的活动,凡涉及计量单位、量值传递、计量器具等,都必须遵守《计量法》。《计量法》是进行计量管理和监督的法律依据。

一、计量管理

计量管理是对计量单位制、计量器具等的管理，主要包括计量单位的管理、量值传递的管理、计量器具的管理和计量机构的管理4个方面。

计量单位的管理是确定国家采用的计量制度和颁布的国家法定计量单位。

量值传递的管理是国家按照就地就近、经济合理的原则，以城市为中心组织全国量传网，主要内容包括国家计量基准和各级计量标准的管理，计量检定系统表和计量检定规程的管理。

计量器具的管理包括新产品的定型、生产、销售、使用和修理等方面。国家明令禁止的计量器具一律不准制造、销售、使用和修理。

计量机构的管理是对政府主管计量工作的职能机关的管理。政府主管的计量机构是行政机构，它下属的各级计量技术机构负责提供计量技术的保证和测试服务。

计量管理又可分为强制管理的非强制管理两种。强制管理是计量行政管理部门根据国务院公布的《中华人民共和国强制检定的工作计量器具管理办法》，对属于强制检定的计量器具实施强制管理。非强制管理是由企业、事业单位根据计量器具的实际使用情况，本着科学、经济和量值准确的原则自行确定、自行选择计量器具的送检送校。

计量管理的方法分为行政管理、技术管理、法制管理3种。

（一）计量行政管理方法

计量行政管理是按行政管理体制设置国家、省(自治区、直辖市)、市(地、州、盟)、县(区、旗)政府计量管理职能机构，并以通知、通告、命令、指示、规定等各种行政文件形式自上而下进行的。上级领导下级、下级服从上级，是行政管理的基本原则。

行政管理方法能充分发挥各级政府的领导作用，能集中统一贯彻国家计量方针、政策，有计划地开展计量工作。

（二）计量技术管理方法

计量管理是以计量技术为基础的专业性、技术性很强的业务管理。计量技术管理是指通过组织、人员和手段等来实现计量目标，完成计量测试任务，提高计量科技水平，为我国的工业化、信息化、现代化建设提供可靠的计量保证与测试服务的管理工作。

（三）计量法制管理方法

计量法制管理是指通过制定计量法律、法规和规章，建立计量执法机构和队伍，开展计量法制监督，对计量工作实行"法治"，对各种违反计量法律、法规和规章的行为追究其法律责任，对计量活动进行制约和监督。从管理主体来看，计量管理是由国家设立的专门计量机构来实施的；从管理过程来看，计量管理是一种监督执法和协调的过程。

二、计量监督

计量监督是计量管理的一种形式。计量监督管理体制是指计量监督工作的具体组织形式，它体现国家与地方各级计量行政部门之间，各主管部门、各企业、事业单位之间在计量监督中的关系。

我国的计量监督管理实行按行政区划统一领导、分级负责的体制。全国计量工作由国务院计量行政部门负责实施统一监督管理。县级以上地方行政区域内的计量工作由当地计量行政部门（本行政区域内的计量监督管理机构）负责实施监督管理。县级以上计量行政部门要监督本行政区域内的机关、团体、企事业单位和个人遵守与执行计量法律、法规。中国人民解放军的计量工作，按照《中国人民解放军计量条例》实施；各有关部门设置的计量行政机构，负责监督计量法律、法规在本部门的贯彻实施。

计量行政部门所进行的计量监督，是纵向和横向的行政执法性监督；部门计量行政机构对所属单位的监督，则属于行政管理性监督，一般只对纵向发生效力。国务院计量行政部门和其他各部门的计量监督是相辅相成的，各有侧重，相互配合，互为补充，构成一个有序的计量监督网络。从法律实施的角度讲，部门和企事业单位的计量机构，不是专门的行政执法机构。计量行政处罚权是由特定的具有执法监督职能的计量行政部门行使。因此，对计量违规行为的处理，部门和企事业单位或者上级主管部门只能给予行政处分。

三、我国计量监督管理体系

《计量法》第四条规定："国务院计量行政部门对全国计量工作实施统一监督管理。县级以上地方人民政府计量行政部门对本行政区域内的计量工作实施监督管理。"

为了保证计量监督工作的实施，《计量法》第十九条规定："县级以上人民政府计量行政部门，根据需要设置计量监督员。计量监督员管理办法，由国务院计量行政部门制定。"

《计量法实施细则》第二十四条规定："县级以上人民政府计量行政部门的计量管理人员，负责执行计量监督、管理任务；计量监督员负责在规定的区域、场所巡回检查，并可根据不同情况在规定的权限内对违反计量法律、法规的行为，进行现场处理，执行行政处罚。计量监督员必须经考核合格后，由县级以上人民政府计量行政部门任命并颁发监督员证件。"

第四节　计量技术机构

《计量法》第二十条规定："县级以上人民政府计量行政部门可以根据需要设置计量检定机构，或者授权其他单位的计量检定机构，执行强制检定和其他检定、测试任务。"

《计量法实施细则》第二十七条规定："县级以上人民政府计量行政部门可以根据需要，

采取以下形式授权其他单位的计量检定机构,在规定的范围内执行强制检定和其他检定、测试任务:(一)授权专业性或区域性计量检定机构,作为法定计量检定机构;(二)授权建立社会公用计量标准;(三)授权某一部门或某一单位的计量检定机构,对其内部使用的强制检定计量器具执行强制检定;(四)授权有关技术机构,承担法律规定的其他检定、测试任务。"

一、法定计量检定机构

为了加强对法定计量检定机构的监督管理,在《计量法》《计量法实施细则》和《法定计量检定机构监督管理办法》中对法定计量检定机构的组成、职责和监督管理等做出了明确的规定。

法定计量检定机构是计量行政部门依法设置或授权建立的计量技术机构,是保障我国计量单位制的统一和量值的准确可靠,为计量行政部门依法实施计量监督提供技术保证的技术机构,是在法制计量领域实施法律或法规的机构。

二、法定计量检定机构的组成

法定计量检定机构是各级市场监督管理部门依法设置或者授权建立并经市场监督管理部门组织考核合格的计量检定机构。

各级市场监督管理部门依法设置的计量检定机构是法定计量检定机构的主体,主要承担强制检定和其他检定测试任务。专业计量站是适应我国生产、科研需要的一种授权形式,在授权项目上,一般选定专业性强、跨部门使用、急需的专业项目。根据需要,国务院计量行政部门设立大区计量测试中心为法定计量检定机构。地方政府计量行政部门也根据本地区的需要,建立区域性的计量检定机构作为法定计量检定机构,承担政府计量行政部门授权的有关项目的强制检定和其他计量检定、测试任务。这些授权的专业和区域计量检定机构是全国法定计量检定机构的一个重要组成部分。

因此,我国的法定计量检定机构包括两种:一是县级以上人民政府计量行政部门依法设置的计量检定机构,为国家法定计量检定机构;二是县级以下人民政府计量行政部门根据需要授权作为法定计量检定机构的专业性或区域性计量检定机构。

此外,还有一些其他的计量检定机构和技术机构,虽然不是法定计量检定机构,但是经过政府计量行政部门的授权,可以承担建立社会公用计量标准,对其内部使用的强制检定计量器具执行检定或法律规定的其他检定、测试任务。

国家级计量技术机构包括中国计量科学研究院和国家市场监督管理总局授权的国家专业计量站等机构,省、市、县三级计量技术机构包括依法设置的国家法定计量检定机构和依法授权的计量技术机构。计量技术保障体系的构成如图3-2所示。

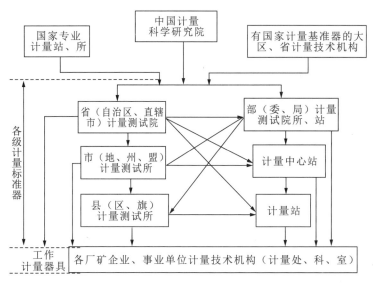

图 3-2 计量技术保障体系的构成

目前,除了各级人民政府计量行政部门依法设置和授权的计量技术机构外,还有国务院有关主管部门和省级人民政府有关主管部门根据本部门的特殊需要建立的计量技术机构,以及广大企事业单位根据本单位的需要建立的计量技术机构或计量实验室。

三、法定计量检定机构的职责

《计量法实施细则》第二十五条规定:"县级以上人民政府计量行政部门依法设置的计量检定机构,为国家法定计量检定机构。其职责是:负责研究建立计量基准、社会公用计量标准,进行量值传递,执行强制检定和法律规定的其他检定、测试任务,起草技术规范,为实施计量监督提供技术保证,并承办有关计量监督工作。"

《法定计量检定机构监督管理办法》第四条规定:"法定计量检定机构应当认真贯彻执行国家计量法律、法规,保障国家计量单位制的统一和量值的准确可靠,为市场监督管理部门依法实施计量监督提供技术保证。"第十三条规定:"法定计量检定机构根据市场监督管理部门授权履行下列职责:(一)研究、建立计量基准、社会公用计量标准或者本专业项目的计量标准;(二)承担授权范围内的量值传递,执行强制检定和法律规定的其他检定、测试任务;(三)开展校准工作;(四)研究起草计量检定规程、计量技术规范;(五)承办有关计量监督中的技术性工作。"

上述"承办有关计量监督中的技术性工作",一般包括政府计量行政部门授权或委托的计量标准考核、计量器具新产品型评价、仲裁检定、计量器具产品质量监督检验、定量包装净含量计量监督检验等工作。

四、法定计量检定机构的行为准则

《法定计量检定机构监督管理办法》第十四条规定:"法定计量检定机构不得从事下列行为:(一)伪造数据;(二)违反计量检定规程进行计量检定;(三)使用未经考核合格或者超过有效期的计量基、标准开展计量检定工作;(四)指派未取得计量检定证件的人员开展计量检定工作;(五)伪造、盗用、倒卖强制检定印、证。"

《计量法实施细则》第二十八条规定:"根据本细则第二十七条规定被授权的单位,应当遵守下列规定:(一)被授权单位执行检定、测试任务的人员,必须经考核合格;(二)被授权单位的相应计量标准,必须接受计量基准或者社会公用计量标准的检定;(三)被授权单位承担授权的检定、测试工作,须接受授权单位的监督;(四)被授权单位成为计量纠纷中当事人一方时,在双方协商不能自行解决的情况下,由县级以上有关人民政府计量行政部门进行调解和仲裁检定。"

五、法定计量检定机构的监督管理

《法定计量检定机构监督管理办法》明确规定了对法定计量检定机构实施监督管理的体制、机制和法律责任,分两级管理模式。国家市场监督管理总局对全国法定计量检定机构实施统一监督管理。省级市场监督管理局对本行政区域内的法定计量检定机构实施监督管理,主要通过对机构的考核授权实现。法定计量检定机构必须经市场监督管理部门考核合格,经授权后方可开展工作。

《法定计量检定机构监督管理办法》规定省级以上市场监督管理部门应当加强对法定计量检定机构的监督,主要包括以下内容:

(1)《法定计量检定机构监督管理办法》规定内容的执行情况;
(2)《法定计量检定机构考核规范》规定内容的执行情况;
(3)定期或者不定期对所建计量基准、计量标准状况进行赋值比对;
(4)用户投诉举报问题的查处。

第五节 注册计量师

注册计量师是指经考试取得相应级别的职业资格证书,并依法注册后,从事规定范围的计量技术工作的专业技术人员。

一、注册计量师制度的相关文件

2006年,中华人民共和国人事部和国家质量监督检验检疫总局联合发布了《注册计量师制度暂行规定》《注册计量师资格考试实施办法》《注册计量师资格考核认定办法》。根据《注册计量师制度暂行规定》的要求,国家对从事计量技术工作的专业技术人员实行职业准入制度,并纳入全国专业技术人员职业资格证书的统一规划。2016年,国务院取消计量检定员行政审批,并入注册计量师管理。2019年国家市场监督管理总局、中华人民共和国人力资源和社会保障部联合发布了《注册计量师职业资格制度规定》和《注册计量师职业资格考核实施办法》。在国务院新发布的《计量发展规划(2021—2035年)》中,也明确要求实施计量执业人员的能力提升行动。国家市场监督管理总局2022年第6号公告发布了《注册计量师注册管理规定》,自2022年5月1日起实施。

二、建立注册计量师的职业资格制度的目的和依据

建立注册计量师资格制度是为了加强计量专业技术人员管理,提高计量专业技术人员素质,保障全国量值传递的准确可靠。注册计量师职业资格制度是根据《计量法》《计量法实施细则》和《注册计量师职业资格制度规定》的有关规定建立的。

三、注册计量师职业资格制度的适用范围

注册计量师职业资格制度规定适用于从事计量检定、校准、检验、测试等计量技术工作的专业技术人员。依法设置的计量检定机构和监督管理部门授权技术机构中执行计量检定任务的专业技术人员,依据计量法律、法规有关规定,需经考试取得相应级别注册计量师职业资格证书并注册后,方可从事规定范围内的计量技术工作。

四、注册计量师职业资格管理体制

国家市场监督管理总局、中华人民共和国人力资源和社会保障部共同制定注册计量师职业资格制度,并按照职责分工对该制度进行指导、监督和检查。国家市场监督管理总局负责全国注册计量师注册的监督管理工作,各省(自治区、直辖市)市场监督管理部门负责本行政区域内注册计量师注册的监督管理工作。

五、计量专业项目考核

省级市场监督管理部门负责本行政区域内的计量专业项目考核,可指定具有相应能力

的单位组织考核,也可由注册计量师执业单位自行组织考核。组织计量专业项目考核的单位(以下简称组织考核单位)应当建立相关管理制度,制定考核工作程序,在规定的时限内完成考核任务。

申请计量专业项目考核的人员,应当通过执业单位向组织考核单位提出申请,并提交计量专业项目考核申请表。计量专业项目考核包括计量专业项目操作技能考核及计量专业项目知识考核。计量专业项目操作技能考核主要包括相应计量器具检定全过程的实际操作、计量检定结果的数据处理和计量检定证书的出具等。计量专业项目知识考核主要包括计量专业基础知识、相应计量专业项目的计量技术法规、相应计量标准的工作原理以及使用维护知识等。

扫描二维码观看
计量法律法规体系

第四章　计量器具

计量器具是指能用以直接或间接测出被测对象量值的装置、仪器仪表、量具和用于统一量值的标准物质。计量器具广泛应用于生产、科研领域和人民生活等各方面，在整个计量立法中处于相当重要的位置。因为全国量值的统一，首先反映在计量器具的准确一致上，因此计量器具不仅是监督管理的主要对象，而且是计量部门提供计量保证的技术基础。

第一节　计量器具类别及特性

计量器具主要用于测量，可以单独或与一个或多个辅助设备组合，其本身是一种技术工具或装置，如体温计、压力表（图4-1）、直尺等可以单独地用于某项测量，砝码、热电偶、标准电阻等则需与其他测量仪器和（或）辅助设备一起使用才能完成测量。下面从计量器具的分类和主要特性来进行相关介绍。

一、计量器具的分类

计量器具按其结构特点和用途可分为测量用的实物量具、仪器仪表、标准物质及测量系统（或装置）。

1. 实物量具

实物量具是指具有所赋量值，使用时以固定形态复现或提供一个或多个量值的测量仪器。实物量具本身不带指示器，而由被测量对象自身形成指示器，如测量液体容量用的量器，就是利用液体的上部端面作为指示器；可调实物量具虽然有指示器，但它是供实物量具调整用而不是供测量指示用，如标准信号发生器。实物量具从所复现的或提供的量值来看，分为单值量具（如砝码、量块、标准物质、量器等）和多值量具（如标准信号发生器等）。成组量具，如量块组（图4-2）、砝码组（图4-3）等，也可视为多值量具。

2. 仪器仪表

仪器仪表是用以检出、测量、观察、计算各种物理量、物质成分、物性参数等的器具或设备,如真空检漏仪、压力表、测长仪、显微镜、乘法器等。广义来说,仪器仪表也可具有自动控制、报警、信号传递和数据处理等功能,例如用于工业生产过程自动控制中的气动调节仪表、电动调节仪表以及集散型仪表控制系统。

图4-1 耐震压力表

图4-2 量块组合

图4-3 F_1、E_1 等级砝码

测量用的仪器仪表从不同的角度出发可以有不同的命名方法:以被测量的量的名称来命名,如压力计、电流表等;以涉及的测量方法来命名,如差压变送器、静态轨道衡等;以涉及的测量原理来命名,如U型压力计、天平等;以涉及具体的用途来命名,如体温计、测厚仪等;以仪器发明者名字来命名,如毕托管、波登管等;还有以制造商或制造商选定的商品名称来命名的。有时也可以从计量器具的名称看出计量特性,如0.5级电压表、一等标准水银温度计等。总之,可以参照JJF 1051—2009《计量器具命名与分类编码》从不同的角度来命名。因此,同样一种计量器具可以有几种名称。如测量温度的二次仪表,用动圈结构形式,从它的结构特点来命名,可称为动圈仪表;它不能直接测量温度,只有通过前级热电偶,把温度信号转换成电量信号而进行测量,因此也称为测量温度的二次仪表。

测量用的仪器仪表种类很多,但判断是否为测量仪器或仪表,主要判断其是否"用以进行测量",即主要看其用于测量时,被测量是否在该器具上被"转换"。如压力表用于测量时,被测压力信号转成度盘上可读取的示值,此时,压力量被转换成长度量,因此压力表属于测量仪器。

一般来说,测量用的仪器仪表按其计量功能分为显示式测量仪器(指示式测量仪器)、记录式测量仪器、累计式测量仪器、积分式测量仪器、模拟式测量仪器、数字式测量仪器等。

3. 标准物质

标准物质(参考物质)是指具有一种或多种足够均匀的特性值的物质或材料,用以校准测量装置、评价测量方法(准确度和检测实验室的检测能力,确定材料或产品的特性量值,进行量值仲裁等)或给材料赋值。它们具有复现、保存和传递量值的基本作用,在物理、化学、生物与工程测量领域中用于校准测量仪器和测量过程。它可以是纯的或混合的气体(图4-4)、液体或固体,如校准黏度计用的液体,量热计中作为热容量校准物的蓝宝石(图4-5),化学分析校准用的溶液(图4-6)等。它们属于实物量具的范畴。

图 4-4　用于校准的标准气　　　图 4-5　热容量校准的蓝宝石　　图 4-6　化学分析校准用的溶液
（环境监测、石油化工仪器仪表标准气）　　　　　　　　　　　　　　　　　　　（24 种金属元素混合溶液）

计量部门使用的通常为"有证参考物质"（有证标准物质）——附有证书的参考物质，由建立了溯源性的程序确定其一种或多种特性值，使之可溯源到准确复现地表示该特性值的测量单位。每一种出证的特性值都附有给定置信水平的不确定度。

有证参考物质一般成批制备，其特性值由样品来定，且其测量不确定度符合规定。当物质与特制的器件结合时（如已知三相点的物质装入三相点瓶、已知光密度的玻璃组装成透射滤光片、尺寸均匀的球状颗粒放在显微镜载片上），有证参考物质的特性可方便、可靠地确定，这些器件也可认为是有证参考物质。

4. 测量系统（或装置）

测量系统是指一套组装的并适用于特定量在规定区间内给出测得值信息的一台或多台测量仪器，如测量半导体材料电导率的装置、校准温度计的装置（恒温槽，图 4-7）、水表检定装置（图 4-8）等。测量系统可包含实物量具和化学试剂。固定安装的测量系统称为测量装备，如热电偶检定装置又称为热电偶测量装备。

为了进行特定的或多种的测量任务，常需要一台或若干台计量器具，人们往往把这些计量器具连同有关的辅助设备构成的整体或系统，称为测量系统或计量装置。

图 4-7　恒温槽　　　　　　　　　　　图 4-8　水表检定装置

辅助设备可以将被测量或影响量保持于某个适当值,也方便测量操作,还可以改变计量器具的计量范围或灵敏度。例如放大器、读数放大镜、泵、试验电源、空气分离器、流量计量装置中的限流器、温度计检定用的控温油槽等,均属于辅助设备。电学计量装置中有用于扩大计量范围的辅助器件,如分流器、分压器、加电阻、互感器等。

计量装置的误差主要取决于计量器具,原则上它们不应再受辅助设备的影响。因此,辅助设备所引起的误差影响量一般比计量仪器的允许误差低一个数量级。

测量系统(或装置)除了可以按前述的分类方法进行分类以外,还可以从规模、服务对象、构成方式及自动化程度等角度进行分类。

按其规模划分,它可以是小型的或便携式的,大中型的或固定式的。前者如便携式绝对重力计量装置,后者如大力值标准测力计。

按其被测量的服务对象划分,它可以是专用的或有固定服务对象的,也可以是通用的或有广泛服务对象的。前者如锅炉房的全套计量仪器仪表,后者如通用于电视、雷达、通信设备的多数测量用的网络分析系统。

按其构成方式划分,它可以是专门制造的,也可以是组合型的。前者的各功能单元相互配合而构成一个整体,当各单元从装置中分离出来时就不一定再具有原来的功能特性;后者的各个功能单元往往是常规的通用计量器具,当各功能单元从装置中分离出来时仍具有原来的功能特性。

按自动化程度划分,它可以是手动的和自动的。随着在线、实时测量技术的发展,越来越多的在线测量系统被研制、开发、生产并被广泛地用于生产过程控制。

二、计量器具的主要特性

计量器具除了有一般工业产品的特性外,还具有计量学的特性。计量器具的特性包括准确度等级、灵敏度、鉴别阈、分辨力、稳定性、检出限以及动态特性等。为了获得准确的测量结果,计量器具的计量特性必须满足准确度的要求。计量特性是衡量计量器具质量和水平的重要指标。

(一)工作范围的特性

1. 测量仪器的示值

测量仪器的示值是指由测量仪器或测量系统给出的量值。有些测量仪器,如标尺上的值还不是实际的量值,需将显示器上读出的值(可视为直接示值)乘以仪器常数才得到示值。示值可以是被测量、测量信号或用于计算被测量的其他量。对实物量具,示值就是它所标出的值(如标准电池)。示值随被测量而变化。

2. 标称量值

标称量值是指测量仪器或测量系统特征量的化整值或近似值,如标在压力表表盘上的示值,标在标准电阻上的量值100 Ω,标在单刻度量杯上的量值1 L。标称值是固定的,不随被测量变化而变化。

3. 标称示值区间

标称示值区间是指当测量仪器或测量系统调节到特定位置时,获得并用于指明该位置的、化整或近似的极限示值所界定的一组量值,如标称示值区间(100~200)℃;若下限为零,如0~100 V的标称示值区间为100 V。

4. 测量区间

测量区间(又称工作区间)是指在规定条件下,具有一定的仪器不确定度的测量仪器或测量系统能够测量出的一组同类量的量值。它与测量设备的最大允许误差有关,在标称示值区间内,测量设备的误差处于最大允许误差内的那一部分范围才为测量区间,也就是说只有在这一部分测量的值,其准确度才符合要求,因此,有时又把测量区间称为"工作区间"。

标称示值区间、测量区间强调的是"区间"界限。

5. 标称示值区间量程

标称示值区间量程是指标称示值区间的两极限量值之差的绝对值。如-10 ℃~+50 ℃的标称范围,其量程为60 ℃。量程强调的是具体的值。

(二)工作条件的特性

1. 额定工作条件

额定工作条件是为使测量仪器或测量系统按设计性能工作而必须满足的工作条件,一般规定被测量和影响量的范围或额定值。

2. 极限工作条件

极限工作条件是测量仪器或测量系统所规定的计量特性不受损也不降低,其后仍可在额定工作条件下工作,所能承受的极限工作条件。测量仪器能承受的极限工作条件可包括被测量和影响量的极限值。储存、运输和运行的极限工作条件可以各不相同。

3. 参考工作条件

参考工作条件是为测量仪器或测量系统的性能评价或为测量结果的相互比较而规定的工作条件,一般包括作用于测量仪器的影响量的参考值或参考范围。

(三)有关响应方面的特性

1. 响应特性

响应特性是指在确定条件下,激励与对应响应之间的关系。如热电偶的电动势与温度的函数关系,这种关系可以用数学等式、数值表或图来表示。当激励按时间函数变化时,传递函数(响应的拉普拉斯变换除以激励的拉普拉斯变换)是响应特性的一种形式。

2. 灵敏度

灵敏度是测量系统的示值变化除以相应的被测量值变化所得的商。测量仪器响应的变化除以对应的激励变化,与激励变化的激励值(可能)有关。灵敏度指标是考察传感器的主要指标之一。

3. 鉴别力[阈]

鉴别力[阈]是引起相应示值不可检测到变化的被测量值的最大变化,有时又称灵敏阈或灵敏限。

使测量仪器产生未察觉的响应变化的最大激励变化,这种激励变化应缓慢而单调地进行。鉴别力[阈]可能与噪声(内部或外部)或摩擦等因素有关,也可能与激励值有关。例如,使天平指针产生可察觉的位移的最小负荷是 3 mg,则天平的鉴别力[阈]是 3 mg(过去称"感量")。在检定活塞式压力计活塞有效面积时,在被检活塞上使平衡的活塞产生可察觉的位移(平衡破坏)的最小负荷为 10 mg,则活塞压力计鉴别力[阈]为 10 mg(过去称"灵敏阈",建议避免使用)。

4. 显示装置的分辨力

显示装置的分辨力是引起相应示值产生可觉察到变化的被测量的最小变化。对记录式装置,分辨力为标尺分度值的一半。

5. 死区

死区是当被测量值双向变化时,相应示值不发生可检测到的变化的最大区间。死区可能与变化的速率有关,死区有时有意地做大些,以防止激励的微小变化引起响应变化。

6. 阶跃响应时间

阶跃响应时间是测量仪器或测量系统的输入量值在两个规定常量值之间发生突然变化的瞬间到与相应示值达到其最终稳定值的规定极限内时的瞬间的持续时间,或是激励受到规定突变的瞬间与响应达到并保持其最终稳定值在规定极限内的瞬间之间的时间间隔。

7. 分度值(标尺间隔)

分度值是在计量器具的刻度标尺上,对应两相邻标尺标记的两个值之差。最小格所代表的被测量的数值叫做分度值,分度值又称刻度值。如温度计的分度值是指相邻的两条刻线(每一小格)表示的温度值,记录分度值也要有单位。分度值就是单位刻度的意思,也就是最小刻度。如尺子的分度值一般都是 1 mm。

零刻线(零刻度线)就是尺子上的标度是"0"的那条线,测量物体时要看零刻线是否磨损。若磨损,则可以把"1"(或更大的数值)当做零刻线来量取物体。

毫米尺的分度值是 0.1 cm,50 格的游标卡尺的分度值是 0.02 mm,一般螺旋测微计的分度值是 0.01 mm,体温计的分度值是 0.1 ℃。分度值就是测量仪器所能测量的最小值。比如刻度尺,若它能测的最小长度是 1 mm,也就是尺上有的刻度中最小一格的长度是 1 mm,那么我们就说它的分度值是 1 mm,也就是说它测量的长度最小可以精确到 1 mm 的程度。小于 1 mm 的物体长度它就测量不准确了。测量仪器的分度值越小,表示测量仪器的精密程度越高。

例题:新铅笔的长度是 0.175 3 m,则测量时所用刻度尺的分度值是 1 mm。

(1)折叠对位法。这种方法是根据测量值所带的单位,将测量值的每个数位与长度单位一一对应。此题中 0.175 3 m 的个位"0"对应的单位是 m,"1"对应的单位是 dm,"7"对应的单位是 cm,"5"对应的单位是 mm,"3"对应的单位是 0.1 mm。在物理实验中,测量长度要估读到分度值的下一位,题中的"3"是估读的,则"5"所对应的是分度值上的准确读数,即分度值就是 mm。

(2)折叠移位法。这种方法是将小数点移到测量值最后的一位与倒数第二位之间,在不改变测量值的大小情况下,此时测量值所带的单位,就是测量该值所用刻度尺的分度值。此题中将小数点移到"5"与"3"之间,不改变原值的大小所带的单位应为 mm,即 175.3 mm,测量该值所用刻度尺的分度值就是 mm。例如,测量值为 40 mm,移位后为 4.0 cm,则测量该值所用刻度尺的分度值就是 cm。

(3)折叠数位法。这种方法是根据测量时记录测量结果所带的单位与刻度尺的分度值关系,通过数小数位来确定刻度尺的分度值。如果测量值的单位是 m,小数位只有一位,测量时刻度尺的分度值就是 m;如小数位有两位,刻度尺的分度值就是 dm;如小数位有三位,刻度尺的分度值就是 cm;如小数位有四位,刻度尺的分度值就是 mm;如小数位有五位,刻度尺的分度值就是 0.1 mm。此题中的记录值是以 m 为单位,小数位有四位,测量该值时所用刻度值的分度值就是 mm。如果测量值是以 dm、cm、mm 为单位记录的,数位方法以此类推。在测量值无小数位的情况下,测量时刻度尺的分度值要比测量值所带的单位大一级,如测量值为 269 mm,则测量这个值所用刻度尺的分度值就是 cm。

8. 标度分格值

标度分格值又称格值,指标度中对应两相邻标度标记的被测量值之差。

(四)有关准确度方面的特性

1. 准确度

准确度分为测量准确度与测量仪器的准确度,前者是被测量的测得值与其真值间的一致程度,后者是测量仪器给出接近于真值的响应能力。准确度主要是以真值为中心,接近真值的"一致程度"或"响应能力"。测量准确度是对"测量"而言,测量仪器准确度是对"测量仪器"而言,均为定性概念。在实际应用中,以测量不确定度、准确度等级或最大允许误差来定量表达。

2. 准确度等级

准确度等级指在规定工作条件下,符合规定的计量要求,使测量误差或仪器不确定度保持在规定极限内的测量仪器或测量系统的等别或级别。

它也是计量器具最具概括性的特征,综合反映着计量器具基本误差和附加误差的极限值以及其他影响测量准确度的特性值(如稳定度)。准确度等级通常按约定注以数字或符号,并称为等级指标。等别、级别在计量学中是两个不同的概念,它们是有区别的。等和级的区分通常这样约定,级别根据示值误差来确定,表明示值误差的档次;等别根据测量不确定度来确定,表明实际值的扩展不确定度的档次。如 0.25 级精密压力表、二等标准活塞压力计、一等标准水银温度计、M_2 级砝码、Ⅱ级秤等。

在技术标准、检定规程或规范等技术文件中,通常对每个等级的计量器具的各种计量特性做出详细规定,以全面反映该等级计量器具的准确度水平。

3. 示值误差

示值误差是测量仪器的示值与对应输入量的参考量值之差,简称测量仪器的误差。

4. 最大允许误差

最大允许误差是对给定测量、测量仪器或测量系统,由规范或规程所允许的,相对于已知参考量值的测量误差的极限值,有时也称为"测量仪器的允许误差限"。

5. 基值测量误差

基值测量误差是在规定的测得值上测量仪器或测量系统的测量误差,可简称为基值误差。

6. 零值误差

零值误差是测得值为零值的基值测量误差。

7. 固有误差

固有误差是在参考条件下确定的测量仪器或测量系统的误差,也称为基本误差。

8. 仪器偏移

仪器偏移是重复测量示值的平均值减去参考量值,是测量仪器示值的系统误差。测量仪器的偏移通常用适当次数重复测量的示值误差的平均值来估计。

9. 抗偏移性

抗偏移性是测量仪器给出不含系统误差的示值的能力。

10. 引用误差

引用误差是测量仪器的误差除以仪器的特定值。特定值一般称为引用值,可以是测量仪器的量程或标称范围的上限。

(五)有关性能方面的特性

1. 仪器漂移

仪器漂移是由测量仪器计量特性的变化引起的示值在一段时间内的连续或增量的变化,反映在规定条件下测量仪器计量特性随时间的慢变化保持其计量特性恒定的能力。

2. 稳定性

稳定性指测量仪器保持其计量特性随时间恒定的能力。通常稳定性是对时间而言。当对其他量(如电源电压波动、环境气压波动等)考虑稳定性时,则应明确说明。表示稳定度可用如下方式定量表示:计量特性变化某个规定的量所经过的时间、计量特性经规定的时间所发生的变化。一般在正常使用条件下,测量仪器愈稳定愈好,漂移越小越好。

3. 超然性

超然性指测量仪器不改变被测量的能力。例如,天平不改变被测质量,因此是超然的;电阻温度计使欲测其温度的介质加热,因此是不超然的。

4. 重复性

重复性指在相同测量条件下,重复测量同一个被测量,测量仪器提供相近示值的能力。重复性可用测量结果的分散性定量来表示。相同测量条件包括相同的测量程序、相同的观察者、在相同条件下使用相同的测量设备、在相同的地点、短时间内重复测量。

5. 可靠性

可靠性指测量仪器在规定条件下和规定时间内,完成规定功能的能力。表示测量仪器可靠性的定量指标,可以采用在其极限工作条件下的平均无故障工作时间(mean time between failures,MTBF)来表示。这个指标越高,说明可靠性越好。

三、准确度、精密度和正确度

准确度是被测量的测得值与其真值间的一致程度。它反映测量结果中系统误差的影响。

正确度是无穷多次重复测量所得量值的平均值与一个参考量值间的一致程度。它反映测量结果中随机误差的影响程度。

精密度是在规定条件下,对同一或类似被测对象重复测量所得示值或测得值间的一致程度。它反映测量结果中系统误差和随机误差综合的影响程度,简称精度。

准确度、正确度和精密度三者之间的对比关系,如果以打靶为例,如图 4-9 所示。

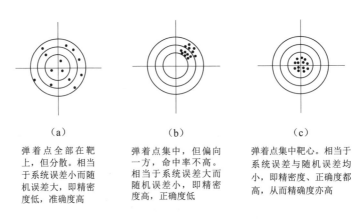

图 4-9 准确度、精密度和正确度三者之间的对比关系

第二节 计量器具检定

计量检定是一项法制性很强的工作,是统一量值、确保计量器具准确一致的重要措施,是进行量值传递或量值溯源的重要形式,是对全国计量实行国家监督的一种手段。它是计量学的一个最重要的实际应用,也是计量部门一项最基本的任务。

计量检定包括检查、加标记和/或出具检定证书。计量检定的对象是计量器具(包括测量标准、测量设备和参考物质、测量系统等),依据是按法定程序审批发布的计量检定规程,检定结果是判别是否合格,并出具证书或加盖印记(合格出具"检定证书",不合格出具"不合格通知书")。计量检定主体是计量检定人员,检定或校准的原始记录要求格式规范、信息量齐全,填写、更改、签名及保存等符合有关规定的要求。原始数据真实、完整,数据处理正确。

计量检定有多种分类方法,按照目的和性质分类,有首次检定、后续检定和仲裁检定;按计量检定的必要程序和我国依法管理的形式分类可分为强制检定和非强制检定;按管理环节分为出厂检定、进口检定、验收检定、周期检定、修后检定、仲裁检定等;按检定数量又可分为全量检定、抽样检定。

一、按目的和性质分类的检定

1. 首次检定

首次检定指对未被检定过的计量器具(测量仪器)进行的一种检定。多数计量器具首次检定后还应进行后续检定。然而某些强制检定的工作计量器具,如竹木直尺、玻璃体温计、液体量提,我国规定,只作首次强制检定,失准报废;直接与供水、供气、供电部门结算用的生活用水表、煤气表和电能表也只作首次强制检定,限期使用,到期更换。

2. 后续检定

后续检定指计量器具首次检定后的任何一种检定:①强制性周期检定;②修理后检定;③周期检定有效期内进行的检定,不论它是由用户提出请求或者由于某种原因使有效期内封印失效而进行的检定。

后续检定有以下两种情况:

(1)使用中检验(应称检查,但许多规程称检验)。在计量器具控制中常用"使用中检验"来进行该项工作。一般由法定计量技术机构或授权机构进行。检验后,应在计量器具上做适当的标识,表明其状态。当计量器具的工作条件保证不使计量性能受损时,对其不进行全部检查的一种后续检定,它构成一种"简化检定"。

(2)周期检定。周期检定是根据规程规定的周期和程序,对计量器具定期进行的一种后续检定。

3. 仲裁检定

仲裁检定指用计量基准或者社会公用计量标准器所进行的以裁决为目的的计量检定活动。

二、强制检定与非强制检定

强制检定是指县级以上人民政府计量行政部门所属或者授权的计量检定机构,对属于强制检定范围内的计量器具实行强制性定点定期检定。任何使用强制检定范围内的计量器具的单位或者个人,都必须按照规定申请检定。不按照规定申请检定或者经检定不合格继续使用的,由政府计量行政部门依法追究法律责任,给予行政处罚。强制检定的检定周期,由检定执行机构根据计量检定规程,结合实际使用情况确定。

根据《中华人民共和国计量法》《中华人民共和国强制检定的工作计量器具检定管理办法》和《实施强制管理的计量器具目录》(以下简称《目录》),我国实行强制检定的计量器具的范围是:

(1)社会公用计量标准器具;

(2)部门和企业、事业单位使用的最高计量标准器具;

(3)用于贸易结算、安全防护、医疗卫生、环境监测等4个方面,并列入《目录》的工作计量器具;

(4)用于行政执法监督用的工作计量器具;

(5)随着国民经济和科学技术的发展,国家明文公布的工作计量器具,如谷物容量器、原棉水分测量仪、验光仪、验光镜片箱、医用活度计等。

非强制检定是由使用单位对强制检定范围以外的其他依法管理的计量器具自行进行的定期检定。凡是《计量法》调整范围内的计量器具,除上述列入强制检定的计量器具外,都属于非强制检定的范围,如电压表、电流表、电阻表等。

1. 强制检定与非强制检定的区别

强制检定与非强制检定的主要区别如表4-1所示。

强制检定与非强制检定都是对计量器具依法管理的形式,均是法制检定,都要受法律的约束。不按规定进行周期检定的,都要负法律责任。施工单位的计量检定工作应当符合经济合理、就地就近的原则,计量器具可送交工程所在地具有相应资质的计量检定机构检定,不受行政区划和部门管辖的限制。

表4-1 强制检定与非强制检定的主要区别

区别	强制检定	非强制检定
管理主体	政府计量行政部门	使用单位自行管理,政府计量行政部门侧重于对其管理情况进行监督检查
实施主体	政府计量行政部门指定	使用单位自己执行,本单位不能检定的,可以自主决定委托包括法定计量检定机构在内的任何有权对外开展量值传递工作的计量检定机构检定
检定周期	由检定执行机构规定	在检定规程允许的前提下,由使用单位自己根据实际需要确定

2. 强制检定的实施

强制检定的实施可分为监督管理和执行检定两个方面。监督管理是按照行政区划由县级以上政府计量部门在各自的权限范围内分级负责;执行检定采取统一规划、合理分工、分层次覆盖的办法,分别由各级法定计量检定机构和政府计量部门授权的其他检定机构承担。

各级政府计量行政部门在组织分配检定工作时应当遵循经济合理、就地就近的原则,既要充分发挥各级法定计量检定机构的技术主体作用,保证检定和执法监督工作的顺利进行,同时也要调动其他部门和企业、事业单位的积极性,打破行政区划和部门管辖的限制,充分利用各方面现有的计量技术条件,创造就地就近检定的条件,方便生产和使用。

使用强制检定的计量器具的单位,可按照计量标准建标考核管辖关系,向主持考核该项计量标准的政府计量行政部门申请检定。政府计量行政部门接到申请后,指定所属或授权的计量检定机构负责检定。对所属或授权的检定机构不能检定的计量标准,由接受申请的政府计量行政部门报上级政府计量行政部门安排检定。

强制检定的工作计量器具首先由使用单位登记造册,建立管理档案,报单位所在地县(市、区)政府计量行政部门备案,然后向其指定的检定机构申请检定;当地不能检定的,逐级向上一级政府计量行政部门指定的检定机构申请检定。

为了保证检定工作的顺利进行,各级政府计量行政部门要根据分工,组织落实每种计量器具的强制检定执行机构,并将这些机构的名称、地址和开展检定的项目、区域范围向社会公布。使用强制检定的计量器具的单位在申请检定时,要详细说明本单位的名称、地址、联系方式以及计量器具的名称、型号、规格、准确度等级等情况。承担强制检定任务的检定机构,要对由本单位执行强制检定的计量器具建立管理档案,纳入周期检定计划,及时通知使用单位送检或到现场检定,并按政府计量行政部门的规定,按时完成检定。

对于使用强制检定的工作计量器具的单位,凡是具备了自行检定条件的,也可以主动向当地政府计量行政部门提出申请,经考核、授权后,自行执行强制检定任务。

3. 非强制检定管理的基本要求

非强制检定的计量器具是企事业单位自行依法管理的计量器具。根据计量法律、法规的规定,加强对这一部分计量器具的管理,做好定期检定(周期检定)工作,确保其量值准确可靠,是企事业单位计量工作的主要任务之一,也是计量法制管理的基本要求。

为此,各企事业单位应当明确本单位负责计量工作的职能机构,配备相适应的专(兼)职计量管理人员;规定本单位管理的计量器具明细目录,建立在用计量器具的管理台账,制定具体的检定实施办法和管理规章制度;根据生产、科研和经营管理的需要,配备相应的计量标准、检测设施和检定人员;根据计量检定规程,结合实际使用情况,合理安排好每种计量器具的检定周期;对由本单位自行检定的计量器具,要制订周期检定计划,按时进行检定;对本单位不能检定的计量器具,要落实送检单位,按时送检或申请来现场检定,杜绝任何未经检定的、经检定不合格的或者超过检定周期的计量器具流入工作岗位。

除了以上工作以外,各有关主管部门应帮助、督促所属各单位加强计量管理;县级以上政府计量行政部门要加强对非强制检定执行情况的经常性监督检查,给予必要的指导、帮助,同时对不按计量法规定自行定期检定或者送其他检定机构检定,以及经检定不合格或者超过检定周期继续使用的单位,要依法追究其法律责任。

第三节 校 准

校准是指在规定条件下,为确定计量仪器或测量系统的示值,或实物量具或标准物质所代表的值,与相对应的被测量的已知值之间关系的一组操作。校准是为了确定示值误差,得出标称值偏差,进行调整、修正,实现溯源性。校准的依据是校准规范或校准方法(通常统一规定,特殊情况下也可自行制定),校准的结果记在校准证书(或报告)中,也可用校准函数(或曲线)表示。某些情况下,校准可以包含具有测量不确定度的修正值或修正因子的示值。校准不应与测量系统的调整(常被错误称作"自校准")相混淆,也不应与校准的验证相混淆。

校准分一般校准(需要建标考核)和校准实验室校准(认证认可,常称 CNAS)。校准的结果能否使用由客户来确认。比如一个压力表,在设备上要求只需要±2%的准确度即可,那么校准结果在这个范围内即可。不确定度是对所测结果加一个附加误差。比如校准结果是误差+1.5%,其测量结果扩展不确定度 $U=0.1\%(k=2)$,那么误差的实际的真值是在 1.4%~1.6%之间。

例如:测某游标卡尺

示值	实际值	误差	修正值
100.0 mm	100.1 mm	−0.1 mm	0.1 mm

若 $U=1\%(k=2)$,则是指修正值 0.1 mm±0.01 mm,可信程度 95%。

校准结果的测量不确定度有一定要求,如果计量标准可以测量多种被测对象,应当分别评定不同种类被测对象的测量不确定度;如果计量标准可以测量多种参数,应当分别评定每种参数的测量不确定度(如热工仪表检定仪有电压、电流和电阻);如果测量范围内不同测量点的不确定度不相同时,原则上应当给出每一个测量点的不确定度,也可以用下列两种方式之一来表示:①如果测量不确定度可以表示为测量点的函数,则用计算公式表示测量不确定度;②在整个测量范围内,分段给出其测量不确定度(以每一分段中的最大测量不确定度表示)。

无论采用何种方式来评定检定和校准结果的测量不确定度,均应具体给出典型值的测量不确定度评定过程。如果对于不同的测量点,其不确定度来源和测量模型相差甚大,则应当分别给出它们的不确定度评定过程。

检定与校准介绍过后,此处要介绍计量确认。近年来,国际标准化组织在 ISO 10012 对计量检测设备的质量保证要求中,提出了"计量确认"的新概念,计量确认是为确保测量设备处于满足预期使用要求的状态所需的一组操作。

从定义中可以看出,计量确认与检定、校准含义接近,但又不同于传统的"检定"或"校准"。计量确认一般包括校准或检定、各种必要的调整或修理及随后的再校准,与设备预期使用的计量要求相比较以及所要求的封印和标签。只有测量设备已被证实适合于预期使用并形成文件,计量确认才算完成。

第四节 检 验

检验——检查并验证,是对检验项目中的性能进行量测、检查、试验等,并将结果与标准规定要求进行比较,以确定每项性能是否合格所进行的活动。检验对象通常是产品的质量,验证其是否达到产品设计标准的要求。

一、质量检验

质量检验是采用一定检验测试手段和检查方法测定产品的质量特性,并把测定结果同规定的质量标准作比较,从而对产品或一批产品作出合格或不合格判断的质量管理方法。质量特性通常有以下 3 方面:一是内在特性,包括结构性能、物理性能、化学成分、可靠性、安全性等;二是外在特性,包括外观、形状、手感、口感、气味、味道、包装等;三是经济特性,包括成本、价格、全寿命费用等。

质量检验按加工过程阶段分为:①进货检验。指零部件检验,对原材料、外协件和外购件进行的进厂检验。②过程(工序)检验。指生产现场进行的对工序半成品的检验,对已完工的产品在入库前的检验。

质量检验按检验地点分为:①固定检验。指在固定的地点,利用固定的检测设备进行检验。②流动(巡回)检验。指按规定的检验路线和检查方法,到工作现场进行检验。道路的施工验收、桥梁隧道的探伤、机动车安全检验、食品检验等皆属于此类。

质量检验按检验对象与样本的关系分为:①抽样检验。指对应检验的产品按标准规定的抽样方案,抽取小部分的产品作为样本数进行检验和判定。②全数检验。指对应检验的产品全部进行检验。③首件检验。指对操作条件变化后完成的第一件产品进行检验。JJF 1070—2005《定量包装商品净含量计量检验规则》中定量包装商品净含量计量检验属于此类。

二、检验的性质与特点

检验是依据国家产品标准,国家、行业的技术标准和计量器具新产品的型式评价大纲进行全性能(高低温、湿热、电磁兼容等试验)或部分参数检测的过程。检验人员需经过相关专业的培训。检验完后要出具检验报告,得出符不符合相关标准或标准中相关技术要求的检验结论。检验是由人的意识来完成的,举个例子,在车辆检验中,对于外观、底盘等的检验项目是没有什么检测数据的,底盘是否损坏就是由检验人员来判断下结论的。

第五节 检定、校准和检验之间的区别

检定、校准和检验,名词相近,很多人在使用时容易混淆。下面对三者从效果、结论、依据等方面进行对比区分(表4-2)。

表4-2 检定、校准和检验之间的区别

区别	检定	校准	检验
效果	检定是法定的,具有法律效果,拿出去就可以用	校准是参考的,没有法律效果,拿回去还要作确认,适合才能用	检验有法律的成分也有参考成分,检验项目对应技术要求的符合性
结论、依据	检定是对仪器的整体评价判断合格或不合格,合格是检定证书,不合格是检定结果通知书/计量检定规程	校准是对某参数的赋值,给出具体的数据及测量不确定度,不作合格或不合格的评定/校准规范或规程中参数	检验是对标准中某参数的检测,判断参数是否符合标准规定的要求。如果是强制标准,则有结果的评定/标准或规范
证书形式及标准	检定出具检定证书或检定结果通知书,还可以给出等级级别,比如符合0.2级要求或符合二等标准要求。有检定周期	校准出具校准证书,只能给出某参数的数据和测量不确定度(必须给)。没有校准周期(不合法),最多建议校准周期。有CNAS标志或没有	检验出具检验报告,可以检测标准中全部的参数或部分参数。依据标准评定(产品)合不合格或参数符不符合。有CMA或CAL标志
资质证书区别	计量标准考核证书	实验室认可证书	计量认证证书
考核认证内容	JJG 205—2005《机械式温湿度计》相关检定规程	JJG(建材)103—1999《水泥胶砂振动台检定规程》	建议批准的计量认证/授权/验收/项目及限制范围
对象	县级以上人民政府计量行政部门对社会公用计量标准器具,部门和企业、事业单位使用的最高计量标准器具,以及用于贸易结算、安全防护、医疗卫生、环境监测方面的列入强制检定目录的工作计量器具,实行强制检定	非强制检定计量器具的检定周期,由企业根据计量器具的实际使用情况自行确定。非强制检定计量器具的检定方式,由企业根据生产和科研需要,可以自行决定在本单位检定或者送其他计量检定机构检定、测试	产品质量检验机构必须具备相应的检测条件和能力,经省级以上人民政府产品质量监督部门或者其授权的部门考核合格后,方可承担产品质量检验工作。从事产品质量检验、认证的社会中介机构必须依法设立
质量体系依据	编制社会公用计量标准检定机构的质量体系依据的是JJF 1069—2012《法定计量检定机构考核规范》(含检定和一般校准)	编制CNAS校准机构质量体系依据的是ISO/IEC 17025:2017《检验和校准实验室能力的通用要求》	编制检测机构的质量体系依据是《检验检测机构资质认定评审准则》

第六节 量值溯源与量值传递

一、量值溯源

量值溯源(图 4-10)是通过一条具有规定不确定度的不间断的比较链,使测量结果或测量标准的值能够与规定的参考标准(通常是国家计量基准或国际计量基准)联系起来的特性。校准链中的每项校准均会引入测量不确定度。

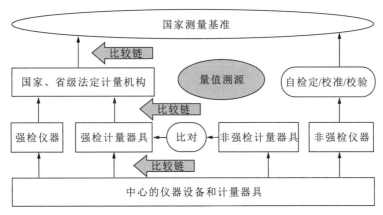

图 4-10 量值溯源框图

量值溯源等级图(图 4-11),也称为量值溯源体系表,它是表明测量仪器的计量特性与给定量的计量基准之间关系的一种代表等级顺序的框图。它对给定量及其测量仪器所用的比较链进行量化说明,以此作为量值溯源性的证据。实现量值溯源的最主要的技术手段是校准和检定。

二、量值传递

量值传递(图 4-12)是由国家最高标准去统一各级计量标准,再由各级计量标准去统一工作用测量仪器,来实现量值准确一致的过程,具体而言,是通过对测量器具的检定或校准,将国家测量标准所复现的单位量值,通过各等级测量标准传递到工作测量仪器,以保证被测量对象量值的准确一致。

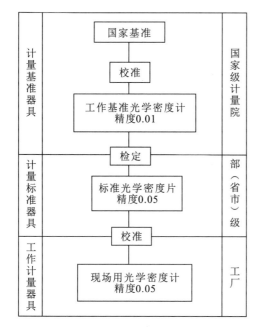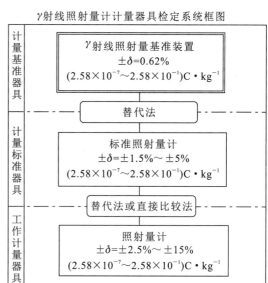

图 4-11 量值溯源及量值传递等级图

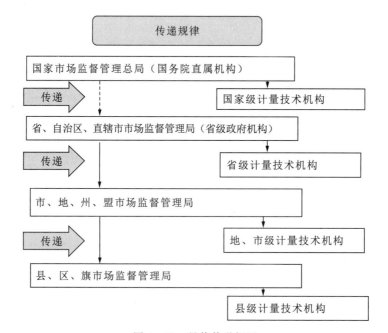

图 4-12 量值传递框图

三、量值传递和量值溯源的关系

量值传递和量值溯源是两个互逆的过程,它们的不同特点如表4-3所示。

表4-3 量值传递与量值溯源的比较

比较项目	量值传递	量值溯源
执行力	法制性、强制性	自觉性、主动性
执行机构	各级计量行政部门、国防计量管理部门	试验室,往往是企业
作用对象	企业、次级计量行政部门	企业可根据测量准确度的要求,自主地寻求具有较佳不确定度的参考标准进行测量设备的校准
执行方式	按照国家检定系统表的规定自上而下逐级传递	可以越级也可以逐级溯源,自下而上主动地寻找计量标准,是自下而上的追溯
中间环节	严格的等级划分,层次多、中间环节多	不按严格的等级传递,中间环节少
误差和准确	容易造成准确度损失	可以减少逐级传递造成的误差
内容和范围	检定周期、检定项目和测量范围都是按照国家、部门和地方的有关技术法规或规范的规定进行的。检定系统由文字和框图构成,其内容包括国家计量基准、各等级计量标准、工作计量器具的名称、测量范围、不确定度或允许误差极限和检定方法等	打破地区或等级的界限,实行就地就近的原则。方式不限于检定、标准和比对方式,还允许采用信号传输、计量保证方案等多种量值溯源方法

通过对比可以发现,量值传递是上一级计量检定机构将本级的标准量值传递给低于其准确度等级的测量仪器,主要是指国家强制性检定的内容。而量值溯源是通过一条具有规定不确定度的不间断的比较链,使测量结果或测量标准的值能够与规定的参考标准联系起来的一种特性,它要求实验室针对自己检测标准的相关量值,主动地与上一级检定机构追溯高于自己准确度的量值,确定自己的准确性。量值溯源和量值传递的主要区别在于:量值溯源是自下而上的活动,带有主动性;量值传递是自上而下的活动,带有强制性。

扫描二维码观看
计量器具

第五章 测量误差及数据处理

为正确认识自然界的各种现象,人们要进行测量和研究。我们在测量或实验时,由于测量的5个要素,即装置(或仪器设备)、人员、方法、环境及被测对象自身不可能做到完美无缺,因此测量或实验所得数据与被测量的真值之间,不可避免地存在着差异,即测量误差。

随着科技的进步及人们认知能力的提升,误差被控制得越来越小,但并不能全消除。人们必须承认误差的必然性和普遍性,但同时也要认识到,可以通过各种方式来减小误差。合理地处理测量数据,给出正确的检定或校准的测量结果,并对结果可靠性做出确切的评估,是计量工作的基本环节,直接决定我们检定、校准、检测及测试工作的质量。

第一节 测量误差

测量误差可简称误差,是指"测得的量值减去参考量值",即

$$误差 = 测得的量值 - 参考量值$$

测得的量值可以简称为测得值,是代表测量结果的量值。参考量值简称参考值,可以是约定真值,或约定量值,或不确定度可以忽略的测量标准提供的量值(标准值)。参考值也是理论真值的最佳估计值(多次测量的平均值),获得估计值的目的通常是得到测量结果的修正值。

测量误差不应与测量中产生的错误和过失相混淆,测量中的过错常被称为粗大误差,粗大误差不属于测量误差定义的范畴。测量仪器的特性用"示值误差""最大允许量误差""准确度等级"等术语表示,不要与测量结果的测量误差相混淆。

一、测量误差的相关术语

(一)被测量

被测量是指"拟测量的量"。测量的目的是确定被测量的量值,被测量不一定是物理量,还可以是化学量、生物量等。在医学测量中,被测量可能是一种生理活动。测量时必须搞清楚要测量的是什么量,要知道被测对象的特定量是什么,也就是要对被测量进行定义。

例如:要测量"频率为 50 Hz 的某台稳压电源的输出电压",稳压电源是被测对象,"频率为 50 Hz 的某台稳压电源的输出电压"就是被测的特定量。

对有关影响量(对测量有影响的量)进行的说明,也包含在被测量的定义里面,其详细程度由测量准确度而定。

例如:一根名义值为 1 m 长的钢棒,若需测至微米级准确度,其说明应包括定义长度时的温度和压力。被测量应说明钢棒在 25.00 ℃ 和 101 325 Pa 时的长度(加上任何别的必要的参数,如棒被支撑的方法等)。否则,对于不同的温度和压力,就有不同的量值,被测量的量值就不是单个值了。如果被测长度仅需毫米级准确度,温度和压力或其他影响量的影响小到可以忽略的程度时,其定义的说明就无需规定温度或压力或其他影响量的值。

(二)影响量

影响量是指"在直接测量中不影响实际被测的量,但会影响示值与测量结果之间关系的量"。测量时会受到各种因素的影响。例如,测量某杆长度时测微计的温度(不包括杆的温度,因为杆的温度可以进入被测量的定义中)是影响量,因为测微计受到温度的影响,会使测量结果受到影响。总之,与测量结果有关的测量标准、标准物质和参考数据(引用数据)之值会对测量结果的准确程度产生影响,测量仪器的短期不稳定以及环境温度、大气压力和湿度等因素也会对测量结果有影响。间接测量的结果是由各直接测量的量通过函数关系计算得到,此时每项直接测量的量都可能受影响量的影响,从而影响最终测量结果。影响量不仅覆盖影响测量系统的量,而且包含影响实际被测量的量。

例 1:用千分尺测量长度时,千分尺的温度是(A)。
A. 被测量　　　　B. 影响量　　　　C. 修正量　　　　D. 参考量

例 2:当环境条件为温度 20.3 ℃、相对湿度 52%、空气密度 1.2 mg/cm^3 时,测量 500 g F_1 等级砝码的质量,以下为影响量的是(ABC)。
A. 温度　　　　B. 空气密度　　　　C. 湿度　　　　D. 质量

(三)测量结果

测量结果是"与其他有用的相关信息一起赋予被测量的一组量值"。测量结果通常表示为单个测得的量值与一个测量不确定度。如果对于某些用途,测量不确定度被认为可以忽略不计,那么测量结果可以表示为单个被测量值。在许多领域中,这是表示测量结果的常用方式。测量结果包含这组量值的"相关信息",如某些可以比其他方式更能代表被测量的信息。

在传统文献和早期的 VIM(国际计量学词汇)中,测量结果定义为赋予被测量的值,并按情况解释为平均示值、未修正的结果或已修正的结果。这里应注意"测量结果"的新定义和传统定义的区别。

(四)测得的量值

测得的量值是指"代表测量结果的量值,又称量的测得值"。对重复示值的测量,每个示值可提供相应的测得值。用这一组独立的测得值可计算出作为结果的测得值,如平均值或中位值,通常它附有一个已减小了的与其相关联的测量不确定度。

(五)量的真值

量的真值是指"与量的定义一致的量值",简称真值。人们对于真值的认知是不完全一致的。在描述关于测量的"误差方法"中,认为真值是唯一的。而理想化的概念,实际上不可知。真值有下列形式。

(1)理想真值。同一量值自身之差为零而自身之比为一。如平面三角形的内角之和恒定为180°。

(2)指定值。由国际标准化和计量权威组织定义、推荐和制定的量值。如7个SI基本单位是国际计量局制定选取的(计量学约定真值)。

(3)约定值。在量值传递中通常约定高一等计量标准器具的不确定度与低一等计量器具的不确定度之比小于等于1/3或1/5时,可认为前者是后者的相对真值。

(4)最佳估计值。通常将一被测量在重复条件或复现条件下的多次测量结果的平均值作为最佳估计值并作为约定真值(算数平均值、特征值)。

(5)约定量值。"对于给定目的,由协议赋予某量的量值",又称量的约定值。例如:标准自由落体加速度 $g_n = 9.80665 \text{ m/s}^2$,约瑟夫逊常量的约定量值 $K_{J-90} = 483597.9 \text{ GHz/V}$,给定质量标准的约定量值 $m = 100.00347 \text{ g}$,标准大气压力为 101.325 kPa,水的比热容是 $4.2 \times 10^3 \text{ J/(kg·℃)}$。

有时将术语"约定真值"用于此概念,但不提倡这种用法。约定量值是真值的一个估计值。约定量值通常被认为具有适当的小(可能为零)的测量不确定度。

二、误差的表现形式

一般而言,测量误差分类按表现形式可以分为绝对误差和相对误差,按性质特点可以分为系统误差和随机误差。从使用角度,我们将误差分为绝对误差、示值误差等6类,下面分别予以说明。

(一)绝对误差

绝对误差(absolute error)指所获得的测量结果减去被测量的真值,即绝对误差=测得值-真值。

$$\Delta = x - x_0 \tag{5-1}$$

式中:Δ——绝对误差;

x——测量结果;

x_0——真值。

误差的绝对值($|\Delta|$),是不考虑正负号的绝对值。绝对误差值是误差的模,其特点是:绝

对误差具有确定的大小、计量单位和"＋""－";绝对误差与误差的绝对值不同;适用于同一量级的同种量的测量结果的误差比较和单次测量结果的误差计算以及量具的特性参数的表示。

绝对误差表示测量结果偏离参考量值的程度。绝对误差不是对某一被测量而言,而是对该量的某一给出值来讲。

例:砝码的误差为－3 mg(错误);10 g 砝码的误差为－3 mg(正确)。

(二)示值误差

示值误差指"测量仪器示值与对应输入量的参考量值之差"。对于计量器具(又称测量仪器):

$$示值误差＝仪器示值－参考量值$$

或 $$示值误差＝被测量标称值(示值)－约定真值(标准值/实际值)$$

在这里式(5-1)中的 x 是示值;x_0 是实际值。

示值误差是测量仪器的最主要的计量特性之一,使用示值误差的场合,通常对应着测量仪器示值就是对测量仪器输入量的估计值,即示值与输入量为同类量。示值的获取方式可能因测量仪器的种类而异,如对实物量具而言,量具上标注的标称值就是示值;对测量仪器指示装置标尺上指示器所指示的量值,标尺直接示值或乘以测量仪器常数得到示值;对模拟显示式测量仪器而言,示值是相邻标尺标记间的内插估计值;对于数字显示式测量仪器,其显示的数值就是示值;对于记录器,记录装置上记录笔的位置所对应的量值就是示值。

参考量值实际上使用的是约定真值或已知的标准值,当用高等级的标准器检定或校准仪器时,标准器复现或测得的量值即约定真值,也称为标准值或实际值。因此,指示式测量仪器的示值误差等于示值减去标准值,实物量具的示值误差等于标称值减去标准值。

例1:被检电压表的示值为 50 V,经用标准器检定,其电压标准值为 49 V,则示值误差 Δ 为

$$\Delta = x - x_0 = 50 \text{ V} - 49 \text{ V} = 1 \text{ V}$$

例2:标称值为 10 g 的砝码,经检定实际值为 10.003 g,该砝码的示值误差 Δ 为

$$\Delta = x - x_0 = 10 \text{ g} - 10.003 \text{ g} = -0.003 \text{ g} = -3 \text{ mg}$$

(三)修正值(c)

在实际工作中,经常使用修正值,在对测量结果进行修正时要根据所用仪器在该点产生的绝对误差进行修正。修正值与未修正测量结果相加,以补偿系统误差的值。修正值本身还有误差,其大小与绝对误差大小相等、符号相反,即

$$修正值 \approx 真值 - 测得值 \approx - 误差 \quad (c = -\Delta)$$

例:用 200 g E_2 等级砝码检定①级电子天平 200 g 载荷点,测得值为 200.002 g。则绝对误差为＋0.002 g,修正值为－0.002 g。

(四)偏差

偏差描述了标称值偏离(约定)真值的程度,是一个值减去其参考值,即

$$偏差 = 实际值 - 标称值$$

偏差与修正值相等,与绝对误差的值的符号相反,它们的绝对值相等。偏差、修正值、误差各指的对象不同。所以在分析误差时,首先要分清所研究的对象是什么,即要表示的是哪个量值的误差。

例:标称容量为 100 L 的标准金属量器,经上一级标准量器检定,结果为 100.004 L,那么该金属量器的偏差=100.004 L-100 L=0.004 L=4 mL。

(五)相对误差

相对误差等于绝对误差与参考值的比值,是无名数,有大小和符号,通常以百分数(%)表示,即

$$相对误差 = 绝对误差 / 参考值$$

或 相对误差 = (绝对误差 / 参考值) × 100%,即

$$\Delta_r = (x - x_0)/x_0 \times 100\% \tag{5-2}$$

式中:x_0 不为零,且 Δ 与 x_0 的单位相同,故相对误差呈无量纲形式。

例1:有一标称范围为 0~300 V 的电压表,在示值为 100 V 处,其实际值为 100.50 V,求该电压表示值 100 V 处的相对误差。

分析:

∵ $x = 100$ V;$x_0 = 100.50$ V;

则绝对误差:$\Delta = x - x_0 = (100 - 100.50)$ V

∴ 相对误差:$\Delta_r = (x - x_0)/x_0 \times 100\%$

$= (100 - 100.50)\text{V}/100.50\text{ V} \times 100\%$

$= -0.5\%$(或 -5×10^{-3})

例2:在检定水银温度计时,温度标准装置的恒温槽示值为 100 ℃,将被检温度计插入恒温槽后被检温度计的指示值为 99 ℃,则被检温度计的示值误差为多少?

分析:示值误差 = 99 ℃ - 100 ℃ = -1 ℃,相对误差为(-1 ℃/100 ℃)× 100% = -1%。

例3:设有一台五位半数字多用表,最小量程为 1.000 00 V,最大允许误差为±(0.005%×读数+0.005%×量程)。当用 1 V 量程测量 10 mV 电平时,相对误差为多少?

分析:测量 10 mV 这个点:$\Delta = \pm(0.005\% \times 10 + 0.005\% \times 1000)$(mV)=±[0.05%(忽略不计)±5%](mV);绝对误差±5%再除以 10 mV,得相对误差为±0.5%。

对于相同的被测量,绝对误差可以评定其测量精度的高低,但对于不同的被测量以及不同的物理量,绝对误差就难以评定其测量精度的高低,而采用相对误差较为确切。

例4:用量油尺测量液位高度 1 m 油高时,量油尺的读数是 1.001 m;用同一把尺测量

液位高度 10 m 的油高,量油尺的读数是 10.001 m(不考虑尺本身的误差),分别求两次测量的相对误差。

分析:

当油高 1 m 时的测量相对误差为

$\Delta_r = \Delta_x \div x_0 = (1.001 - 1)\text{m} \div 1 \text{ m} = 0.1\%$

当油高 10 m 时的测量相对误差为

$\Delta_r = \Delta_x \div x_0 = (10.001 - 10)\text{m} \div 10 \text{ m} = 0.01\%$

同样一把尺,测量的准确度后者比前者高,说明相对误差能更好地描述测量的准确程度。

（六）引用误差

实际工作中,在仪表的一个量程的分度线上,当绝对误差保持不变,相对误差将随着被测量的量值增大而减小,即各个分度线上的相对误差是不一致的。为了便于划分这类仪表准确度级别,取某一被测量的量值为特定值,这个特定值一般称为引用值,由此引出引用误差的概念。引用误差可以看成是一种简化和实用方便的"相对误差"。

绝对误差和相对误差通常用于单值点测量误差的表示,而对于具有连续刻度和多挡量程的测量仪器的误差则用引用误差表示。

引用误差的定义为:"测量仪器或测量系统的误差除以仪器的特定值"。特定值又称为引用值,通常是测量仪器的量程或标称范围的上限(FS——满刻度值的英文缩写),即

$$r = \Delta / x_n \times 100\% \qquad (5-3)$$

式中: x_n ——量程或特定值。

引用误差一般用百分数(%)表示,也可以用 $A \times 10^{-n}$ 表示。

量程(或标称范围):测量仪器标称范围上、下限之差的模。当下限为"0"时,量程即标称范围的上限值(或称最高值)。

特定值:一般称为引用值,是指测量仪器的量程。

例1:测量范围上限为 19 600 N 的拉力表,在标定示值为 14 700 N 处的实际作用力为 14 778.4 N,则此测力计在该刻度点的引用误差为

$r = \Delta / x_n \times 100\% = \dfrac{14\ 700 \text{ N} - 14\ 778.4 \text{ N}}{19\ 600 \text{ N}} \times 100\% = \dfrac{-78.4}{19\ 600} \times 100\% = -0.4\% \text{FS}$

可用引用误差表示最大允许误差,如:一台电流表的技术指标为±3%FS,这就是用引用误差表示的最大允许误差;一台 0~150 V 的电压表,说明书说明其引用误差限为±2%,说明该电压表的任意示值的允许误差限均为±2%×150 V=±3 V。用引用误差表示最大允许误差时,仪器在不同示值上的用绝对误差表示的最大允许误差相同,因此越使用到测量范围的上限,相对误差越小。

例2:检定一只 2.5 级、量程为 100 V 的电压表,发现在 50 V 处误差最大,其值为 2 V,而其他刻度处的误差均小于 2 V,问这只电压表是否合格?

该电压表的引用误差为 2/100＝2％,由于 2％＜2.5％,所以该电压表合格。

对于电工仪表,用百分比表示的最大引用误差去掉百分号(％)后的值即仪表的准确度等级。准确度等级按国家规定,电工仪表等级为 0.1、0.2、0.5、1.0、1.5、2.5、5.0,精密压力表等级为 0.15、0.25、0.4、0.6,工作压力表等级为 1.0、1.5、2.5、4.0。仪表的引用误差不能超越界限,即在标称范围内的每个分度测量值的误差只能小于最大允许误差。若实际最大引用误差在两级之间,则该仪表归属到最相近的较低的那一级,如最大引用误差为 0.3％ 的仪表应属 0.5 级。

一般而言,如果仪表的准确度等级为 S 级,仅说明仪表的最大引用误差不会超过 $S\%$,而不能认为它在各刻度上的示值误差都具有 $S\%$ 的准确度。假如仪表的量程为 $0\sim X_n$,测量点为 X,则该仪表在 X 点临近处:示值误差 $\leqslant X_n \times S\%$;相对误差 $\leqslant X_n \times S\%/X$。显然,$X < X_n$,故当 $X \to X_n$ 时,其相对误差最小,即测量准确度最高;反之,X 离 X_n 越远,其测量准确度越低。使用以引用误差确定准确度级别的仪表时,从提高测量准确度考虑,应尽可能使被测量的示值在量程(标称范围)上限的临近或量程的 2/3 以上(使用弹性元件仪表如压力表应另外考虑),同时在选择这类仪表进行测量时,不能单纯追求仪表的准确度,应根据仪表的级别、量程以及测量值的大小合理选用。

例 3:设某一被测电流约为 70 mA。现有两块表,一块是 0.1 级,标称范围为 $0\sim 300$ mA;另一块是 0.2 级,标称范围为 $0\sim 100$ mA。问采用哪块表测量准确度高?

对 0.1 级表:$(0.1\% \times 300)/70 = 0.43\%$

对 0.2 级表:$(0.2\% \times 100)/70 = 0.28\%$

可见,测量 70 mA 电流时,只要量程选择得当,用 0.2 级电流表反而比 0.1 级电流表测量相对误差小,更准确。因此用第二块表测量准确度高。

在实际工作中,有时用组合形式表示最大允许误差。如:一台脉冲产生器的脉宽的技术指标为 $\pm(\tau \times 10\% + 0.025 \mu s)$,这是相对误差与绝对误差的组合;一台数字电压表的技术指标为 $\pm(1 \times 10^{-6} \times 量程 + 2 \times 10^{-6} \times 读数)$,这是引用误差和相对误差的组合。

例 4:某台标称示值范围为 $0\sim 150$ V 的电压表(即满量程为 150 V),在示值为 100 V 处,用标准电压表检定得到的实际示值为 99.4 V,求使用该电压表在测得示值为 100 V 时的绝对误差、相对误差和引用误差。

根据绝对误差、相对误差和引用误差的表示方式可以得出绝对误差为测得的量值减去参考值,100 V $-$ 99.4 V $=$ 0.6 V;相对误差等于绝对误差除以参考值,$\dfrac{0.6 \text{ V}}{99.4 \text{ V}} \times 100\% \approx \dfrac{0.6 \text{ V}}{100 \text{ V}} \times 100\% = 0.6\%$;引用误差等于仪器误差除以仪器的特定值,这里为满量程 150 V,$\dfrac{100 \text{ V} - 99.4 \text{ V}}{150 \text{ V}} \times 100\% = 0.4\%$。

第二节 误差来源

在实际的测量中,测量人员要掌握误差的规律,完善测量方法,使用合理的测量仪器,并了解和分析在测量过程中误差产生的原因及性质,才会尽可能将误差减小到最低。

引起测量误差的因素众多,但在分析和计算误差时,不可能也无必要对所有误差因素进行分析计算,只需重点关注引起误差的主要因素。通常情况下,误差的主要来源有以下几个方面。

一、测量装置(测量仪器)误差

测量装置(测量仪器)误差是指由测量装置(测量仪器)所引起的误差,主要有以下几种。

(一)计量标准器具误差

计量标准器具误差是指计量标准器具(含标准物质)所引起的测量误差。计量标准器具是指以固定形态复现或提供一个或多个量值的实物量具,如标准量块、标准电池、标准电阻、标准砝码等。由于生产加工的局限,它们本身体现的量值,不可避免地含有误差,必将影响被测量的测量结果的准确性。

(二)仪器仪表误差

仪器仪表是用来直接或间接将被测量和已知量进行比较的测量仪器(仪表),如压力表、温度计、质量比较仪等。仪器仪表在加工、装配或调试中,不可避免地存在误差,导致仪器仪表的示值与被测量的真值不一致,造成测量误差。例如:根据天平的工作原理,要求天平的两臂必须是等臂的,但由于不可能加工、装配和调整到绝对相等,因此称量时,由于天平不等臂,虽然达到平衡,但实际质量并不相等,就造成了测量误差。

(三)附件误差

为了便于测量或为测量提供必要的条件而使用的各类辅助设备、仪器的附件及附属工具等,均属于测量附件,如测长机的标准环规,千分尺的校对棒,用于标准水银温度计测量的水槽、油槽等的误差,也会引起测量误差。

(四)其他因素引起的误差

计量器具本身所具有的误差也会引起测量误差。器具误差主要是由计量器具本身的结构、工艺水平、调整以及磨损、老化或故障等所引起。

二、环境误差

环境误差是指在测量过程中,影响测量精度的外界条件,如温度、湿度、气压、振动、照明度、含尘量、电磁场、阳光照射等,与规定的标准状态不一致而引起的测量装置与被测量本身的变化所造成的误差。通常仪器在规定的正常工作条件所具有的误差称为基本误差,而超出此条件所增加的误差称为附加误差。

实际环境条件(或称工作条件)主要有:计量器具及配套设备的环境条件,如温度、湿度、气压、振动、重力加速度(重力场)和电磁干扰(电磁场)等;被测量的附属特性(源),如交流电的电压、电频率、功率因素和波形失真等;流量计的附属特性,如安装、温度、压力、密度、黏度、流速等;测量设备的特殊工作状态,如电桥的不平衡程度、电源和负载的匹配状态等。

规定条件主要是指技术标准、检定规程中规定的检定工作条件,如规程或技术标准所规定的环境条件。在环境条件中,影响最大的是温度引起的误差。根据物体具有热胀冷缩的特性,因此在不同的温度条件下,由于被测件与基准件的温度差别,将会引起测量误差。

由于温度变化 Δt,而引起物体在长度上的变化 ΔL,可由下式求得

$$\Delta L = L \cdot \alpha \cdot \Delta t \tag{5-4}$$

例1:当被测件长度为 300 mm 时,可计算出温度相差 1 ℃时的黄铜比钢的长度要多 2.1 μm,当温度相差 5 ℃时长度要变化 10.5 μm。

当测量仪器的温度和线膨胀系数与被测件的温度和线膨胀系数不同时,而且偏离 20 ℃ 标准温度下进行测量而引起的误差可根据下式计算:

$$\Delta L = L[\alpha_1(t_1-20) - \alpha_2(t_2-20)]$$

式中:ΔL——由温度引起的测量误差;

L——被测件的长度;

α_1——被测件线膨胀系数;

α_2——测量仪器线膨胀系数;

t_1——被测件温度;

t_2——测量仪器温度。

由此可知,当被测件长度一定时,随着二者线膨胀系数差别和温度差的增大,其由温度差引起的误差也增大;当在同样的线膨胀系数和温度差的条件下,被测件的长度越大,其受温度的影响也越大。这在机械量的大尺寸测量中要引起注意。

例2:钢直尺的热膨胀系数为 $\alpha_1 = 11.5 \times 10^{-6}$ ℃$^{-1}$,标准金属线纹尺的热膨胀系数为 $\alpha_2 = 16.8 \times 10^{-6}$ ℃$^{-1}$,$t_1 = t_2 = 21$ ℃,$L = 1000$ mm,则温度误差为 -0.0053 mm。

三、方法误差

方法误差是指由测量方法(包括计算过程)不完善所引起的误差。如用伏安法测量功率

等近似方法测量时会引起误差,无论电流表内接还是外接都会带来方法误差;用钢卷尺测量轴的圆周长 s,再通过计算求得轴的直径 $d=s/\pi$,因为近似数 π 取值的不同,将会引起误差。

四、人员误差

人员误差是指由测量者受生理机能限制,如分辨能力的限制,工作疲劳引起的视觉器官的生理变化以及固有习惯引起的读数误差,精神上的因素产生的一时疏忽等所引起的误差。

例如:记录某一信号时,测量人员滞后和导前的趋向;对准读数标志时,始终偏左或偏右,偏上或偏下,常表现为观察误差、读数误差(视差、估读误差)等。如指针式仪表以指针估读、数字式仪表以末位数字变化瞬态记录均会引起误差。

总之,在进行测量时,对上述的误差来源,要进行全面的分析,力求不遗漏、不重复。

第三节 测量误差基本性质和处理

测量误差按性质特点分为系统误差和随机误差,系统误差是指在重复测量中保持不变或按可预见方式变化的测量误差的分量,随机误差是指在重复测量中按不可预见方式变化的测量误差的分量。系统误差和随机误差都是测量误差的一个分量,下面将分别予以阐释。

一、系统(测量)误差

当系统误差的参考量值是真值时,系统误差是未知的。而当参考量值是测量不确定度可忽略不计的测量标准的量值或约定量值时,可以获得系统误差的估计值,此时系统误差是已知的。对已知的来源,如果可能,系统误差可以从测量方法上采取措施予以减小或消除,可以采取修正来补偿。系统误差产生的原因、表现特征、发现方法和减小及消除方法,下面将一一展开说明。

(一)系统误差产生的原因

系统误差产生的原因有测量装置、环境、测量方法、测量人员等方面的因素。

测量装置的因素:仪器结构原理设计上的缺点;仪器零件制造和安装不正确,如标尺的刻度偏差、刻度盘和指针的安装偏心、标准环规的直径偏差、齿轮杠杆测微仪直线位移和转角不成比例的误差、仪器导轨的误差等。

环境的因素:测量时的实际温度与标准温度的偏差;测量过程中温度、湿度等按一定规律变化引起的误差等。

测量方法的因素:采用近似的测量方法或近似的计算公式等引起的误差,如用均值电压表测量交流电压时,由于计算公式出现无理数 π 和 $\sqrt{2}$,取近似公式 $\alpha=1.11\bar{U}$,由此产生的误差。在间接测量中常见此类误差。

测量人员的因素:由于测量者的个人特点,在刻度盘上估计读数习惯偏向某一方向;动态测量时,记录某一信号有滞后的倾向。

(二)系统误差的表现特征

上述总结了系统误差产生的原因,下面分析系统误差表现出来的一些特征。如图 5-1 所示,系统误差 Δ 随测量时间 t 变化表现出不同特征。

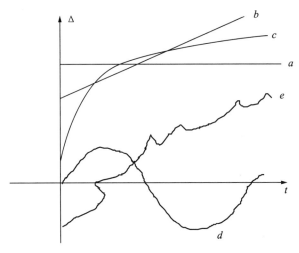

图 5-1 各种系统误差曲线

曲线 a 为不变的系统误差,在整个测量过程中,误差符号和大小固定不变;

曲线 b 为线性变化的系统误差,在整个测量过程中,随着测量值或时间的变化,误差值是成比例地增大或减小;

曲线 c 为非线性变化的系统误差,在整个测量过程中,随着测量值或时间的变化,误差按照某一曲线关系变化;

曲线 d 为周期性变化的系统误差,在整个测量过程中,随着测量值或时间的变化,误差按周期性规律变化;

曲线 e 为复杂规律变化的系统误差,在整个测量过程中,随着测量值或时间的变化,误差按更为复杂的规律变化。

以上是根据误差出现的规律对系统误差进行的分类。根据对误差的掌握程度,系统误差又可分为已定系统误差和未定系统误差。已定系统误差是指误差的绝对值和符号已经确定的系统误差;未定系统误差是指误差的绝对值和符号未能确定的系统误差,但通常可以估计出误差的范围。

系统误差的特征是:①规律性。测量过程中误差的大小和符号固定不变,或按照确定的规律变化。②产生在测量开始之前。影响系统误差的因素在测量开始之前就已经确定。③与测量次数无关。增加测量次数不能减小系统误差对测量结果的影响。

（三）系统误差的发现方法

系统误差的数值往往比较大，必须消除系统误差的影响，才能有效提高测量准确度。但是，在测量过程中形成系统误差的因素是复杂的，通常人们难以查明所有的系统误差，即使经过修正，也不可能消除全部系统误差。不过，人们在实际测量的工作过程中，经过不断的探索与总结，还是有一些发现系统误差的行之有效的方法。

1. 实验比对法

实验比对法是指改变产生系统误差的条件来进行不同条件的测量，以发现系统误差。这种方法适用于发现不变的系统误差。例如量块按标称尺寸使用时，在测量结果中就存在由于量块的尺寸偏差而产生的不变的系统误差，多次重复测量也不能发现这一误差，只有用另一块高一级准确度的量块进行对比时才能发现它。

2. 残余误差观察法

残余误差观察法是根据测量列的各个残余误差大小和符号的变化规律，直接由误差数据或误差曲线图形来判断有无系统误差。这种方法主要适用于发现有规律变化的系统误差，发现不了不变的系统误差。

根据测量先后顺序，将测量列的残余误差列表或作图进行观察，可以判断有无系统误差。

若有测量列 $l_1, l_2, \cdots, l_n$，它们的系统误差为 $\Delta l_1, \Delta l_2, \cdots, \Delta l_n$，它们不含系统误差的值为 $l_1', l_2', \cdots, l_n'$，则有 $l_i = l_i' + \Delta l_i$，它们的算术平均值为 $\bar{x} = \bar{x}' + \overline{\Delta x}$。因为 $l_i - \bar{x} = v_i$，$l_i' - \bar{x}' = v_i'$，故残余误差 $v_i = v_i' + (\Delta l_i - \overline{\Delta x})$，若系统误差显著大于随机误差，$v_i'$ 可以忽略，则得 $v_i = \Delta l_i - \overline{\Delta x}$。

若残余误差大体上是正负相同，且无显著变化规律，则无根据怀疑存在系统误差，如图 5-2(a)所示。若残余误差数值有规律地递增或递减，且在测量开始与结束时残差符号相反，则存在线性系统误差，如图 5-2(b)所示。若残余误差的符号有规律地逐渐由负变正，再由正变负，且循环交替重复变化，则存在周期性系统误差，如图 5-2(c)所示。若残余误差的变化规律如图 5-2(d)所示，则怀疑同时存在线性系统误差和周期性系统误差。若测量列中含有不变的系统误差，则用残余误差观察法发现不了。

3. 马利科夫准则

马利科夫准则能有效地发现线性系统误差：
$$v_i = v_i' + (\Delta l_i - \overline{\Delta x}) \tag{5-5}$$

若将测量列中前 K 个残余误差相加，后 $(n-K)$ 个残余误差相加[当 n 为偶数，取 $K = n/2$；当 n 为奇数，取 $K = (n+1)/2$]，两者相减得

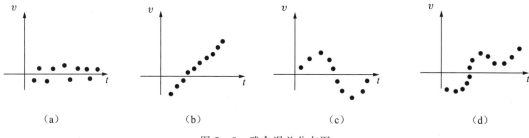

图 5-2 残余误差分布图

$$\Delta = \sum_{i=1}^{K} v_i - \sum_{j=K+1}^{n} v_j = \sum_{i=1}^{K} v_i' - \sum_{j=K+1}^{n} v_j' + \sum_{i=1}^{K}(\Delta l_i - \Delta \bar{x}) - \sum_{j=K+1}^{n}(\Delta l_j - \Delta \bar{x}) \quad (5-6)$$

当次数足够多时,

$$\sum_{i=1}^{K} v_i' \approx \sum_{j=K+1}^{n} v_j' \approx 0 \quad (5-7)$$

$$\Delta = \sum_{i=1}^{K} v_i - \sum_{j=K+1}^{n} v_j \approx \sum_{i=1}^{K}(\Delta l_i - \Delta \bar{x}) - \sum_{j=K+1}^{n}(\Delta l_j - \Delta \bar{x}) \quad (5-8)$$

若 Δ 值显著不为零,则有理由认为测量列存在系统误差。但值得指出的是,有时按残余误差观察法求得值 $\Delta = 0$,仍有可能存在系统误差。

4. 阿卑-赫梅特准则

阿卑-赫梅特准则能有效发现周期性系统误差。若有一等精度测量列,按测量先后顺序将残余误差排列为 $v_1, v_2, \cdots, v_n$,令

$$u = \left| \sum_{i=1}^{n-1} v_i v_{i-1} \right| = |v_1 v_2 + v_2 v_3 + \cdots + v_{n-1} v_n| \quad (5-9)$$

若

$$u > \sqrt{n-1}\sigma^2 (\text{标准差 } \sigma) \quad (5-10)$$

则认为该测量列中含有周期性系统误差。

(四)系统误差的减小和消除方法

减小和消除系统误差要找到普遍有效的方法比较困难,下面介绍几种最基本的方法以及分别适应于不同系统误差的特殊方法。

1. 从产生误差根源上消除系统误差

从产生误差根源上消除系统误差,是最理想、最根本的方法。它要求对产生系统误差的因素有全面而细致的分析,并在测量前就将它们消除或减弱到可忽略的程度。视具体条件不同,有:①所用基准件、标准件(如量块、刻尺、光波波长等)是否准确可靠;②所用仪器是否经过检定,并有有效周期的检定证书;③仪器调整、测件安装定位和支承装卡是否正确合理;④所用测量方法和计算方法是否正确,有无理论误差;⑤测量场所的环境条件是否符合规定

要求,如温度变化等;⑥测量人员主观误差,如视差习惯等。

2. 用修正方法消除系统误差

对于系统误差的已知部分,用对测量结果进行修正的方法来减小系统误差。例如:量块的实际尺寸不等于标称尺寸,若按标称尺寸使用,就要产生系统误差,因此应按经过检定的实际尺寸(即将量块的标称尺寸加上修正量)使用,就可以避免此项系统误差的产生。再如:测量结果为 30 ℃,用计量标准测得的结果为 30.1 ℃,则已知系统误差的估计值为 -0.1 ℃;也就是修正值为 $+0.1$ ℃,已修正测量结果等于未修正测量结果加修正值,即已修正测量结果为 30 ℃+0.1 ℃=30.1 ℃。

由于修正值本身也包含有一定误差,因此,此方法不能将全部误差修正掉,总要残留少量系统误差,这种残留的系统误差是不确定度的一个来源。

3. 选择适当的测量方法消除系统误差

在测量过程中,根据具体的测量条件和系统误差的性质,采取一定的技术措施,选择适当的测量方法,使测得值中的系统误差在测量过程中相互抵消或补偿而不带入测量结果之中,从而实现减弱或消除系统误差的目的。常见方法如表 5-1 所示。

表 5-1 常见的消除系统误差的测量方法

系统误差	恒定系统误差	线性系统误差	周期性系统误差
消除方法	替代法 交换法 抵消法	对称补偿测量法	半周期偶数测量法

1) 替代法

在测量装置上测量被测量后不改变测量条件,立即用某一已知量值的标准量替代被测量,放到测量装置上再次进行测量,从而得到该标准量测量结果与已知标准量的差值,即系统误差,取其负值即可作为被测量测量结果的修正量。

例 1:等臂天平称重,先将被测量 x 放于天平一侧,标准砝码放于另一侧,调至天平平衡,则有 $x=\dfrac{l_2}{l_1} \cdot P$,由于 $l_1 \neq l_2$(存在恒定系统误差的缘故),移去被测量 x,用标准砝码 Q 代替,若该砝码不能使天平重新平衡,如能读出使天平平衡的差值 ΔQ,则有 $x=Q+\Delta Q$,便消除了天平两臂不等造成的系统误差(图 5-3)。

例 2:用精密电桥测量某个电阻器时,先将被测电阻接入电桥的一臂,使电桥平衡;然后用一个标准电阻箱代替被测电阻器接入,调节电阻箱的电阻,使电桥再次平衡。则此时标准电阻箱的电阻值就是被测电阻器的电阻值。运用这种方法可以消除由电桥其他 3 个臂的不理想等因素引入的系统误差。

2) 交换法

根据误差产生原因,将某些条件交换,以消除系统误差。

例:等臂天平称重,先将被测量 x 放于天平一侧,标准砝码放于另一侧,调至天平平衡,则有 $x=\dfrac{l_2}{l_1} \cdot P$,若将 x 与 P 交换位置,由于 $l_1 \neq l_2$(存在恒定系统误差的缘故),天平将失去平衡。原砝码 P 调整为砝码 $P'=P+\Delta P$,才使天平再次平衡。于是有 $x=\dfrac{l_1}{l_2} \cdot P'$,则有 $x=\sqrt{PP'}$,便消除了天平两臂不等造成的系统误差(图 5-4)。

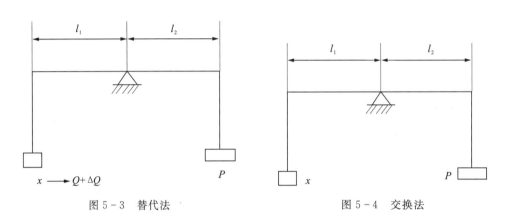

图 5-3 替代法　　　　　　　　图 5-4 交换法

3) 抵消法

这种方法是在一次测量后,将某些测量条件(测量方向、电压极性)交换一下,两次测量读数时出现的系统误差大小相等、符号相反,以消除定值系统误差。$P_1=P+\Delta$,$P_2=P-\Delta$,$\dfrac{P_1+P_2}{2}=\dfrac{(P+\Delta)+(P-\Delta)}{2}=P$。

例:在使用丝杠传动机构测量微小位移时,为消除测微丝杠与螺母间的配合间隙等因素引起的空回误差,往往采用往返两个方向的两次读数取算术平均值作为测得值,以补偿空回误差的影响。

4) 对称补偿测量法

线性系统误差一般多随时间呈线性变化(递增或递减),因此按测量顺序对某一时刻对称地进行测量,再通过计算,即可达到消除线性误差的目的。

例:测得依赖因素 t 的 5 个读数 x_1,x_2,x_3,x_4,x_5,可取对称读数平均值 $\dfrac{x_1+x_5}{2}=\dfrac{x_2+x_4}{2}=x_3$ 作为测得值,可有效消除该范围内的线性误差(图 5-5)。

机械式测微仪、光学比长仪等都为零位中心对称刻度,一般都存在随示值而递增(减)的示值误差,采用对称补偿测量法可消除这类示值误差。很多随时间变化的系统误差,在短时间内均可看作是线性的,即使并非线性的,只要是递增或递减的,采用对称补偿测量法,则可

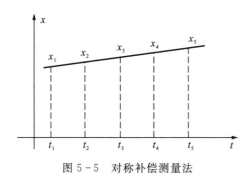

图 5-5 对称补偿测量法

基本或部分消除。

5)半周期偶数测量法

周期性系统误差通常可以表示为

$$\varepsilon = a\sin\frac{2\pi l}{T} \quad (5-11)$$

式中：T——误差变化的周期；

l——决定周期性系统误差的自变量（如时间、角度等）。

因为相隔 $T/2$ 半周期的两个测量结果中的误差是大小相等、符号相反的，所以凡相隔半周期的一对测得值的均值中不再含有此项系统误差。这种方法广泛用于测角仪。

二、随机(测量)误差

随机误差的参考量值是对同一被测量由无穷多次重复测量得到的平均值，即期望。由于不可能进行无穷多次测量，因此定义的随机误差是得不到的，随机误差是一个概念性术语，不要用定量的随机误差来描述测量结果。随机误差是由影响量的随机时空变化所引起的，它导致重复测量中数据的分散性。一组重复测量的随机误差形成一种分布，该分布可用期望和方差描述，其期望通常可假设为零。测量误差包括系统误差和随机误差，从理想的概念上说，随机误差等于测量误差减系统误差，但实际上不可能做这种算术运算。

随机误差是测得值与其数学期望的偏离值，其特点是当测量次数趋于无穷大时，随机误差的数学期望趋于零，即

$$E(\eta) = E[x - E(x)] = E(x) - E(x) = 0 \quad (5-12)$$

（一）随机误差产生的原因

在同一测量条件下，多次测量同一量值时，得到一列不同的测量值（常称测量列），每一个测量值都含有误差。这些误差的出现没有确定的规律，前一个误差出现后不能预知下一个误差的大小和方向，但是就误差的总体而言，却具有统计规律性。随机误差是由不能掌握、不能控制、不能调节，更不能消除的微小因素造成的，主要有以下几方面。

测量装置方面的因素：零部件配合的不稳定性、零部件的变形、零件表面油膜不均匀、摩擦、电源的不稳等。

环境方面的因素：温度的微小波动、湿度与气压的微量变化、光照强度变化、灰尘以及电磁场变化等。

人员方面的因素：瞄准、读数的不稳定等。

（二）随机误差的性质

随机误差就总体而言具有统计规律性，因此，可以用统计方法估计其界限或它对测量结果的影响。随机误差大抵来源于影响量的变化，本质上具有随机性，测量过程中误差的大小和符号以不可预知的形式出现。影响随机误差的因素在测量开始之后体现出来，增加测量次数可以减小随机误差对测量结果的影响。

多数随机误差都服从正态分布（图5-6），因而正态分布在误差理论中具有十分重要的地位。服从正态分布的随机误差的统计规律性，主要表现如下。

(1)有界性。在一定的测量条件下，随机误差的绝对值不会超过一定界限，即随机误差总是有界限的，不可能出现无限大的随机误差。

(2)对称性。绝对值相等的正误差与负误差出现的次数相等。

(3)抵偿性。由随机误差的对称性知，绝对值相等的正负误差出现的次数相等，因此，取这些误差的算术平均值时，绝对值相等的正负误差产生相互抵消现象。对于有限次测量，随机误差的算术平均值是一个很小的量，而当测量次数无限增大时，它趋向于零。

(4)单峰性。绝对值小的误差比绝对值大的误差出现的次数多。

有关测量误差之间的关联的示意图如图5-6所示。

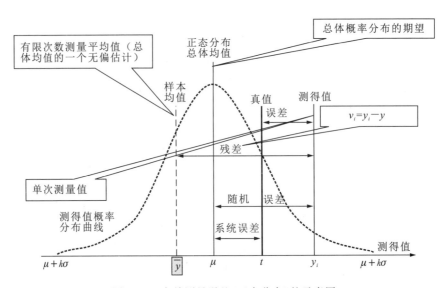

图5-6 有关测量误差（正态分布）的示意图

(三)测量列单次测量的实验标准偏差

由于随机误差的影响,测量数据具有分散性,这种分散性用标准偏差来定量评定。测量的标准偏差简称为标准差,也可称为方均根误差。

在相同的条件下,对同一被测量 x 做 n 次重复测量,每次测得值为 x_i,测量次数为 n,则实验标准偏差可以按以下几种方法估计。

1. 贝塞尔公式法

将有限次独立重复测量的一系列测得值代入下式得到估计的标准偏差。

$$s(x_k) = \sqrt{\frac{\sum_{i=1}^{n}(x_i - \bar{x})^2}{n-1}} \tag{5-13}$$

式中:$\bar{x}$——n 次测量的算数平均值,$\bar{x} = \frac{1}{n}\sum_{i=1}^{n} x_i$;

x_i——第 i 次测量的测得值;

v_i——残差,$v_i = x_i - \bar{x}$;

ν——自由度,$\nu = n - 1$;

$s(x_k)$——测得值 x_k 的实验标准偏差。

例:用游标卡尺对某一尺寸测量 10 次,假定已消除系统误差和粗大误差,得到数据如下(单位:mm):75.01、75.04、75.07、75.00、75.03、75.09、75.06、75.02、75.05、75.08。求算术平均值及其实验标准偏差。

分析:

$n = 10$,计算步骤如下:

(1)计算算术平均值。

$$\bar{x} = \frac{75.01 + 75.04 + 75.07 + 75.00 + 75.03 + 75.09 + 75.06 + 75.02 + 75.05 + 75.08}{n}$$

$= 75.045 \text{(mm)}$

(2)计算 10 个残差,$v_i = x_i - \bar{x}$。

-0.035 mm,-0.005 mm,0.025 mm,-0.045 mm,-0.015 mm,0.045 mm,0.015 mm,-0.025 mm,0.005 mm,0.035 mm

(3)计算残差平方和。

$$\sum_{i=1}^{n}(x_i - \bar{x})^2 = [-0.035^2 + (-0.005)^2 + 0.025^2 + (-0.045)^2 + (-0.015)^2 + 0.045^2 + 0.015^2 + (-0.025)^2 + 0.005^2 + 0.035^2] = 0.008\ 25 \text{(mm}^2\text{)}$$

(4)计算实验标准偏差。

$$s(x)=\sqrt{\frac{\sum_{i=1}^{n}(x_i-\bar{x})^2}{n-1}}=\sqrt{\frac{0.008\ 25}{10-1}}=0.030(\text{mm})$$

所以实验标准偏差 $s(x)=0.030$ mm(自由度 $\nu=n-1=9$)。

2. 极差法

从有限次独立重复测量的一列测得值中找到最大值 $x_{\max}$ 和最小值 $x_{\min}$,得到极差 $R=x_{\max}-x_{\min}$,根据测量次数 n 查表 5-2 得到 C 值,代入下列公式得到估计值的标准偏差。

$$s(x)=(x_{\max}-x_{\min})/C \tag{5-14}$$

式中:C——极差系数。

表 5-2 极差系数 C 及自由度 ν 表

n	2	3	4	5	6	7	8	9
C	1.13	1.69	2.06	2.33	2.53	2.70	2.85	2.97
ν	0.9	1.8	2.7	3.6	4.5	5.3	6.0	6.8

运用极差法可以简单迅速地算出标准差,并且具有一定准确度,一般在 $n<10$ 时均可采用。

例:用游标卡尺对某一尺寸测量 5 次,假定已消除系统误差和粗大误差,得到数据如下(单位:mm):75.01、75.04、75.07、75.09、75.00。用极差法求实验标准偏差。

分析:

计算极差:$R=x_{\max}-x_{\min}=75.09-75.00=0.09$(mm)

查表得 C 值:$n=5,C=2.33$

计算实验标准偏差 $s(x)=(x_{\max}-x_{\min})/C=0.09/2.33=0.039$(mm)

3. 较差法

从有限次独立重复测量的一列测得值中,将每次测得值与后一次测得值比较得到差值,代入下式中得到估计的标准偏差。

$$s(x)=\sqrt{\frac{(x_2-x_1)^2+(x_3-x_2)^2+\cdots+(x_n-x_{n-1})^2}{2(n-1)}} \tag{5-15}$$

贝塞尔公式法是一种基本的方法,适用于各种分布类型。但 n 很小时其估计的不确定度较大,例如 $n=9$ 时,由这种方法获得标准偏差估计值的标准不确定度为 25%;而 $n=3$ 时,标准偏差估计值的标准不确定度为 50%。通过多次观测数据以实验标准偏差作为标准偏差的估计值,当数据量 n 很小时,估计值的可靠性会随着 n 的减小而显著降低。因此它适用于测量次数较多的时候。

极差法使用起来比较简便,计算量小,极差系数的数值与分布类型有关,通常以默认方式给出的极差系数的数值都是正态分布的极差系数值。但当数据的概率分布偏离正态分布较大时,应当以贝塞尔公式法的结果为准。在测量次数较少时常采用极差法。

较差法更适用于随机过程的方差分析,如频率稳定度测量或天文观测等领域。应该注意,在一般情况下,其计算结果与相对于平均值的残差的实验标准偏差是不同概念。只有在数据间的变化与时间无关的特殊条件下运用较差法与贝塞尔公式法计算的实验标准偏差具有相同的数学期望。

4. 最小二乘法

最小二乘法的产生是为了解决从一组测量值中找到最可信赖值的问题,它被广泛应用于多学科数据处理领域。可解决如参数的最可信赖值估计、组合测量的数据处理、根据实验数据拟和经验公式、回归分析问题等。最小二乘法不仅适用于线性函数,也可应用于非线性函数,本书我们只讨论一元线性函数的最小二乘法。

最小二乘法原理如下。

v_i 为偏差,定义为

$$v_i = x_i - \bar{x} \tag{5-16}$$

在 $\sum v_i^2$ 最小的条件下求出的未知量值,为未知量的最佳值。

设 $y = a + bx$,测得 $x_1, x_2, \cdots, x_n$ 和 $y_1, y_2, \cdots, y_n$,求 a 和 b。根据测量数据可以得到一组观测方程:

$$\begin{cases} y_1 = a + bx_1 \\ y_2 = a + bx_2 \\ \vdots \\ y_n = a + bx_n \end{cases} \tag{5-17}$$

假定最佳方程为 $y = a_0 + b_0 x$,其中 a_0 和 b_0 是最佳系数。为了简化计算,设测量中 x 方向的误差远小于 y 方向,可以忽略,只研究 y 方向的差异,残差方程组为

$$\begin{cases} v_i = y_i - \bar{y}_i = y_i - (a_0 + b_0 x_i) \\ L = \sum v_i^2 \\ \quad = \sum y_i^2 + na_0^2 + b_0^2 \sum x_i^2 - 2a_0 \sum y_i - 2b_0 \sum y_i x_i + 2a_0 b_0 \sum x_i \end{cases} \tag{5-18}$$

根据最小二乘法原理,$\dfrac{\partial L}{\partial a_0} = 0; \dfrac{\partial L}{\partial b_0} = 0$

$$\Rightarrow \begin{cases} na_0 + b_0 \sum x_i = \sum y_i \\ a_0 \sum x_i + b_0 \sum x_i^2 = \sum x_i y_i \end{cases} \tag{5-19}$$

$$\Rightarrow a_0 = \frac{\sum y_i}{n} - b_0 \frac{\sum x_i}{n}; \quad b_0 = \frac{\sum x_i \sum y_i - n \sum x_i y_i}{\left(\sum x_i\right)^2 - n \sum x_i^2} \tag{5-20}$$

根据上式计算出最佳系数 a_0 和 b_0，得到最佳方程 $y=a_0+b_0x$。

预期值 y 的实验标准偏差按下式计算：

$$s_p(y)=\sqrt{s(a_0)^2+x^2s(b_0)^2+b_0^2s(x)^2+2xr(a_0,b_0)s(a_0)s(b_0)} \quad (5-21)$$

式中：$r(a_0,b_0)$——a_0 和 b_0 的相关系数；

$s(a_0),s(b_0),s(x)$——a_0,b_0 和 x 的实验标准偏差。

例：为确定电阻随温度变化的关系式，测得不同温度下的电阻，如下表，试用最小二乘法确定关系式 $R=a+bt$。

电阻随温度变化的关系

$t/℃$	19.1	25.0	30.1	36.0	40.0	45.1	50.0
R/Ω	76.30	77.80	79.75	80.80	82.35	83.90	85.10

分析：

(1)列表算出 $\sum t_i$，$\sum R_i$，$\sum t_i^2$，$\sum R_it_i$。

(2)写出 a、b 的最佳值满足的方程。

$$a_0+\frac{b_0\sum t_i}{n}=\frac{\sum R_i}{n}$$

$$a_0\sum t_i+b_0\sum t_i^2=\sum R_it_i$$

n	$t/℃$	R/Ω	$t^2/℃^2$	$Rt/\Omega\cdot℃$
1	19.1	76.30	365	1457
2	25.0	77.80	625	1945
3	30.1	79.75	906	2400
4	36.0	80.80	1296	2909
5	40.0	82.35	1600	3294
6	45.1	83.90	2034	3784
7	50.0	85.10	2500	4255
$n=7$	$\sum t_i=245.3$	$\sum R_i=566$	$\sum t_i^2=9326$	$\sum R_it_i=20\,044$

代入方程，解出 $a_0=70.79\ \Omega$，$b_0=0.287\,3\ \Omega/℃$。

(3)写出关系式：$R=70.79+0.287\,3t$。

(四)算数平均值及其实验标准差的计算

在相同条件下对被测量 X 进行有限次重复测量,得到一系列测得值 $x_1,x_2,\cdots,x_n$,其算数平均值为

$$\bar{x} = \frac{1}{n}\sum_{i=1}^{n} x_i \qquad (5-22)$$

若单次测得值的实验标准偏差为 $s(x)$,则算数平均值的实验标准偏差 $s(\bar{x})$ 为

$$s(\bar{x}) = \frac{s(x)}{\sqrt{n}} \qquad (5-23)$$

有限次测量的算数平均值的实验标准偏差与 $\sqrt{n}$ 成反比。

如图 5-7 所示,测量次数增加,$s(\bar{x})$ 减小,算术平均值的分散性减小。增加测量次数,用多次测量的算数平均值作为测量结果,可以减小随机误差,或者说,减小由各种随机影响引入的不确定度。但随测量次数的进一步增加,算数平均值的实验标准偏差减小的程度减弱,相反会出现增加人力、时间和仪器磨损等问题。此外由于测量次数越多时,也越难保证测量条件的恒定,从而带来新的误差,所以一般取 $n=3\sim20$。总之,要提高测量准确度,应采用适当准确度的仪器,选取适当的测量次数。

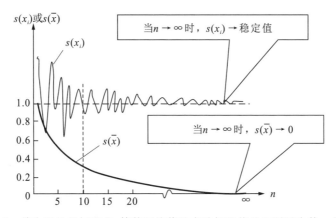

图 5-7 单次测量的标准差、算数平均值的实验标准偏差和测量次数 n 的关系

由于算术平均值是数学期望的多次重复测量的最佳估计值,所以通常用算术平均值作为测量结果的值。当用算术平均值作为被测量的估计值时,算术平均值的实验标准偏差就是用 A 类评定得到的由重复性引起的标准不确定度。

例 1:检定人员使用某计量标准装置对同一被测件在重复性测量条件下测量 10 次,测得值分别为(单位:mm)279.4、279.4、279.5、279.6、279.5、279.4、279.4、279.3、279.5、279.6。实际检定时,使用该计量标准装置在同样测量条件下对同类被测件进行连续 3 次测量,3 次测得值的算术平均值的实验标准偏差是多少?

分析:

(1) 计算算数平均值。

$$\bar{x} = \frac{1}{n}\sum_{i=1}^{n} x_i = 279.46(\text{mm})$$

(2) 计算单次测得值的实验标准偏差。

$$s(x) = \sqrt{\frac{\sum_{i=1}^{n}(x_i-\bar{x})^2}{n-1}} = \sqrt{\frac{0.084}{10-1}} = 0.10(\text{mm})$$

(3) 计算3次测得值的算术平均值的实验标准偏差。

$$s(\bar{x}) = \frac{s(x)}{\sqrt{n}} = \frac{0.10}{\sqrt{3}} \approx 0.06(\text{mm})$$

例2:已知测量的单次测量标准偏差 $s(x)=0.12$。若在不改变测量条件的情况下,要使被测量估计值的标准偏差达到0.04,需测量多少次?

分析:以算术平均值作为被测量的估计值,适当增加测量次数,以满足测量精密度的需要。

由算术平均值标准差的计算式得 $\sqrt{n} = s(x)/s(\bar{x}) = 0.12/0.04 = 3$。

测量次数 $n = (\sqrt{n})^2 = 3^2 = 9$。

即对被测量进行9次以上重复测量,它们的算术平均值的精密度便可达到要求。

(五)加权算数平均值及其实验标准偏差的计算方法

加权算数平均值 x_w 表征对同一被测量进行多组测量,考虑组的权后所得的被测量估计值,计算公式如下:

$$x_w = \frac{\sum_{i=1}^{m} W_i \bar{x}_i}{\sum_{i=1}^{m} W_i} \quad (5-24)$$

式中:W_i——第 i 组观测结果的权;

$\bar{x}_i$——第 i 组观测结果平均值;

m——重复观测的组数。

在计算 x_w 时,各组测量结果 $\bar{x}_i$ 所占的比重,用权 W_i 表示。W_i 越大,$\bar{x}_i$ 被认为更可信赖。

若有 m 组观测结果 $\bar{x}_1, \bar{x}_2, \cdots, \bar{x}_m$,其合成标准不确定度分别为 $u_{c1}, u_{c2}, \cdots, u_{cm}$;$u_c^2$ 被称为测量结果的合成方差,任意设定第 n 个合成方差为单位权方差 $u_{cn}^2 = u_0^2$,即相应的观测结果的权为1,$W_n = 1$,则 $\bar{x}_i$ 的权 W_i 用下式计算得到:

$$W_i = u_0^2 / u_{ci}^2 \quad (5-25)$$

由此可见,W_i 与 u_{ci}^2[即 $u_c^2(\bar{x}_i)$]成反比。合成标准不确定度越小则权越大。

既然测量结果的权说明了测量的可靠程度,因此可根据这一原则来确定权的大小。例如可按测量条件的优劣、测量仪器和测量方法所能达到的精度高低、重复测量次数的多少以及测量者水平高低等来确定权的大小,即测量方法愈完善,测量精度愈高,所得测量结果的权也应愈大。在相同条件下,由不同水平的测量者用同一种测量方法和仪器对同一被测量进行测量,显然对于经验丰富的测量者所测得的结果应给予较大的权。最简单的方法是按测量的次数来确定权,即测量条件和测量者水平皆相同,则重复测量次数越多,其可靠程度也越大,因此完全可由测量的次数来确定权的大小,即 $W_i = n_i$。

加权算数平均值 x_w 的实验标准偏差 s_w 按下式计算:

$$s_w = \sqrt{\frac{\sum_{i=1}^{m} W_i (x_i - x_w)^2}{(m-1) \sum_{i=1}^{m} W_i}} \tag{5-26}$$

例1:工作基准米尺在连续3天内与国家基准器相比较,得到工作基准米尺的平均长度为999.942 5 mm(3次测量的)、999.941 6 mm(2次测量的)、999.941 9 mm(5次测量的),求最终测量结果。

分析:

按测量次数来确定权:$W_1 = 3, W_2 = 2, W_3 = 5$

则 $x_w = \dfrac{\sum_{i=1}^{m} W_i \bar{x}_i}{\sum_{i=1}^{m} W_i} = \dfrac{3 \times 999.942\,5 + 2 \times 999.941\,6 + 5 \times 999.941\,9}{3 + 2 + 5} = 999.942\,0 (\text{mm})$

例2:4个实验室进行量值比对,各实验室对同一个传递标准的测量结果分别为:$\bar{x}_1 = 215.3, u_{c1} = 17$;$\bar{x}_2 = 236.0, u_{c2} = 17$;$\bar{x}_3 = 289.7, u_{c3} = 29$;$\bar{x}_4 = 216.0, u_{c4} = 14$。求加权算数平均值及其实验标准偏差。

分析:

令 $\bar{x}_3$ 的权为1,即 $u_{c3} = u_0$,则各实验室测量结果的权为

$$W_1 = u_0^2 / u_{c1}^2 = 29^2 / 17^2 \approx 3$$
$$W_2 = u_0^2 / u_{c2}^2 = 29^2 / 17^2 \approx 3$$
$$W_3 = u_0^2 / u_{c3}^2 = 29^2 / 29^2 \approx 1$$
$$W_4 = u_0^2 / u_{c4}^2 = 29^2 / 14^2 \approx 4$$

所以,加权算数平均值为

$$x_w = \frac{\sum_{i=1}^{m} W_i \bar{x}_i}{\sum_{i=1}^{m} W_i} = \frac{3 \times 215.3 + 3 \times 236.0 + 1 \times 289.7 + 4 \times 216.0}{3 + 3 + 1 + 4} = 228.0$$

加权算数平均值的实验标准偏差计算如下:

$$s_w = \sqrt{\frac{\sum_{i=1}^{m} W_i(x_i - x_w)^2}{(m-1)\sum_{i=1}^{m} W_i}}$$

$$= \sqrt{\frac{3\times(215.3-228.0)^2 + 3\times(236.0-228.0)^2 + 1\times(289.7-228.0)^2 + 4\times(216.0-228.0)^2}{(4-1)\times(3+3+1+4)}}$$

$$= 12$$

三、系统误差与随机误差的区别

测得值与测得值的数学期望之差,称为随机误差,它表明测得值的离散程度;测得值的数学期望与参考量值之差,称为系统误差,它表明测得值的数学期望偏离参考量值的程度。

随机误差和系统误差具有本质的区别。随机误差的数学期望为零,而系统误差的数学期望就是它本身。在相同条件下做实验,没有明确规律的误差就是随机误差。改变实验条件,出现有确定规律的误差就是系统误差。在这种情况下,即使实验次数趋向无穷大,误差值的数学期望却趋向常数,这个常数就是系统误差。

因此,研究系统误差就是确定系统误差的常数,并将其作为修正值(负的系统误差)加以补偿,减少误差的影响。研究随机误差的关键是掌握残差的特性和应用方法,正确运用残差计算实验标准偏差和测量不确定度。

第四节 测量结果中异常值的处理

异常值又称离群值,指同一个被测量的若干观测结果中,出现了偏离较远且不符合统计规律的个别值,他们可能来自不同的总体,或属于意外的、偶然的测量错误,也被称为"粗大误差"。在测量过程中,记错、读错、仪器突然跳动、突然震动等情况引起的异常值,应随时发现并剔除——这是对异常值的物理判别法。有时,仅仅是怀疑某个值,而不能确定哪个是异常值时,可采用统计判别法来判别。

一组正确测得值的分散性,能客观地反映实际测量的随机波动特性。在实际工作中,不能为了数据好看而人为地去掉偏离较远但不属于异常值的数据,那样得出的分散性结论也是虚假的。在相同条件下再次测量时,原有的分散性还会显现出来。所以,必须正确地判别和剔除异常值。

一、异常值产生的原因

异常值产生的原因是多方面的,主要还是测量人员的主观因素。测量者工作责任心不强,工作疲劳或者操作不当,或在测量过程中不小心、不耐心、不仔细等,会造成错误的读数或错误的记录。部分外界客观原因也会导致异常值,如测量条件意外地改变(如机械冲击、外界振动、电网供电电压突变、电磁干扰等),引起仪器示值或被测对象位置的改变而产生异常值。若不能确定异常值是由上述两个原因产生时,可认为是测量仪器内部的突然故障。

二、防止与消除异常值的方法

异常值在实际测量工作中无法避免,可通过物理判别法和统计判别法来发现并剔除。物理判别法是针对测量过程中由人为因素(读错、记录错、操作错)或环境突变(突然振动、电磁干等)因素造成的异常值,随时发现并剔除,重新测量。统计判别法是在整个测量完毕后,可用统计方法处理数据,将超过误差限的数值判为坏值,予以剔除。

对粗大误差,除了从测量结果中来发现并剔除,更重要的是加强测量者的工作责任心,保证测量条件的稳定(或避免在外界条件发生剧烈变化时进行测量)。在某些情况下,为及时发现与防止测得值中含有异常值,可采用不等精度测量和互相之间进行校核的方法。

三、判断异常值常用的准则

判断异常值可给定一个显著性水平,按一定分布确定一个临界值,凡超过这个界限的误差,就认为它不属于随机误差的范畴,而是粗大误差,即异常值,应予以剔除。通常用来判别异常值的准则有拉依达准则、格拉布斯准则、狄克逊准则、罗曼诺夫斯基准则。

(一)拉依达准则

拉依达准则又称"3σ 准则",它是最常用、最简单的异常值的判断准则,它是以测量次数充分大为前提的,但通常测量次数皆较少,因此该准则只是一个近似原则。

对于某一测量列,若各测得值只含有随机误差,根据随机误差的正态分布规律,其残余误差落在 $\pm 3\sigma$ 以外的概率为 0.27%,即在 370 次测量中只有一次其残余误差 $|v_i|>3\sigma$。如果在测量列中,发现有大于 3σ 的残余误差的测得值,即 $|v_d|=|x_d-\bar{x}|>3\sigma$,则可以认为该测得值 x_d 是异常值,应予以剔除。

3σ 准则中 σ 为按贝塞尔公式计算的标准差,且要求测量次数充分大($n>50$),在 $n\leqslant 10$ 的情形,用 3σ 准则剔除异常值注定失效,因为

$$|x_d-\bar{x}|\leqslant \sqrt{\sum_{i=1}^{n}(x_i-\bar{x})^2}=\sqrt{\sum_{i=1}^{n}v_i^2}=\sqrt{n-1}\,\sigma \qquad (5-27)$$

当 $n\leqslant 10$ 时,$|x_d-\bar{x}|\leqslant 3\sigma$ 恒成立。

当某一测量值的残差 $|v_i|>3\sigma$ 时,则认为这个值为异常值,将其剔除;重新计算余下数的 σ,再判断这些数中是否有异常值;如此直到将异常值全部剔除掉。

(二)格拉布斯准则

格拉布斯准则不仅考虑测量次数的影响,还考虑置信概率的因素。

设对某量作多次等精度独立测量,得 $x_1, x_2, \cdots, x_n$。当 x_i 服从正态分布时,计算式为

$$\bar{x} = \frac{1}{n} \sum_{i=1}^{n} x_i \tag{5-28}$$

$$v_i = x_i - \bar{x} \tag{5-29}$$

$$\sigma = \sqrt{\frac{\sum_{i=1}^{n} v_i^2}{n-1}} \tag{5-30}$$

为了检验 $x_i (i=1,2,\cdots,n)$ 中是否存在异常值,将 x_i 按大小顺序排列成顺序统计量 $x_{(i)}$,而

$$x_{(1)} \leqslant x_{(2)} \leqslant \cdots \leqslant x_{(n)} \tag{5-31}$$

格拉布斯导出了 $G_{(n)} = \frac{x_{(n)} - \bar{x}}{\sigma}$ 及 $G_{(1)} = \frac{\bar{x} - x_{(1)}}{\sigma}$ 的分布,取定显著度 α(一般为 0.05 或 0.01),可得如表 5-3 所示的临界值 $G_0(n,\alpha)$,而

$$P\left(\frac{x_{(n)} - \bar{x}}{\sigma} \geqslant G_0(n,\alpha)\right) = 1 - \alpha \tag{5-32}$$

及

表 5-3 格拉布斯准则的临界值 $G_0(n,\alpha)$ 表

n	α 0.05 $G_0(n,\alpha)$	α 0.01 $G_0(n,\alpha)$	n	α 0.05 $G_0(n,\alpha)$	α 0.01 $G_0(n,\alpha)$
3	1.153	1.155	17	2.475	2.785
4	1.463	1.492	18	2.504	2.821
5	1.672	1.749	19	2.532	2.854
6	1.822	1.944	20	2.557	2.884
7	1.938	2.097	21	2.580	2.912
8	2.032	2.221	22	2.603	2.939
9	2.110	2.323	23	2.624	2.963
10	2.176	2.410	24	2.644	2.987
11	2.234	2.485	25	2.663	3.009
12	2.285	2.550	30	2.745	3.103
13	2.331	2.607	35	2.811	3.178
14	2.371	2.659	40	2.866	3.240
15	2.409	2.705	45	2.914	3.292
16	2.443	2.747	50	2.956	3.336

$$P(\frac{\overline{x} - x_{(1)}}{\sigma} \geqslant G_0(n,\alpha)) = 1 - \alpha \quad (5-33)$$

若认为 $x_{(1)}$ 可疑,则有

$$G_{(1)} = \frac{\overline{x} - x_{(1)}}{\sigma} \quad (5-34)$$

若认为 $x_{(n)}$ 可疑,则有

$$G_{(n)} = \frac{x_{(n)} - \overline{x}}{\sigma} \quad (5-35)$$

当

$$G_{(i)} \geqslant G_0(n,\alpha) \quad (5-36)$$

则判定该测得值为异常值,应予以剔除。

例:使用格拉布斯准则检验以下 $n=6$ 个重复观测值中是否存在异常值:2.62、2.78、2.83、2.95、2.79、2.82。

分析:

(1)计算算术平均值。

$$\overline{x} = \frac{1}{n}\sum_{i=1}^{n} x_i = (2.67 + 2.78 + 2.83 + 2.95 + 2.79 + 2.82)/6 \approx 2.81$$

(2)计算残差,$v_i = x_i - \overline{x}$。

$$-0.14、-0.03、+0.02、+0.14、-0.02、+0.01$$

(3)计算实验标准偏差。

$$\sigma = \sqrt{\frac{\sum_{i=1}^{n} v_i^2}{n-1}} \approx 0.09$$

(4)判断是否为异常值。

绝对值最大的残差为 0.14,对应的观测值 $x_4 = 2.95$ 为可疑值,则

$$\frac{|2.95 - 2.81|}{0.09} = 1.56$$

按 $P=95\%=0.95$,即 $\alpha=1-0.95=0.05$,$n=6$,查表得 $G(0.05,6)=1.822$。根据 1.56<1.822,可以判定 2.95 不是异常值。若发现异常值后,应及时将其剔除。

(三)狄克逊准则

前面异常值判别准则均需先求出标准差 σ,在实际工作中比较麻烦,而狄克逊准则避免了这一缺点。它是用极差比的方法,得到简化而严密的结果。

狄克逊研究了 $x_1, x_2, \cdots, x_n$ 的顺序统计量 $x_{(i)}$ 的分布,当 x_i 服从正态分布时,得到最大值 $x_{(n)}$ 的统计量的分布。

$$\begin{cases} r_{10} = \dfrac{x_{(n)} - x_{(n-1)}}{x_{(n)} - x_{(1)}} \\ r_{11} = \dfrac{x_{(n)} - x_{(n-1)}}{x_{(n)} - x_{(2)}} \\ r_{21} = \dfrac{x_{(n)} - x_{(n-2)}}{x_{(n)} - x_{(2)}} \\ r_{22} = \dfrac{x_{(n)} - x_{(n-2)}}{x_{(n)} - x_{(3)}} \end{cases} \quad (5-37)$$

对于最小值 $x_{(1)}$ 用同样的临界值进行检验,即有

$$\begin{cases} r_{10}' = \dfrac{x_{(2)} - x_{(1)}}{x_{(n)} - x_{(1)}} \\ r_{11}' = \dfrac{x_{(2)} - x_{(1)}}{x_{(n-1)} - x_{(1)}} \\ r_{21}' = \dfrac{x_{(3)} - x_{(1)}}{x_{(n-1)} - x_{(1)}} \\ r_{22}' = \dfrac{x_{(3)} - x_{(1)}}{x_{(n-2)} - x_{(1)}} \end{cases} \quad (5-38)$$

选定显著度 α,得到如表 5-4 所示的各统计量的临界值 $r_0(n,\alpha)$。当测量的统计值 $r_{ij} > r_{ij}' >$ 临界值,则认为 $x_{(n)}$ 是异常值;当 $r_{ij}' > r_{ij} >$ 临界值,则认为 $x_{(1)}$ 是异常值。

表 5-4 狄克逊准则的临界值 $r_0(n,\alpha)$ 表

统计量	n	α 0.05	α 0.01	统计量	n	α 0.05	α 0.01
		$r_0(n,\alpha)$				$r_0(n,\alpha)$	
r_{10}	3	0.970	0.994	r_{22}	14	0.586	0.670
	4	0.829	0.926		15	0.565	0.647
	5	0.710	0.821		16	0.546	0.627
	6	0.628	0.740		17	0.529	0.610
	7	0.569	0.680		18	0.514	0.594
					19	0.501	0.580
					20	0.489	0.567
					21	0.478	0.555
r_{11}	8	0.608	0.717		22	0.468	0.544
	9	0.564	0.672		23	0.459	0.535
	10	0.530	0.350		24	0.451	0.526
					25	0.443	0.517
					26	0.436	0.510
r_{21}	11	0.619	0.709		27	0.429	0.502
	12	0.583	0.660		28	0.423	0.495
	13	0.557	0.638		29	0.417	0.489
					30	0.412	0.483

狄克逊准则认为：$n \leqslant 7$ 时，使用 r_{10} 和 r_{10}' 中较大者效果好；$8 \leqslant n \leqslant 10$ 时，使用 r_{11} 和 r_{11}' 中较大者效果好；$11 \leqslant n \leqslant 13$ 时，使用 r_{21} 和 r_{21}' 中较大者效果好；$n \geqslant 14$ 时，使用 r_{22} 和 r_{22}' 中较大者效果好。

例：重复观测某电阻器之值共 10 次，10 个测得值分别为（单位：Ω）10.000 3、10.001 2、10.000 5、10.000 4、10.000 5、10.000 6、10.000 5、10.000 6、10.000 4、10.000 7，采用狄克逊准则，显著性水平为 0.05 时，是否存在异常值？

分析：

将这 10 个测值（单位：Ω）从小到大排列为 10.000 3、10.000 4、10.000 4、10.000 5、10.000 5、10.000 5、10.000 6、10.000 6、10.000 7、10.001 2，并进行判断：

$$r_{11} = \frac{x_{(10)} - x_{(9)}}{x_{(10)} - x_{(2)}} = \frac{10.001\,2 - 10.000\,7}{10.001\,2 - 10.000\,4} \approx 0.625$$

$$r_{11}' = \frac{x_{(2)} - x_{(1)}}{x_{(9)} - x_{(1)}} = \frac{10.000\,4 - 10.000\,3}{10.000\,7 - 10.000\,3} \approx 0.25$$

$r_0(10, 0.05) = 0.530$，$r_{11} > r_{11}' > 0.530$，因此，10.001 2 Ω 为异常值。

对剩下的 9 个值进行判断：

$$r_{11} = \frac{x_{(9)} - x_{(8)}}{x_{(9)} - x_{(2)}} = \frac{10.000\,7 - 10.000\,6}{10.000\,7 - 10.000\,4} \approx 0.333$$

$$r_{11}' = \frac{x_{(2)} - x_{(1)}}{x_{(8)} - x_{(1)}} = \frac{10.000\,4 - 10.000\,3}{10.000\,6 - 10.000\,3} \approx 0.333$$

$r_0(9, 0.05) = 0.564$，$r_{11} = r_{11}' < 0.564$，因此，除 10.001 2 Ω 外无异常值。

（四）罗曼诺夫斯基准则

在通常的多次（$n = 5 \sim 20$）重复测量中，统计所得的平均值及均方根误差本身就具有随机性波动。因而当测量次数少时，按 t 分布的实际误差分布范围来判别异常值较为合理。t 分布的实际分布范围与其重复测量次数以及其可靠性有关，因而按此确定的异常值界限亦取决于所要求的可靠性与重复测量的次数。

罗曼诺夫斯基准则又称 t 检验准则，其特点是首先剔除一个可疑的测得值，然后按 t 分布检验被剔除的测得值是否含有异常值。

设对某量作多次等精度独立测量，得 $x_1, x_2, \cdots, x_n$，若认为测量值 x_j 为可疑数据，将其剔除后计算平均值（计算时不包括 x_j）：

$$\bar{x} = \frac{1}{n-1} \sum_{\substack{i=1 \\ i \neq j}}^{n} x_i \tag{5-39}$$

并求得测量列的标准差（计算时不包括 $v_i = x_j - \bar{x}$）：

$$\sigma = \sqrt{\frac{\sum_{\substack{i=1 \\ i \neq j}}^{n} v_i^2}{n-2}} \tag{5-40}$$

根据测量次数 n 和选取的显著度 α，即可由表5-5查得 t 分布的检验系数 $K(n,\alpha)$。若 $|x_j-\bar{x}|>K\sigma$，则认为测量值 x_j 含有异常值，剔除 x_j 是正确的，否则认为 x_j 不含有异常值，应予保留。

表5-5 t 分布的检验系数 $K(n,\alpha)$

n	$\alpha=0.25$	$\alpha=0.10$	$\alpha=0.05$	$\alpha=0.025$	$\alpha=0.01$	$\alpha=0.005$
1	1.000 0	3.077 7	6.313 8	12.706 2	31.820 7	63.657 4
2	0.816 5	1.885 6	2.920 0	4.302 7	6.964 6	9.924 8
3	0.764 9	1.637 7	2.353 4	3.182 4	4.540 7	5.840 9
4	0.740 7	1.533 2	2.131 8	2.776 4	3.746 9	4.604 1
5	0.726 7	1.475 9	2.015 0	2.570 6	3.364 9	4.032 2
6	0.717 6	1.439 8	1.943 2	2.446 9	3.142 7	3.707 4
7	0.711 1	1.414 9	1.894 6	2.364 6	2.998 0	3.499 5
8	0.706 4	1.396 8	1.859 5	2.306 0	2.896 5	3.355 4
9	0.702 7	1.383 0	1.833 1	2.262 2	2.821 4	3.249 8
10	0.699 8	1.372 2	1.812 5	2.228 1	2.763 8	3.169 3
11	0.697 4	1.363 4	1.795 9	2.201 0	2.718 1	3.105 8
12	0.695 5	1.356 2	1.782 3	2.178 8	2.681 0	3.054 5
13	0.693 8	1.350 2	1.770 9	2.160 4	2.650 3	3.012 3
14	0.692 4	1.345 0	1.761 3	2.144 8	2.624 5	2.976 8
15	0.691 2	1.340 6	1.753 1	2.131 5	2.602 5	2.946 7
16	0.690 1	1.336 8	1.745 9	2.119 9	2.583 5	2.920 8
17	0.689 2	1.333 4	1.739 6	2.109 8	2.566 9	2.898 2
18	0.688 4	1.330 4	1.734 1	2.100 9	2.552 4	2.878 4
19	0.687 7	1.327 7	1.729 1	2.093 0	2.539 5	2.860 9
20	0.687 0	1.325 3	1.724 7	2.086 0	2.528 0	2.845 3

（五）4种判别准则的比较

(1) 在 $n>50$ 的情况下，3σ 准则较简便；在 $3<n<50$ 的情况下，应采用罗曼诺夫斯基准则、格拉布斯准则或狄克逊准则。格拉布斯准则效果较好，适用于单个异常值；有多于一个异常值时，狄克逊准则较好；当测量次数很小时，可采用罗曼诺夫斯基准则。

(2) 实际工作中，有较高要求的情况下，可选用多种准则同时进行，若结论相同，可以放心。当结论出现矛盾，则应慎重，此时通常需选 $\alpha=0.01$。当出现既可能是异常值，又可能不是异常值的情况时,一般以不是异常值处理较好。

按上述剔除准则,若判别出测量列中有两个以上测得值为异常值,此时只能首先剔除含最大误差的测得值,然后重新计算测量列的算术平均值及其标准差,再对余下的测得值进行判别,依此程序逐步剔除,直至所有测得值皆非异常值时为止。

第五节 有效数字的处理准则

在科学实验中,为了得到准确的测量结果,不仅要准确地测定各种数据,还要正确地记录和计算。我们知道任何测量都包含有一定误差,说明它受一定准确度限制,因此记录它的位数时,必须要有位数的限制。测量结果应保留几位数字是一件很重要的事,不能随便增加或减少位数。如果将一些不需要的数字都写出来,不但不能正确反映数字的准确度,而且浪费时间。因此,通常用数字的有效位数来判断其近似值的准确度。我们把测量结果数字位数的确定,称为测量结果的有效数字处理。

一、有效数字

所谓有效数字,是指在一个数中,从左边第一个非零数字开始直到最右边的所有数字,都叫这个数字的有效数字。在测量结果的数字表示中,由若干位可靠数字加一位可疑数字,便组成了有效数字。

有效数字＝所有的可靠的数字＋一位可疑数字

有效数字中的"0"具有双重意义,作为普通数字使用或作为定位的标志。当"0"在数字中间或末尾时有效,如 12.04 cm、20.05 m^2、1.000 A 等中的"0"均有效。不能在数字的末尾随便加"0"或减"0",数学上 2.85＝2.850＝2.850 0,但在测量上 2.85≠2.850≠2.850 0。小数点前面的"0"和紧接小数点后面的"0"不算作有效数字,如 0.012 3 dm、0.123 cm、0.001 23 m 均是三位有效数字。注意,进行单位换算时,有效数字的位数不变。

例:滴定管读数为 25.90 mL。"0"是测量出的值,故都为有效数字,所以这个数据有效数字位数是四位。改用"L"为单位,数据表示为 0.025 90 L,前两个"0"是起定位作用的,不是有效数字,此数据还是四位有效数字。

在测量结果中,最末一位有效数字取到哪一位,是由测量精度来决定的,即最末一位有效数字应与测量精度是同一量级的。

例:用千分尺测量时,其测量精度只能到 0.01 mm,若测出长度等于 20.531 mm,显然小数点后的第二位数字已不可靠,而第三位数字更不可靠,此时只应保留到小数点后第二位数字,即 20.53 mm,为四位有效数字。

由此可知,测量结果应保留的位数原则是:其最末一位数字是不可靠的,而倒数第二位数字是可靠的。测量误差一般取一两位有效数字。在进行比较重要的测量时,测量结果和测量误差可以比上述原则再多取一位数字作为参考。

如果有一个结果表示有效数字的位数不同,说明用的称量仪器的准确度不同。

例如:7.5 g,用的是粗天平;7.52 g,用的是扭力天平;7.518 7 g,用的是分析天平(图 5-8)。——看数字就知道仪器的测量准确度。

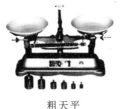  

粗天平　　　　　　扭力天平　　　　　　分析天平

图 5-8　三种不同天平

二、数字修约规则

为正确表达准确度,对于某一数字,根据保留位数的要求,将多余位数的数字按照一定规则进行舍取,这一过程称为数字修约。

一般为了保持测量结果的准确度,根据测量结果的不确定度,当有效数字的位数确定后,其后的数字应一律舍去,最后一位有效数字则按通用数字修约规则进行修约。

修约值的最小数值单位,叫修约间隔。修约间隔的数值一经确定,修约值即为该数值的整数倍。如指定修约间隔为 0.1 或 10^{-1},修约值应在 0.1 的整数倍中选取,相当于将数值修约到一位小数。指定修约间隔为 10^{-n}(n 为正整数)或指明将数值修约到 n 位小数;指定修约间隔为 1 或指明将数值修约到"个"数位;修约间隔为 10^n(n 为正整数)或指明将数值修约到 10^n 数位,或指明将数值修约到"十""百""千"。

通常的修约规则是:以保留数字的末位为单位,末位后的数字大于 0.5 者末位进一;末位后的数字小于 0.5 者末位不变;末位后的数字恰好为 0.5 者,使末位成为偶数,即当末位为偶数(0、2、4、6、8)时末位不变,当末位为奇数(1、3、5、7、9)时末位进一。为便于记忆,上述进舍规则可归纳成下列口诀:四舍六入五考虑,五后非零则进一,五后全零看五前,五前偶舍奇进一。

负数修约时,先修约绝对值,再加负号。数字修约时一次修约到位,不能连续多次地修约。对不确定的修约,采用"就大不就小"的原则,可将不确定的末位后的数字全部进位而不舍去。

例 1:将下列数字修约,保留四位有效数字

14.244 2 →14.24

26.486 3 →26.49

15.025 0 →15.02

15.015 0 →15.02

$$15.025\ 1 \to 15.03$$

例2:将2.345 7修约到两位,应为2.3,如连续修约则为 2.345 7→2.346→2.35→2.4,不对。

例3:将1268修约到"百"位数,得 $1268 \approx 13 \times 10^2$;将1268修约成三位有效位数,得 $1268 \approx 127 \times 10$;将10.502修约到个位数,得 $10.502 \approx 11$。

例4:修约 $-0.034\ 5$,保留两位有效数字: $|-0.034\ 5| \to 0.034 \to -0.034$。

例5:修约12.157,修约间隔为0.1,就是将12.157修约到一位小数:12.157→12.2。

例6:修约 1 215.7,修约间隔为 10^2,就是将 1 215.7 修约到"百"位数:1 215.7→ 12×10^2。

例7:修约 1 215.7,修约间隔为100:1 215.7→1200。

三、数字运算规则

在进行数学运算时,对加减法和乘除法中有效数字的处理是不同的。许多数值相加减时,所得和或差的绝对误差必较任何一个数值的绝对误差大,因此相加减时应以诸数值中绝对误差最大(即以小数点后位数最少的数据为依据)的数值为准,以确定其他数值在运算中保留的数位和决定计算结果的有效数位。

许多数值相乘除时,所得积或商的相对误差必较任何一个数值的相对误差大,因此相乘除时应以诸数值中相对误差最大(即以有效数字位数最少的数据为依据)的数值为准,以确定其他数值在运算中保留的位数和决定计算结果的有效位数。

在近似数平方或开方运算时,平方相当于乘法运算,开方是平方的逆运算,故可以按照乘除运算处理。对数运算与真数有效数字位数相同。常数运算比最终运算结果多一位。

例1:0.012 1、25.64、1.057 三个数字相加结果如何?

分析:0.012 1 的绝对误差为 $\pm 0.000\ 1$,25.64 的绝对误差为 ± 0.01,1.057 的绝对误差为 ± 0.001。因此,结果保留小数点后两位为 26.71。

例2:$(0.032\ 5 \times 5.103 \times 60.06)/139.8 = ?$

分析:

$0.032\ 5$:$(\pm 0.000\ 1/0.032\ 5) \times 100\% = \pm 0.3\%$;

5.103:$(\pm 0.001/5.103) \times 100\% = \pm 0.02\%$;

60.06:$(\pm 0.01/60.06) \times 100\% = \pm 0.02\%$;

139.8:$(\pm 0.1/139.8) \times 100\% = \pm 0.07\%$;

因此,$(0.032\ 5 \times 5.103 \times 60.06)/139.8 = 0.071\ 3$。

上述运算规则都是一些常见的最简单情况,但实际问题的数据运算皆比较复杂,往往一个问题要包括几种不同的简单运算。在运算过程中,为减少舍入误差,其他数值的修约可以暂时多保留一位,等运算得到结果时,再根据有效位数弃去多余的数字。

扫描二维码观看
数据处理

第六章　测量不确定度的评定与表示

当对测量结果做了修正后,仍有随机效应和不确定的系统效应导致的误差存在,这些误差是不确定的,须分析其诸因素,估算其各分量,最终给出测量结果不能确定的范围。为了体现测量误差定义的确切性和测量结果中测量误差的可能出现范围,引入了测量不确定度的概念。测量误差是测得量值与参考值之差,测量不确定度是用来表征被测量量值分散性的非负参数。不确定度评定的对象就是这些不能修正的各误差分量,评定的结果是表征被测量之值所处的范围。每一个测量结果总存在着不确定度。作为一个测量结果,不仅要给出其量值,还要给出测量不确定度,这样才是完整的。

在报告测量结果时,必须给出被测量的量值及相应信息,相应信息是指测量结果的可信程度。测量结果的可信程度取决于测量不确定度的大小。测量不确定度的值越大,说明测量结果越不可信;测量不确定度的值越小,说明测量结果越可信。

第一节　概率论的基本知识

概率论与数理统计具有广泛的应用,是研究随机现象统计规律的一门数学学科,也是测量不确定度评定的理论基础。

一、随机变量及其概率分布

(一)随机变量

概率论中一个重要的概念就是随机变量。在某一条件下,变量 q 随着试验结果不同而取相应的值,则称 q 为随机变量。

每个变量可以随机地取不同的数值,而在进行试验前这个变量要取什么值我们是不知道的。如果做了一次试验,随机变量 q 在一次试验中所取的值称为随机变量的一个观测值。但要引起注意的是,随机变量是一个变量,而随机变量的观测值是一个常数,若进行 n 次测量,就会得到随机变量 q 的 n 个观测值。

随机变量按其取值的特征分为离散型随机变量和连续型随机变量。

1. 离散型随机变量

若随机变量的取值可以离散地排列,即只能取有限个或可数个值,并以各种确定的概率取这些不同的值,这样的随机变量称为离散型随机变量。

例如:在产品质量检验中,若每次抽查 100 件产品,则其中的次品数就是一个离散型的随机变量。它只可能取整数值 0、1、2、⋯、100,共有 101 个可能值。

2. 连续型随机变量

若随机变量可以在某一区间内任意取值,并可以充满该区间,而且其值在任意一个小区间中的概率也是确定的,这样的随机变量称为连续型随机变量。

例如:公共汽车每 15 分钟一班,某人在站台等车时间就是连续型随机变量。

(二)概率分布函数

概率分布函数是一个普遍的函数,通过它我们将能用数学分析的方法来研究随机变量。设 X 是一个随机变量,x 是任意实数,函数

$$F(x) = P(X \leqslant x) \tag{6-1}$$

称为 X 的概率分布函数或分布函数,即表示随机变量 X 取得小于等于 x 的值这一事件发生的概率,即事件 $X \leqslant x$ 的概率。

事件 $x_1 \leqslant X \leqslant x_2$ 的概率,即随机变量 X 在任意区间的概率。

分布函数有以下性质:

(1)因为任何事件的概率都是介于 0 与 1 之间的数,所以随机变量的分布函数 $F(x)$ 值也总在 0 与 1 之间。

$$0 \leqslant F(x) \leqslant 1 \tag{6-2}$$

(2)随机变量 X 落在区间 $[x_1, x_2]$ 内的概率等于分布函数 $F(x)$ 在该区间上的增量。

$$P(x_1 \leqslant X \leqslant x_2) = F(x_2) - F(x_1) \tag{6-3}$$

(3)概率不能为负,分布函数是非负函数。

$$F(x_1) \leqslant F(x_2) \quad (\text{当 } x_1 \leqslant x_2) \tag{6-4}$$

(4)如果随机变量 X 的一切可能值都位于区间 $[a, b]$ 内,则当 $x < a$ 时,事件 $X < x$ 是不可能事件,所以有

$$F(x) = 0 \quad (\text{当 } x < a) \tag{6-5}$$

当 $x > b$ 时,事件 $X < x$ 是必然事件,所以有

$$F(x) = 1 \quad (\text{当 } x > b) \tag{6-6}$$

一般情况下,当随机变量 X 可以取得任意实数值时,则函数在负无穷时为 0,在正无穷时为 1,即

$$F(-\infty) = \lim_{n \to -\infty} F(x) = 0 \tag{6-7}$$

$$F(+\infty) = \lim_{n \to +\infty} F(x) = 1 \tag{6-8}$$

（三）分布密度

随机变量的概率分布密度等于分布函数的导数，即分布函数是分布密度的原函数。随机变量 X 在 x 处的概率分布密度或分布密度，记为 $f(x)$，则

$$f(x) = F'(x) \tag{6-9}$$

$$F(x) = \int_{-\infty}^{x} f(x) \mathrm{d}x \tag{6-10}$$

对于连续型随机变量，只要它的分布函数可微分，就常用分布密度。因为密度的大小，能直接看出随机变量取各可能值的概率大小，能直接比较出各可能值出现机会的多少。可以说，概率分布密度是求分布函数的变化速度，而分布密度的图形 $y = f(x)$ 通常叫做分布曲线。

分布密度有如下性质：

(1) 随机变量的分布密度是非负数，所以分布密度 $f(x)$ 是非负函数。

(2) 概率分布密度为分布函数的导数，分布函数为分布密度的积分。

(3) 连续型随机变量 X 落在区间 $[x_1, x_2]$ 内的概率等于它的分布密度 $f(x)$ 在该区间的定积分。

$$P(x_1 \leqslant X \leqslant x_2) = F(x_2) - F(x_1) = \int_{x_1}^{x_2} f(x) \mathrm{d}x \tag{6-11}$$

(4) 如果连续型随机变量 X 的一切可能值都位于某区间 $[a, b]$ 内，则事件 $a \leqslant X \leqslant b$ 是必然事件，则

$$\int_{a}^{b} f(x) \mathrm{d}x = 1 \tag{6-12}$$

一般情况下，当随机变量 X 可以取得一切实数时，则有

$$\int_{-\infty}^{+\infty} f(x) \mathrm{d}x = 1 \tag{6-13}$$

（四）概率分布的数学期望、方差和标准偏差

1. 数学期望

数学期望简称期望，又称为（随机变量的）均值。常用符号 μ 表示，也可用 $E(X)$ 表示被测量 X 的期望。

离散随机变量的期望为

$$\mu = E(X) = \sum_{i=1}^{\infty} P_i x_i \tag{6-14}$$

连续随机变量的期望为

$$\mu = E(X) = \int_{-\infty}^{+\infty} x f(x) \mathrm{d}x \tag{6-15}$$

期望是概率密度函数曲线与横坐标轴所构成面积的重心所在的横坐标，所以期望是决

定概率密度函数曲线位置的量。

2. 方差

（随机变量的）方差用符号 σ^2 表示为

$$\sigma^2 = \lim_{n \to \infty} \left[\frac{\sum_{i=1}^{\infty}(x_i - \mu)^2}{n} \right] \tag{6-16}$$

$$\sigma^2 = V(X) = E\{[X - E(X)]^2\} \tag{6-17}$$

已知测得值的概率密度函数时，方差可表示为

$$\sigma^2 = \int_{-\infty}^{+\infty}(x - \mu)^2 f(x) \mathrm{d}x \tag{6-18}$$

当期望值为零时，方差可表示为

$$\sigma^2 = \int_{-\infty}^{+\infty} x^2 f(x) \mathrm{d}x \tag{6-19}$$

方差反映了随机变量在所有可能取值的统计平均幅度的大小和测得值的分散程度。

3. 标准偏差

（随机变量的）标准偏差简称为标准差，是方差的正平方根值，用符号 σ 表示为

$$\sigma = \lim_{n \to \infty} \sqrt{\frac{\sum_{i=1}^{\infty}(x_i - \mu)^2}{n}} \tag{6-20}$$

标准偏差是表明随机变量取值分散性的参数，σ 值小表明取值比较集中，σ 值大表明取值比较分散。

4. 用期望和标准偏差表征概率密度函数

期望和方差是表征概率密度函数的两个特征参数。由于方差的数值不直观，通常用期望和标准偏差来表征一个概率密度函数。μ 和 σ 对正态分布概率密度函数曲线的影响见图 6-1，μ 影响概率密度函数曲线的横向位置；σ 影响概率密度函数曲线的形状，σ 值小表示分布的范围小。

期望 μ 与标准偏差 σ 或方差 σ^2 都是以无穷多次取值的理想情况定义的概念或量值，在实际应用中通常只能获得他们的估计值。

二、有限次测量的算术平均值和实验标准偏差

在相同条件下，对被测量 X 进行有限次重复测量，得到一系列观测值 $x_1, x_2, \cdots, x_n$，其 n 次测量的算数平均值 $\bar{x}$ 为

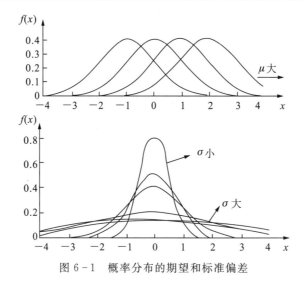

图 6-1 概率分布的期望和标准偏差

$$\bar{x} = \frac{1}{n}\sum_{i=1}^{n} x_i \tag{6-21}$$

算术平均值是有限次测量的平均值,它是由样本构成的统计量,也是有概率分布的。

用有限次测量的数据得到的标准偏差的估计值称为实验标准偏差,用符号 s 表示。实验标准偏差 s 是有限次测量时标准偏差 σ 的估计值。最常用的估计方法是贝塞尔公式法,即在相同条件下,对被测量 X 做 n 次重复测量,则 n 次测量中某单个测得值 x 的实验标准偏差 $s(x)$ 可按下式计算:

$$s(x_k) = \sqrt{\frac{\sum_{i=1}^{n}(x_i - \bar{x})^2}{n-1}} \tag{6-22}$$

式中:$\bar{x}$——n 次测量的算数平均值,$\bar{x} = \frac{1}{n}\sum_{i=1}^{n} x_i$;

x_i——第 i 次测量的测得值;

v_i——残差,$v_i = x_i - \bar{x}$;

ν——自由度,$\nu = n - 1$;

$s(x_k)$——测得值 x_k 的实验标准偏差。

算数平均值 $\bar{x}$ 的实验标准差 $s(\bar{x})$ 为

$$s(\bar{x}) = \frac{s(x_k)}{\sqrt{n}} \tag{6-23}$$

给出标准偏差的估计值时,自由度越大,表明估计值的可信度越高。

三、常见的几种概率分布

随机变量的概率随取值而变化的规律称为随机变量的概率分布,而概率分布可用概率分布密度函数来描述，概率分布密度函数的图形通常叫做分布曲线，通过分布曲线的分析，我们可以得出概率分布的相关性质。几种常用随机变量的概率分布主要有正态分布、均匀分布、三角分布、梯形分布、反正弦分布、t 分布等。

1. 正态分布

正态分布是概率论中一种最常用也是最重要的随机变量的分布。

$$f(x) = \frac{1}{\sigma\sqrt{2\pi}} e^{\frac{-(x-\mu)^2}{2\sigma^2}} \quad (-\infty < x < +\infty) \tag{6-24}$$

式中：x——测得值；

σ——标准偏差；

μ——数学期望；

e——自然对数的底。

正态分布密度函数是一个指数方程式，一般称为高斯方程式或高斯分布。这个函数十分重要，它不仅是测量误差理论的基础，也是最小二乘法原理的基础。该函数的分布曲线，称为正态分布曲线或高斯分布曲线，其图形如图 6-2 所示。

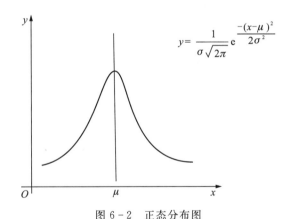

图 6-2　正态分布图

图中的横坐标 x 表示测得值的取值大小，纵坐标 y 表示与测得值相应的概率密度。

正态分布曲线有以下 5 个性质。

（1）服从正态分布的随机变量，以横轴为渐近线，分布曲线在横轴上方，和横轴围成一个区域，其面积为 1，即

$$I = \frac{1}{\sigma\sqrt{2\pi}} \int_{-\infty}^{+\infty} e^{\frac{-(x-\mu)^2}{2\sigma^2}} dx = 1 \tag{6-25}$$

（2）当测得值 x 等于数学期望 μ 时，曲线处于最高点；当 x 向左向右远离时，曲线不断降低。因此，正态分布曲线呈现出"中间高，两边低"的形状。

（3）所有正态分布曲线都是左右对称的，对称轴是直线 $x = \mu$。

(4)如果改变参数 μ 的值,则会让分布曲线沿 x 轴平行移动,而不改变其形状。

(5)如果改变参数 σ 的值,分布曲线将发生很大的变化。若假定 $\mu=0$ 时,σ 值越小,曲线在中心部分的纵坐标增大,而使图形更高;而 σ 值变大时,由于要维持其面积为 1,所以曲线在中心部分的纵坐标减小,而使图形变缓。

此外,当 $\mu=0,\sigma=1$ 时,称随机变量 x 服从于标准正态分布,其概率分布密度与分布函数分别用 $\varphi(x)$ 和 $\phi(x)$ 表示,即

$$\varphi(x)=\frac{1}{\sqrt{2\pi}}e^{\frac{-x^2}{2}} \quad (6-26)$$

$$\phi(x)=\frac{1}{\sqrt{2\pi}}\int_{-\infty}^{x}e^{\frac{-t^2}{2}}dt \quad (6-27)$$

一般情况下,随机变量 x 落在 (x_1,x_2) 区间内的概率为

$$P(x_1<x<x_2)=\phi(\frac{x_2-\mu}{\sigma})-\phi(\frac{x_1-\mu}{\sigma}) \quad (6-28)$$

误差 $\sigma(\sigma=x-\mu)$ 为落在区间 $(+k\sigma,-k\sigma)$ 内的概率。这里我们取 $k=1,2,3$,则

$$P(|x-\mu|\leqslant k\sigma)=\phi(\frac{k\sigma}{\sigma})-\phi(-\frac{k\sigma}{\sigma})=2\phi(k) \quad (6-29)$$

利用上式和拉普拉斯函数表,我们计算出

$$P(|x-\mu|\leqslant 1\sigma)=2\phi(1)=0.6827$$
$$P(|x-\mu|\leqslant 2\sigma)=2\phi(2)=0.9545$$
$$P(|x-\mu|\leqslant 3\sigma)=2\phi(3)=0.9973$$

因此,标准偏差(1σ)置信概率为 0.682 7(置信概率 $P=68.27\%$),2 倍标准偏差(2σ)的置信概率为 0.954 5(置信概率 $P=95.45\%$),3 倍标准偏差(3σ)的置信概率为 0.997 3(置信概率 $P=99.73\%$)。

2. 均匀分布

在某一区间 $[-a,a]$ 内,被测量值以等概率落入,而落入该区外的概率为零,则称被测量值服从均匀分布,通常记作 $U[-a,a]$。在测量实践中,均匀分布是常见的一种分布,其特点是,在误差范围内误差出现的概率各处相同。因此均匀分布又称为矩形分布或等概率分布,其图形见图 6-3。

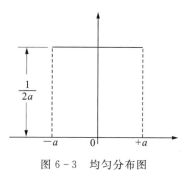

图 6-3 均匀分布图

若被测量 X 服从均匀分布,设其概率分布密度为 $f(x)$,它在区间 $[-a,a]$ 内为一常数,令其为 C,则有

$$f(x)=C \quad (6-30)$$

被测量落在区间 $[-a,a]$ 的概率应为 1,则有

$$\int_{-a}^{+a}f(x)dx=\int_{-a}^{+a}Cdx=1 \quad (6-31)$$

即得 $C=1/2a$，因而概率分布密度为

$$f(x)=\frac{1}{2a} \quad (-a \leqslant x \leqslant +a) \tag{6-32}$$

被测量的数学期望值为

$$\mu=0 \tag{6-33}$$

被测量的方差为

$$\sigma^2=\frac{a^2}{3} \tag{6-34}$$

标准偏差为

$$\sigma=\frac{\sqrt{a}}{3} \tag{6-35}$$

当被测量服从均匀分布时，式(6-35)表明其标准偏差与分散区间半宽之间的关系。

3. 三角分布

三角分布是由两个相同宽度的矩形分布合成得到的（相加或相减），其图形见图6-4。概率密度函数为

$$f(x)=\frac{a+x}{a^2} \quad (-a \leqslant x < 0) \tag{6-36}$$

$$f(x)=\frac{a-x}{a^2} \quad (0 \leqslant x \leqslant +a) \tag{6-37}$$

对于数学期望为0、分布区间半宽为 a 的三角分布的方差为

$$\sigma^2=\frac{a^2}{6} \tag{6-38}$$

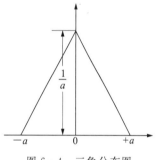

图 6-4 三角分布图

标准误差为

$$\sigma=\frac{a}{\sqrt{6}} \tag{6-39}$$

当被测量服从三角分布时，式(6-39)表明其标准偏差与分散区间半宽之间的关系。

4. 梯形分布

梯形分布的形状为梯形，对称上下限的梯形分布如图6-5所示。设梯形的上底半宽度为 βa，下底半宽度为 a，$0<\beta<1$，则对称上下限的梯形分布的概率密度函数为

$$f(x)=\frac{1}{a(1+\beta)} \quad (|x| \leqslant \beta a) \tag{6-40}$$

$$f(x)=\frac{a-|x|}{a^2(1-\beta^2)} \quad (\beta a \leqslant |x| \leqslant a) \tag{6-41}$$

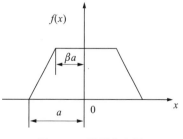

图 6-5 梯形分布图

梯形分布的标准偏差为

$$\sigma = \frac{a\sqrt{1+\beta^2}}{\sqrt{6}} \qquad (6-42)$$

5. 反正弦分布

反正弦分布又称 U 形分布，如图 6-6 所示。反正弦分布的概率密度函数为

$$f(x) = \frac{1}{\pi\sqrt{a^2 - x^2}} \quad (|x| \leqslant a) \qquad (6-43)$$

a 为概率分布包含区间的半宽度。

反正弦分布的标准偏差为

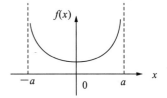

图 6-6　反正弦分布图

$$\sigma = \frac{a}{\sqrt{2}} \qquad (6-44)$$

6. t 分布

t 分布又称学生分布。如果随机变量 X 是期望值为 μ 的正态分布，n 个 x_i 的算术平均值 $\bar{x}$ 与其期望值之差和算术平均值的实验标准偏差之比为新的随机变量 t，该随机变量服从 t 分布。

$$t = \frac{\bar{x} - \mu}{s(x_i)/\sqrt{n}} = \frac{\bar{x} - \mu}{s(\bar{x})} \qquad (6-45)$$

t 分布的概率密度函数为

$$f(t) = \frac{\Gamma(\frac{\nu+1}{2})}{\sqrt{\nu\pi}\,\Gamma(\nu/2)} \left[1 + \frac{t^2}{\nu}\right]^{-(\nu+1)/2} \qquad (6-46)$$

式中：ν——t 的自由度，$\nu = n - 1$。

t 分布是期望为零的概率分布。当 $n \to \infty$ 时，t 分布趋于标准正态分布。由随机变量 t 的定义可见：$\bar{x}$ 以概率 P 落在 $\mu \pm ts(\bar{x})$ 区间内。t 分布如图 6-7 所示。

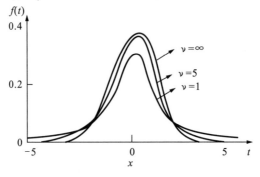

图 6-7　t 分布图

四、置信概率

当随机变量的取值服从某分布时,落在某区间的概率 P 即为置信概率。置信概率是介于 0 和 1 之间的数,常用百分数表示。在不确定度评定中,置信概率又称为包含概率。它是指在扩展不确定度确定的测量结果的区间内,合理地赋予被测量之值分布的概率。在 GUM 中,包含概率替代了曾经使用过的置信水准,包含概率又称为置信的水平。

概率论与数理统计中常用置信概率的概念(以标准正态分布为例)。

(1)置信概率以 P 表示,为与置信区间有关的概率值 $(1-\alpha)$。

(2)显著性水平(置信度)以 α 表示,$\alpha=1-P$。

(3)置信区间以 $[-k\sigma, k\sigma]$ 表示,$-k\sigma$ 称为置信限。

(4)置信因子以 k 表示,对应于所给定概率的误差限 a 与标准偏差 s 之比,即 $k=a/s$。当分布不同时,k 值也不同。

对应正态分布 P,k 的对应值,如表 6-1 所示。

表 6-1 正态分布 P,k 对应值

$P/\%$	50	68.27	90	95	95.45	99	99.73
k	0.675	1	1.645	1.960	2	2.576	3

第二节 测量不确定度的基本概念

本节仅对与测量不确定度有密切关系的基本概念及部分术语做简要介绍。

一、测量不确定度的定义

测量不确定度是指"根据所用到的信息,表征赋予被测量值分散性的非负参数"。

测量不确定度是说明给出的测得值的不可确定程度和可信程度的参数。它是可以通过评定定量得到的。例如:当得到测量结果为 $m=500\text{ g}$,$U=1\text{ g}(k=2)$,我们就可以知道被测量的质量为 $(500\pm1)\text{g}$(区间是不可确定的程度),在该区间内的置信水平约为 95%(可信程度)。这样的测量结果比仅给 500 g 给出了更多的可信度信息。

测量不确定度表示被测量之值的分散性,因此不确定度表示一个区间,即被测量之值可能的分布区间。这是测量不确定度和测量误差的最根本的区别,测量误差是一个差值,而测量不确定度是一个区间。在数轴上,误差表示为一个"点",而不确定度则表示为一个"区间"。

由于测量的不完善和人们的认识不足,被测量值是具有分散性的。这种分散性有两种情况:①由于各种随机性因素的影响,每次测量的测得值不是同一个值,而是以一定概率分布分散在某个区间内的许多值;②虽然有时存在着一个系统性因素的影响,引起的系统误差实际上恒定不变,但由于我们不能完全知道其值,也只能根据现有的认识,认为这种带有系统误差的测得值是以一定概率可能存在于某个区间内的某个位置,也就是以某种概率分布存在于某个区间内,这种概率分布也具有分散性。

测量不确定度是说明测得值分散性的参数,测量不确定度的大小说明了测量的不完善及其认识不足的程度的大小,并不说明其接近真值的程度。尽管测量结果的误差贡献的准确值未知或不可知,但与引起误差的随机影响和系统影响有关的不确定度是可以评定的。但是即使评定的不确定度很小,仍然不能保证测量结果的误差很小;在确定修正值或评估不确定度时,由于认识不足而有可能忽略系统影响。因此测量结果的不确定度不一定可表明测量结果接近被测量值的程度,它只不过是与现有可利用的知识相应的最佳值接近程度的一种估计。

二、测量不确定度的表示

为了表征测得值的分散性,测量不确定度用标准偏差表示,因为在概率论中标准偏差是表征随机变量或概率分布分散性的特征参数。当然,为了定量描述,实际上是用标准偏差的估计值来表示测量不确定度。估计的标准偏差是一个正值,因此不确定度是一个非负的参数。

在实际使用中,往往希望知道测量结果是具有一定概率的区间,因此规定测量不确定度也可用标准偏差的倍数或说明了包含概率的区间半宽度来表示。为了区分起见,出现了不同的术语:

(1)不带形容词的测量不确定度用于一般概念和定性描述,可以简称"不确定度"。

(2)带形容词的测量不确定度,包括标准不确定度、合成标准不确定度和扩展不确定度,用于在不同场合对测量结果的定量描述。

一般,测量不确定度是由多个分量组成的,每个用标准偏差表示的不确定度分量按评定方法分为两类:①一些分量的标准偏差估计值可用一系列测量数据的统计分析估算,用实验标准偏差表征;②另一些分量是用基于经验或有关信息的假定的概率分布(先验概率分布)估算,也可用估计的标准偏差表征。

所有的不确定度来源包括随机影响和系统影响均对测量结果的不确定度有贡献。

三、测量不确定度相关术语

(一)标准不确定度

全称标准测量不确定度,为"用标准偏差表示的测量不确定度"。

标准不确定度用符号 u 表示。它不是由测量标准引起的不确定度,而是指不确定度由标准偏差的估计值表示,表征测得值的分散性。测得值的不确定度往往由许多原因引起,对每个不确定度来源评定的标准偏差,称为标准不确定度分量,用 u_i 表示。

标准不确定度有两类评定方法：A 类和 B 类。A 类评定是对规定测量条件下测得的量值用统计分析的方法进行的测量不确定度分量的评定,用实验标准偏差定量表征。A 类评定得到的标准不确定度有时称为 A 类标准不确定度。B 类评定是用不同于测量不确定度 A 类评定的方法对测量不确定度分量进行的评定,用估计的标准偏差定量表征。B 类评定得到的标准不确定度有时称为 B 类标准不确定度。

A 类标准不确定度及 B 类标准不确定度与"随机"及"系统"两种性质无对应关系;为避免混淆,不再使用"随机不确定度"和"系统不确定度"这两个术语。为了说明问题,在需要区分不确定度来源时,应采用"由随机影响导致的不确定度分量"和"由系统影响导致的不确定度分量"的表述方式。在测量不确定度评定中,重要的是评定得到每个分量的标准偏差,即 u_i,不是一定要标明 u_A 还是 u_B。

(二) 合成标准不确定度

合成标准不确定度为"由在一个测量模型中各输入量的标准测量不确定度获得的输出量的标准测量不确定度"。

由各标准不确定度分量合成得到的合成标准不确定度。合成的方法称为测量不确定度传播律。在测量模型中,若输入量之间相关,则计算合成标准不确定度时必须考虑协方差,合成标准不确定度是这些输入量的方差与协方差的适当和的正平方根值。

合成标准不确定度用符号 u_c 表示。合成标准不确定度仍然是标准偏差,它是输出量概率分布的标准偏差估计值,表征了输出量估计值的分散性。

合成标准不确定度也可用相对形式表示,输出量的合成标准不确定度除以输出量的估计值 $[u_c(y)/|y|]$ 称相对合成标准不确定度,可以用符号 u_{cr} 或 u_{crel} 表示。

(三) 扩展不确定度

扩展不确定度为"合成标准不确定度与一个大于 1 的数字因子的乘积"。

扩展不确定度用符号 U 表示,是合成标准不确定度扩展了 k 倍得到的,即 $U=ku_c$。k 是大于 1 的数,其大小取决于测量模型中输出量的概率分布及所取的包含概率。

扩展不确定度是被测量值的包含区间的半宽度,即可以期望该区间包含了被测量值分布的大部分。

若输出量近似正态分布,且 u_c 的有效自由度较大,则取 U 为 $2u_c$ 时,表征了测量结果 Y 在 $(y-2u_c, y+2u_c)$ 区间内包含概率约为 95%;而 U 为 $3u_c$ 时,表征了测量结果 Y 在 $(y-3u_c, y+3u_c)$ 区间内包含概率约为 99%。

扩展不确定度也可以用相对形式表示。例如:用 $U(y)/|y|$ 表示相对扩展不确定度,必要时也可用符号 $U_r(y)$、U_r 或 U_{rel} 表示。

说明:具有包含概率为 P 的扩展不确定度时,可以用 U_P 表示。例如:U_{95} 表明了包含概率为 95% 的包含区间的半宽度。

由于 U 是表示包含区间的半宽度,而 u_c 是用标准偏差表示的,因此 U 和 u_c 单独定量表示时,数值前都不必加正负号。例如:$U=0.05$ V,不应写成 $U=\pm 0.05$ V;$u_c=1\%$,不应写成 $u_c=\pm 1\%$。由于 u_c 是标准偏差,而不是标准偏差的倍数,因此不应写成 $u_c=1\%(k=1)$。

(四)包含区间

包含区间为"基于可获信息确定的包含被测量一组值的区间,被测量值以一定概率落在该区间内"。

包含区间可由扩展不确定度导出,如若被测量的最佳估计值为 y,在获得扩展不确定度 U 后,则包含区间为 $(y-U, y+U)$,也可写成 $y\pm U$。

包含区间不一定以所选的测得值为中心。如果测得值的概率分布为对称分布,则包含区间以最佳估计值为中心。

为避免与统计学概念混淆,不应把包含区间称为置信区间。

(五)包含概率

包含概率为"在规定的包含区间内包含被测量的一组值的概率"。

包含概率用符号 P 表示。$P=1-\alpha$,α 称显著性水平。包含概率表明测量结果的取值区间包含了概率分布下总面积的百分数,表明了测量结果的可信程度。而显著性水平表明测量值落在区间外的部分占概率分布下总面积的百分数。

包含概率可以用 $0\sim 1$ 之间的数表示,也可以用百分数表示。例如:包含概率为 0.99 或 99%。

在 GUM 中包含概率又称"置信的水平",这里包含概率替代了曾经使用过的"置信水准"。

(六)定义的不确定度

定义的不确定度为"由被测量定义中细节的描述有限所引起的测量不确定度分量"。

如果被测量定义为 20 ℃时某杆的长度,实际上湿度也会影响杆的长度,但在被测量定义中缺乏关于湿度细节的描述,由于定义不完整,在被测量估计值的测量不确定度中造成定义的不确定度。

定义的不确定度是在任何给定被测量的测量中实际可达到的最小测量不确定度。如果被测量定义中所描述的细节有任何改变,则导致另一个定义的不确定度。

(七)零的测量不确定度

零的测量不确定度为"测得值为零时的测量不确定度"。

零的测量不确定度与仪器的示值为零或近似为零有关。当测得值为零时,它实际上包含一个区间,在该区间内难以判断被测量是否小到无法检出,或者是由噪声引起测量仪器的示值无法确定。

在某些专业领域,零的测量不确定度的概念也适用于对样品与空白进行测量并获得差值。

（八）目标测量不确定度

目标测量不确定度为"根据测量结果的预期用途,规定作为上限的测量不确定度",简称目标不确定度。

例如:在测量装置的设计目标中,除了要规定该装置的功能外,还要根据预期的用途对测量参数的测量范围及其至少应满足的测量不确定度加以规定,这就是目标不确定度。

（九）仪器的测量不确定度

仪器的测量不确定度为"由所用测量仪器或测量系统引起的测量不确定度的分量"。

用某台测量仪器或测量系统对被测量进行测量可以得到被测量的估计值,仪器的不确定度是被测量估计值的不确定度的一个分量。

仪器的测量不确定度的大小是由测量仪器或测量系统自身计量特性所决定的。对于原级计量标准,通常是通过不确定度分析和评定得到其测量不确定度。对于一般的测量仪器或测量系统,仪器的测量不确定度可以通过计量标准对测量仪器的校准得到。此外,对于检定合格的测量仪器,可在仪器说明书中查到仪器的有关信息,然后按 B 类评定得到仪器的标准不确定度。

注意不要把仪器的技术指标或仪器的示值误差直接称为仪器的不确定度。

四、测量不确定度的结构

通过以上分析,我们描绘出测量不确定度的结构图（图 6-8）。

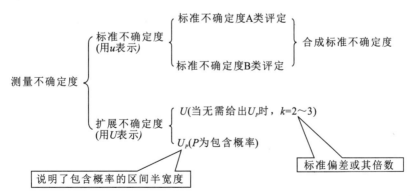

图 6-8 测量不确定度的结构

第三节 测量不确定度评定

本节依据 JJF 1059.1—2012《测量不确定度评定与表示》规定的测量不确定度评定方法（也称"GUM"法）介绍完整的测量不确定度评定过程。

一、不确定度来源分析

在测量不确定度的评定中，分析和确定不确定度的来源十分重要，因为不确定度来源不清楚，就无法评定测量不确定度。

由于测量所得的测得值只能是被测量的估计值，测量过程中的随机效应及系统效应均会导致测量不确定度。对已认识的系统效应进行修正后的测量结果仍然只是被测量的估计值，还存在随机效应导致的不确定度和系统效应修正不完善导致的不确定度。从不确定度评定方法上所作的A类评定和B类评定的分类与产生不确定度的原因无任何关系，不能称为随机不确定度和系统不确定度。

在分析测量不确定度的来源时，除了对被测量的定义充分理解外，还取决于对测量原理、测量方法、测量设备、测量条件详细了解和认识。

（一）被测量的定义不完整

例：定义被测量是一根标称值为 1 m 长的钢棒的长度，如果要求测准到"m"量级，则被测量的定义就不够完整，因为此时被测钢棒受温度和压力的影响已经比较明显，而这些条件没有在定义中说明。由于定义的不完整，对长度测量结果的不确定度分析中应考虑由温度和压力影响引入的不确定度，也就是要考虑定义的不确定度。

这时完整的被测量定义应是：标称值为 1 m 的钢棒在 25.0 ℃ 和 101 325 Pa 时的长度。若在定义要求的温度和压力下测量，就可避免由定义不完整引入的测量不确定度。

（二）被测量定义的复现不理想，包括复现被测量的测量方法不理想

例：对上例所述的完整定义进行测量，由于温度和压力实际上达不到定义的要求（包括温度和压力的测量本身存在不确定度），被测量估计值仍然引入不确定度。

（三）取样的代表性不够，即被测量的样本可能不完全代表所定义的被测量

例：被测量为某种介质材料在给定频率时的相对介电常数，由于测量方法和测量设备的限制，只能取这种材料的一部分做成样块进行测量，如果该样块在材料的成分或均匀性方面不能完全代表定义的被测量，则样块就引入测量不确定度。

(四)测量过程中对环境条件的影响认识不足或对环境条件的测量与控制不完善

例:同样以上述钢棒测量为例,不仅温度和压力会影响其长度,实际上,湿度和钢棒的支撑方式也会产生影响。由于认识不足,没有注意采取措施,也会引入测量不确定度。另外,测量温度和压力的温度计和压力表的不确定度也是测量不确定度的来源之一。

(五)模拟式仪器的人员读数偏移

例:模拟式仪器在读取其示值时,一般是估读到最小分度值的1/10。模拟式仪器在读取其示值时一般要在最小分度内估读,由于观测者的位置或个人习惯的不同等,可能对同一状态的指示会有不同的读数,这种差异也会引入不确定度。

(六)测量仪器的计量性能的局限性

通常情况下,测量仪器的性能不理想(其技术指标用最大允许误差表示)是影响测量结果的最主要的不确定度来源,即引入仪器的不确定度。例如:用天平测量物体的质量时,测量不确定度必须包括所用天平和砝码引入的不确定度。

测量仪器的其他计量特性如仪器的分辨力、灵敏度、鉴别阈、死区及稳定性等的影响也应根据情况加以考虑。例如:由于测量仪器的分辨力不够,对于较小差别的两个输入信号,仪器的示值差为零,这个零值就存在着由分辨力不够引入的测量不确定度。又如:用频谱分析仪测量信号的相位噪声时,当被测量小到低于相位噪声测试仪的噪声门限(鉴别阈)时,就测不出来了,此时要考虑噪声门限引入的不确定度。

(七)测量标准或标准物质提供的标准值的不准确

计量校准中,被检或被校仪器是用与测量标准比较的方法实现校准的。对于给出的校准值来说,测量标准(包括标准物质)的不确定度通常是其主要的不确定度来源。

如用天平测量时,测得质量的不确定度中包括了标准砝码的不确定度。用卡尺测长时,测得长度量的不确定度中包括对该卡尺校准时所用标准量的不确定度。

(八)引用的常数或其他参数值的不准确

例:测量黄铜棒的长度时,为考虑长度随温度的变化,要用到黄铜的线膨胀系数 α,查数据手册可以得到所需的 α 值。该值的不确定度是测量不确定度的一个来源。

(九)测量方法、测量程序和测量系统中的近似、假设和不完善

例:被测量表达式的近似程度,自动测试程序的迭代程度,电测量中由测量系统不完善引起的绝缘漏电、热电势、引线电阻上的压降,几何量测量时的振动等,均会导致测量不确定度。

(十)在相同条件下被测量重复观测值的随机变化

在实际工作中,通常多次测量可以得到一系列不完全相同的数据,测得值具有一定分散性,这是由诸多的随机因素影响造成的。这种随机变化常用测量重复性表征,也就是说重复性是测量不确定度来源之一。

(十一)修正不完善

在有系统误差影响的情形下,应当尽量设法找出其影响的大小,并对测量结果予以修正,修正后剩余的影响应当作随机影响,在评定测量结果的不确定度中予以考虑。然而,当无法考虑对该系统误差的影响进行修正时,这部分对结果的影响原则上也应贡献于测量结果的不确定度。

在分析不确定来源的过程中,也要注意到很多因素不是不确定度的来源。例如:测量中的失误或突发因素不属于测量不确定度的来源。操作人员的失误不是测量不确定度的来源。允差不是不确定度,是某个过程或一个产品所选择的允许极限值。技术指标不是不确定度,技术指标表述的是对产品的期望的内容。这可能非常广泛,包括产品的非技术质量,如外观准确度(更确切地说,应叫不准确度)与不确定度不是一回事。遗憾的是这些术语的使用常被混淆。准确地说,准确度是一个定性的术语,诸如人们可能说测量是"准确"的或"不准确"的。不确定度是定量的。误差与不确定度是有区别的。

二、测量不确定度评定流程

用 GUM 法评定测量不确定度的一般流程如图 6-9 所示。

三、测量不确定度评定内容

(一)测量模型化和分析不确定度来源

建立数学模型也称为测量模型化,目的是要建立满足测量不确定度评定所要求的数学模型。被测量的测量模型是指被测量与测量中涉及的所有已知量间的数学关系。

测量中,当被测量(即输出量)Y 由 N 个其他量 $X_1, X_2, \cdots, X_N$(即输入量)通过函数 f 来确定时,则称为测量模型。

$$Y = f(X_1, X_2, \cdots, X_N) \tag{6-47}$$

式中大写字母表示量的符号,f 为测量函数。

设输入量 X_i 的估计值为 x_i,被测量 Y 的估计值为 y,则测量模型可写成

$$y = f(x_1, x_2, \cdots, x_N) \tag{6-48}$$

对于一个被测量来说,测量模型不是唯一的,它与测量方法有关,同一个被测量采用不

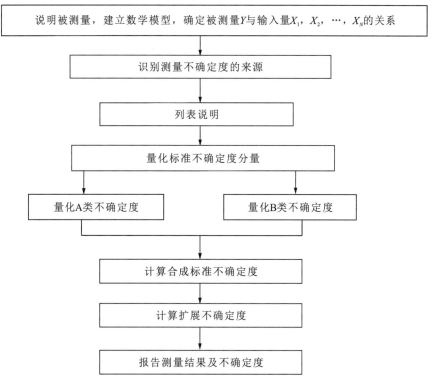

图 6-9 用 GUM 法评定测量不确定度的一般流程

同的测量方法和测量程序,就会有不同的测量模型。

在建立测量模型的同时,还要找到所有对测量结果的量值有影响的其他影响量,即所有的不确定来源。如果数据表明测量模型中没有考虑某个具有明显影响的影响量时,应在模型中增加输入量,直至测量结果满足测量准确度的要求。

(二)计算被测量的估计值

被测量 Y 的最佳估计值 y 在通过输入量 $X_1,X_2,\cdots,X_N$ 的估计值 $x_1,x_2,\cdots,x_N$ 得出时,有两种计算方法:

方法一

$$y = \bar{y} = \frac{1}{n}\sum_{k=1}^{n} y_k$$
$$= \frac{1}{n}\sum_{k=1}^{n} f(x_{1k},x_{2k},\cdots,x_{Nk}) \tag{6-49}$$

式中,y 是取 Y 的 n 次独立测得值 y_k 的算术平均值,其每个测得值 y_k 的不确定度相同,且每个 y_k 都是根据同时获得的 N 个输入量 X_i 的一组完整的测得值求得的。

方法二

$$y = f(\bar{x}_1,\bar{x}_2,\cdots,\bar{x}_N) \tag{6-50}$$

式中,$\bar{x}_i = \frac{1}{n}\sum_{k=1}^{n} x_{i,k}$,它是第 i 个输入量的 k 次独立测量所得的测得值 $x_{i,k}$ 的算术平均值。

这一方法的实质是先求 X_i 的最佳估计值 $\bar{x}_i$,再通过函数关系式计算得出 y。

以上两种方法,当 f 是输入量 X_i 的线性函数时,它们的结果相同;但当 f 是 X_i 的非线性函数时,应采用方法一(总重复性代替各输入量重复性的合成,既简单又有利)。

(三)标准不确定度分量的评定

1. A 类评定的方法

1)基本流程

对被测量进行独立重复测量,通过所得到的一系列测得值,用统计分析方法获得实验标准偏差 $s(x_i)$,当用算术平均值 $\bar{x}$ 作为被测量估计值时,A 类评定的被测量估计值的标准不确定度按下式计算:

$$u_A = s(\bar{x}) = \frac{s(x_i)}{\sqrt{n}} \tag{6-51}$$

式中:n——获得算数平均值时的测量次数。

标准不确定度的 A 类评定的一般流程见图 6-10。

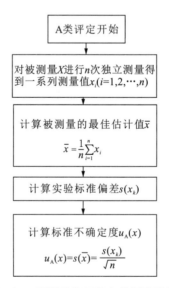

图 6-10 标准不确定度 A 类评定流程图

例:用游标卡尺测量电极板宽 l,重复测量 10 次,$n=10$,结果如下(单位:mm):10.02、10.02、10.02、10.02、10.02、10.02、10.02、10.02、10.04、10.04。问该测量结果的最佳估计值及其 A 类评定的重复性引入的标准不确定度是多少?

分析：

(1)由于 $n=10$，测得值为算数平均值，计算如下：

$$\bar{l} = \frac{1}{n}\sum_{i=1}^{10} l_i = 10.024(\text{mm})$$

(2)由贝塞尔公式法求单次观测值的实验标准偏差为

$$s(l) = \sqrt{\frac{\sum_{i=1}^{10}(l_i - \bar{l})^2}{10-1}} = 0.008(\text{mm})$$

(3)由测量重复性导致 l 的测得值 $\bar{l}$ 的标准不确定度为

$$u(\bar{l}) = \frac{s(l)}{\sqrt{10}} = 0.003(\text{mm})$$

2)测量过程合并样本标准偏差的评定

对一个测量过程，采用核查标准和控制图的方法使测量过程处于统计控制状态，若每次核查时测量次数为 n_j（自由度为 ν_j），每次核查时的实验标准偏差为 s_j，共核查 m 次，则统计控制下的测量过程的标准不确定度可以用合并样本标准偏差 s_p 表征。测量过程的实验标准偏差按下式计算（加权统计平均）：

$$s(x) = s_p = \sqrt{\sum_{j=1}^{m}(\nu_j s_j^2) \Big/ \sum_{j=1}^{m}\nu_j} \tag{6-52}$$

若每次核查的自由度相等（即每次核查时测量次数相同），则合并实验标准偏差按下式计算：

$$s_p = \sqrt{\frac{\sum_{i=1}^{m} s_j^2}{m}} \tag{6-53}$$

式中：s_p——合并标准偏差，是测量过程长期组内标准偏差的统计平均值；

s_j——第 j 次核查时的实验标准偏差；

m——核查次数。

在过程参数 s_p 已知的情况下，由该测量过程对被测量 X 在同一条件下进行 n 次独立重复观测，以算术平均值为被测量的最佳估计值，其 A 类评定的标准不确定度按下式计算：

$$u(x) = s(\bar{x}) = s_p / \sqrt{n'} \tag{6-54}$$

式中：n'——获得平均值时的测量次数。

在以后的测量中，只要测量过程受控，则由式(6-54)可以确定测量任意次时被测量估计值的 A 类评定的标准不确定度。若只测 1 次，即 $n=1$，则

$$u(x) = s(\bar{x}) = s_p / \sqrt{n'} = s_p \tag{6-55}$$

3)规范化常规检定、校准或检测中评定合并样本标准偏差

使用同一个计量标准或测量仪器在相同条件下检定或测量示值基本相同的一组同类被测件的被测量时，可以用该组被测件的测得值作测量不确定度的 A 类评定。

若对每个被测件的被测量 X_i 在相同条件下进行 n 次独立测量,有 $x_{i1},x_{i2},\cdots,x_{im}$,其平均值为 $\bar{x}_i$,若有 m 个被测件,则有 m 组这样的测得值,可按下式计算单个测得值的合并标准偏差 $s_p(x_k)$:

$$s_p(x_k) = \sqrt{\frac{1}{m(n-1)} \sum_{i=1}^{m} \sum_{j=1}^{n} (x_{ij} - \bar{x}_i)^2} \qquad (6-56)$$

式中:i——组数,$i=1,2,\cdots,m$;

j——每组测量的次数,$j=1,2,\cdots,n$。

上式给出的 $s_p(x_k)$,其自由度为 $m(n-1)$。

若对每个被测件已分别按 n 次重复测量算出了其实验标准偏差 s_i,则 m 组的合并标准偏差 $s_p(x_k)$ 可按下式计算:

$$s_p(x_k) = \sqrt{\frac{1}{m} \sum_{i=1}^{m} s_i^2} \qquad (6-57)$$

当实验标准偏差 s_i 的自由度为 ν_0 时,$s_p(x_k)$ 的自由度为 $m\nu_0$。

若对 m 个被测量 X_i 分别重复测量的次数不完全相同,设各为 n_i,而 X_i 的标准偏差 $s(x_i)$ 的自由度为 $\nu_i=n_i-1$,通过 m 个 s_i 与 ν_i 可得 $s_p(x_k)$,按下式计算:

$$s_p(x_k) = \sqrt{\frac{1}{\sum \nu_i} \sum \nu_i s_i^2} \qquad (6-58)$$

$s_p(x_k)$ 的自由度为 $\nu = \sum_{i=1}^{m} \nu_i$。

由上述方法对某个被测件进行 n' 次测量时,所得被测量最佳估计值的 A 类评定的标准不确定度为

$$u(x) = s(\bar{x}) = s_p(x_k)/\sqrt{n'} \qquad (6-59)$$

用这种方法可以增大评定的标准不确定度的自由度,也就提高了可信程度。

4)预评估重复性

在日常开展同一类被测件的常规检定、校准或检测工作中,如果测量系统稳定,测量重复性无明显变化,则可用该测量系统以与测量被测件相同的测量程序、操作者、操作条件和地点,预先对典型的被测件的典型被测量值进行 n 次测量(一般 n 不小于 10),由贝塞尔公式计算出单个测得值的实验标准偏差 $s(x_k)$,即测量重复性。在对某个被测件实际测量时可以只测量 n' 次($1 \leqslant n' < n$),并以 n' 次独立测量的算术平均值作为被测量的估计值,则该被测量估计值由重复性导致的 A 类标准不确定度按下式计算:

$$u(\bar{x}) = s(\bar{x}) = s(x_k)/\sqrt{n'} \qquad (6-60)$$

用这种方法评定的标准不确定度的自由度仍为 $\nu=n-1$。应注意,当怀疑测量重复性有变化时,应及时重新测量和计算实验标准偏差 $s(x_k)$。

A 类评定方法通常比用其他评定方法所得到的不确定度更为客观,并具有统计学的严格性,但要求有充分的重复次数。此外,这一测量程序中的重复测量所得的测得值,应相互独立。

A类评定时应尽可能考虑随机效应的来源,使其反映到测得值中去。例如:①若被测量是一批材料的某一特性,A类评定时应该在这批材料中抽取足够多的样品进行测量,以便把不同样品间可能存在的随机差异导致的不确定度分量反映出来;②若测量仪器的调零是测量程序的一部分,获得A类评定的数据时应注意每次测量要重新调零,以便计入每次调零的随机变化导致的不确定度分量;③通过直径的测量计算圆的面积时,在直径的重复测量中,应随机地选取不同的方向测量;④在一个气压表上重复多次读取示值时,每次把气压表扰动一下,然后让它恢复到平衡状态后再进行读数。

2. B类评定的方法

B类评定的方法是根据有关的信息或经验,判断被测量的可能值区间$[\bar{x}-a, \bar{x}+a]$,假设被测量值的概率分布,根据概率分布和要求的概率P确定k,则B类评定的标准不确定度$u(x)$可由下式得到:

$$u(x) = \frac{a}{k} \tag{6-61}$$

式中:a——被测量可能值区间的半宽度。

注:根据概率论获得的k称置信因子,当k为扩展不确定的倍乘因子时称包含因子。

标准不确定度B类评定的一般流程见图6-11。

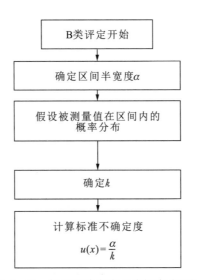

图6-11 标准不确定度B类评定流程图

1)半区间确定

区间半宽度a一般根据以下信息确定:①以前测量的数据;②对有关材料和测量仪器特性的了解和经验;③生产厂提供的技术说明书;④校准证书、检定证书或其他文件提供的数据;⑤手册或某些资料给出的参考数据及其不确定度;⑥检定规程、校准规范或测试标准中给出的数据;⑦其他有用的信息。

例:(1)生产厂提供的测量仪器的最大允许误差为±Δ,并经计量部门检定合格,则评定仪器的不确定度时,可能值区间的半宽度为 $a=\Delta$。

(2)校准证书提供的校准值,给出了其扩展不确定度为 U,则区间的半宽度为 $a=U$。

(3)由手册查出所用的参考数据,其误差限为±Δ,则区间的半宽度为 $a=\Delta$。

(4)由有关资料查得某参数的最小可能值为 a_- 和最大值为 a_+,最佳估计值为该区间的中点,则区间半宽度可以 $a=(a_+-a_-)/2$ 估计。

(5)当测量仪器或实物量具给出准确度等级时,可按检定规程规定的该等级的最大允许误差(或测量不确定度)得到对应区间半宽度。

(6)必要时,可根据经验推断某量值不会超出的范围,或用实验方法来估计可能的区间。

2) k 值的确定方法

(1)已知扩展不确定度是合成标准不确定度的若干倍时,该倍数就是包含因子 k 值。

(2)假设为正态分布时, k 值如表 6-1 所示。

(3)假设为非正态分布时, k 值如表 6-2 所示。

表 6-2 常用非正态分布时的 k 值及 B 类评定的标准不确定度 $u(x)$

分布类别	$P/\%$	k	$u(x)$
三角	100	$\sqrt{6}$	$a/\sqrt{6}$
梯形($\beta=0.71$)	100	2	$a/2$
矩形(均匀)	100	$\sqrt{3}$	$a/\sqrt{3}$
反正弦	100	$\sqrt{2}$	$a/\sqrt{2}$
两点	100	1	a

注:表中 β 为梯形的上底与下底之比,对于梯形分布来说, $k=\sqrt{6/(1+\beta^2)}$。特别当 $\beta=1$ 时,梯形分布变为矩形分布;当 $\beta=0$ 时,变为三角分布。

概率分布按以下不同情况假设:

(1)被测量受许多随机影响量的影响,当它们各自的效应同等量级时,不论各影响量的概率分布是什么形式,被测量的随机变化服从正态分布。

(2)如果有证书或报告给出的不确定度是具有包含概率为 0.95、0.99 的扩展不确定度(即给出 U_{95}、U_{99}),此时,除非另有说明,可按正态分布来评定。

(3)当利用有关信息或经验,估计出被测量可能值区间的上限和下限,其值在区间外的可能几乎为零时,若被测量值落在该区间内的任意值处的可能性相同,则可假设为均匀分布(或称矩形分布、等概率分布);若被测量值落在该区间中心的可能性最大,则假设为三角分布;若落在该区间中心的可能性最小,而落在该区间上限和下限的可能性最大,则可假设为反正弦分布。

(4)已知被测量的分布由两个不同大小的均匀分布合成时,则可假设为梯形分布。

(5)对被测量的可能值落在区间内的情况缺乏了解时,一般假设为均匀分布。

(6)实际工作中,可依据同行专家研究结果和经验来假设概率分布。

常用情况下概率分布的假设包括:

(1)由数据修约、测量仪器最大允许误差或分辨力、参考数据的误差限、度盘或齿轮的回差、平衡指示器调零不准、测量仪器的滞后或摩擦效应导致的不确定度,通常假设为均匀分布。

(2)两相同均匀分布的合成、两个独立量之和值或差值服从三角分布。

(3)度盘偏心引起的测角不确定度、正弦振动引起的位移不确定度、无线电测量中失配引起的不确定度、随时间正弦或余弦变化的温度不确定度,一般假设为反正弦分布(即 U 形分布)。

(4)按级使用量块时(除 00 级以外),中心长度偏差的概率分布可假设为两点分布。

例如:根据概率分布确定 k 值后,确定数字显示器的分辨力引起的标准不确定度。若数字显示器的分辨力为 δ_x,由分辨力导致的标准不确定度 $u(x)$ 采用 B 类评定,则区间半宽度为 $a=\delta_x/2$。假设可能值在区间内为均匀分布,查表得 $k=\sqrt{3}$,因此由分辨力引起的标准不确定度 $u(x)$ 为

$$u(x) = \frac{a}{k} = \frac{\delta_x}{2\sqrt{3}} = 0.29\delta_x \tag{6-62}$$

3) B 类标准不确定度的自由度

$$\nu_i \approx \frac{1}{2} \frac{u^2(x_i)}{\sigma^2[u(x_i)]} \approx \frac{1}{2}\left[\frac{\Delta[u(x_i)]}{u(x_i)}\right]^{-2} \tag{6-63}$$

根据经验,按所依据的信息来源的可信程度来判断 $u(x_i)$ 的相对标准不确定度 $\Delta[u(x_i)]/u(x_i)$。按式(6-63)计算出的自由度 ν_i 列于表 6-3。

表 6-3 $\Delta[u(x_i)]/u(x_i)$ 与 ν_i 关系

$\Delta[u(x_i)]/u(x_i)$	0	0.10	0.20	0.25	0.30	0.40	0.50
ν_i	∞	50	12	8	6	3	2

除用户要求或为获得 U_P 而必须求得 u_c 的有效自由度外,一般情况下,B 类评定的标准不确定度分量可以不给出其自由度。

标准不确定度 A 类评定和 B 类评定的比较如表 6-4 所示。

表 6-4　标准不确定度 A 类评定和 B 类评定的比较

标准不确定度 A 类评定	标准不确定度 B 类评定
根据一组测量数据	根据信息来源
可能性	可信性
来源于随机效应	来源于系统效应
通常属数理统计	相关领域专家的共识

例 1：某 A 级 100 mL 单标线容量瓶的允差为 ±0.1 mL，使用方认为其服从三角分布，则区间半宽度为 $a=0.1$ mL，包含因子 $k=\sqrt{6}$。由此引起的标准不确定度为 $u=\dfrac{a}{k}=\dfrac{0.1}{\sqrt{6}}=0.0408$(mL)。

例 2：查物理手册得到黄铜在 20 ℃时的线膨胀系数 $a_{20}(\mathrm{Cu})=16.52\times10^{-6}$ ℃$^{-1}$，但指明最小可能值为 16.40×10^{-6} ℃$^{-1}$，最大可能值为 16.92×10^{-6} ℃$^{-1}$。由给出的信息知道是不对称分布，这时有

$$a_{-}=(16.40-16.52)\times10^{-6}\ ℃^{-1}=-0.12\times10^{-6}\ ℃^{-1}$$

$$a_{+}=(16.92-16.52)\times10^{-6}\ ℃^{-1}=0.40\times10^{-6}\ ℃^{-1}$$

则区间半宽度 $a=(a_{+}-a_{-})/2=(0.40+0.12)/2\times10^{-6}$ ℃$^{-1}=0.26\times10^{-6}$ ℃$^{-1}$。假设为均匀分布，包含因子 $k=\sqrt{3}$，其标准不确定度为

$$u(a_{20})=\dfrac{a}{k}=\dfrac{0.26}{\sqrt{3}}=0.15\times10^{-6}\ ℃^{-1}$$

例 3：由二等标准铂铑 10-铂热电偶检定证书给出热电偶在 300 ℃～1100 ℃范围内检定合格。由铂铑 10-铂热电偶计量器具检定系统框图可知，二等标准铂铑 10-铂热电偶总不确定度为 $\delta=1.0$ ℃($k=3$)。所以，由二等标准铂铑 10-铂热电偶引入的标准不确定度分量为

$$u(x_i)=\dfrac{\delta}{k}=\dfrac{1.0}{3}=0.333(℃)$$

例 4：仪器说明书给出仪器的准确度（或误差）为 ±1%，我们可以假定这是对仪器最大误差限值的说明，而且所有测量值的误差值是等概率地（均匀分布）处于该限值范围[−0.01，+0.01]内（因为大于 ±1%误差限的仪器属于不合格品，制造厂不准出厂，或者检定不合格，不准投入使用）。均匀分布的包含因子 $k=\sqrt{3}$，仪器误差的区间半宽度 $a=0.01(1\%)$。因此，标准不确定度为

$$u(x_i)=\dfrac{a}{k}=\dfrac{1.0\%}{\sqrt{3}}=0.58\%$$

例 5：数字电压表校准证书给出标称值 10.000 000 处的实际校准值为 9.999 973 V，该点的扩展不确定度 $U_{95}=15\ \mu$V，包含因子 $k=2.03$，允许误差为 ±42.5 μV。

分析：

(1) 如果使用校准值(实际值)，相应的标准不确定度为

$$u = \frac{U_{95}}{k} = \frac{15}{2.03} = 7.5(\mu V)$$

(2) 如果使用标称值(额定示值)，因为数字电压表 10 V 示值满足其技术指标要求，故可以直接使用其额定示值，因其最大允许误差为 ±42.5 μV，服从均匀分布，区间半宽度 $a = 42.5\ \mu V$，包含因子 $k = \sqrt{3}$，相应的标准不确定度为

$$u = \frac{a}{k} = \frac{42.5}{\sqrt{3}} = 24.54(\mu V)$$

(四) 合成标准不确定度的计算

由在一个测量模型中各输入量的标准不确定度获得的输出量的标准不确定度称合成标准不确定度。它是由各标准不确定度分量合成得到的，不论各标准不确定度分量是由 A 类评定还是 B 类评定得到。

1. 不确定度传播律

当被测量 Y 由 N 个其他量 $X_1, X_2, \cdots, X_N$ 通过测量函数 f 确定时，被测量的估计值 $y = f(x_1, x_2, \cdots, x_N)$。被测量的估计值 y 的合成标准不确定度 $u_c(y)$ 按下式计算，此式被称为不确定度传播律，是计算合成标准不确定度的通用公式。

$$u_c(y) = \sqrt{\sum_{i=1}^{N}\left[\frac{\partial f}{\partial x_i}\right]^2 u^2(x_i) + 2\sum_{i=1}^{N-1}\sum_{j=i+1}^{N}\frac{\partial f}{\partial x_i}\frac{\partial f}{\partial x_j}r(x_i, x_j)u(x_i)u(x_j)} \quad (6-64)$$

式中：y——被测量 Y 的估计值，又称输出量的估计值；

x_i, x_j——各输入量的估计值，$i \neq j$；

$u(x_i)$——输入量 x_i 的标准不确定度；

$r(x_i, x_j)$——输入量 x_i 与 x_j 的相关系数，$r(x_i, x_j)u(x_i)u(x_j) = u(x_i, x_j)$，$u(x_i, x_j)$ 是输入量 x_i 与 x_j 的协方差；

$\frac{\partial f}{\partial x_i}$——被测量 Y 与有关的输入量 X_i 之间函数对于输入量 X_i 的偏导数，称灵敏系数。灵敏系数通常是对测量函数 f 在 $X_i = x_i$ 处取偏导数得到，也可用 c_i 表示。灵敏系数是一个有符号、有单位的量值，它表明了输入量 x_i 的不确定度 $u(x_i)$ 影响被测量估计值的不确定度 $u_c(y)$ 的灵敏程度。有些情况下，灵敏系数难以通过函数 f 计算得到，可以用实验确定，即采用变化一个特定的 X_i，测量出由此引起的 Y 的变化。

当输入量间相关时，需要考虑它们的协方差。当各输入量间均不相关时，相关系数为零。被测量的估计值 y 的合成标准不确定度 $u_c(y)$ 按下式计算：

$$u_c(y) = \sqrt{\sum_{i=1}^{N}\left[\frac{\partial f}{\partial x_i}\right]^2 u^2(x_i)} \tag{6-65}$$

当测量函数为非线性,由泰勒级数展开成为近似线性的测量模型。若各输入量间均不相关,必要时,被测量的估计值 y 的合成标准不确定度 $u_c(y)$ 的表达式中必须包括泰勒级数展开式中的高阶项。当每个输入量 X_i 都是正态分布时,考虑高阶项后的 $u_c(y)$ 可按下式计算:

$$u_c(y) = \sqrt{\sum_{i=1}^{N}\left[\frac{\partial f}{\partial x_i}\right]^2 u^2(x_i) + \sum_{i=1}^{N}\sum_{j=1}^{N}\left[\frac{1}{2}\left(\frac{\partial^2 f}{\partial x_i \partial x_j}\right)^2 + \frac{\partial f}{\partial x_i}\frac{\partial^3 f}{\partial x_i \partial x_j^2}\right]u^2(x_i)u^2(x_j)} \tag{6-66}$$

常用的合成标准不确定度计算流程见图 6-12。

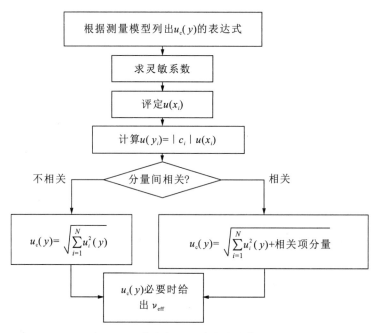

图 6-12 合成标准不确定度计算流程图

2. 当输入量间不相关时,合成标准不确定度的计算

对于每一个输入量的标准不确定度 $u(x_i)$,设 $u_i(y) = \left|\frac{\partial f}{\partial x_i}\right|u(x_i)$ 为相应的输出量的标准不确定度分量,当输入量间不相关,即 $r(x_i, x_j)=0$ 时,则公式(6-65)可变换为下式:

$$u_c(y) = \sqrt{\sum_{i=1}^{N} u_i^2(y)} \tag{6-67}$$

(1)当简单直接测量,测量模型为 $y=x$ 时,应该分析和评定测量时导致测量不确定度

的各分量 u_i，若相互间不相关，则合成标准不确定度按下式计算：

$$u_c(y) = \sqrt{\sum_{i=1}^{N} u_i^2} \tag{6-68}$$

(2)当测量模型为 $Y = A_1X_1 + A_2X_2 + \cdots + A_NX_N$ 且各输入量间不相关时，合成标准不确定度可用下式计算：

$$u_c(y) = \sqrt{\sum_{i=1}^{N} A_i^2 u^2(x_i)} \tag{6-69}$$

(3)当测量模型为 $Y = A(X_1^{P_1} X_2^{P_2} \cdots X_N^{P_N})$ 且各输入量间不相关时，合成标准不确定度可用下式计算：

$$u_c(y)/|y| = \sqrt{\sum_{i=1}^{N} [P_i u(x_i)/x_i]^2} \tag{6-70}$$

(4)当测量模型为 $Y = A(X_1 X_2 \cdots X_N)$ 且各个输入量间不相关时，合成标准不确定度可用下式计算：

$$u_c(y)/|y| = \sqrt{\sum_{i=1}^{N} [u(x_i)/x_i]^2} \tag{6-71}$$

只有在测量函数是各输入量的乘积时，可由输入量的相对标准不确定度计算输出量的相对标准不确定度。

3. 当各输入量间正强相关、相关系数为 1 时，合成标准不确定度的计算

$$u_c(y) = \sum_{i=1}^{N} \left[\frac{\partial f}{\partial x_i}\right] u(x_i) \tag{6-72}$$

若灵敏系数为 1，则公式(6-72)变换为公式(6-73)：

$$u_c(y) = \sum_{i=1}^{N} u(x_i) \tag{6-73}$$

当各输入量间正强相关、相关系数为 1 时，合成标准不确定度不是各标准不确定度分量的方和根而是各分量的代数和。

4. 各输入量间相关时合成标准不确定度的计算

1)协方差的估计方法

(1)两个输入量的估计值 x_i 与 x_j 的协方差在以下情况时可取为零或忽略不计：①x_i 与 x_j 中任意一个量可作为常数处理；②在不同实验室用不同测量设备、不同时间测得的量值；③独立测量的不同量的测量结果。

(2)用同时观测两个量的方法确定协方差估计值。

①设 x_{ik} 与 x_{jk} 分别是 X_i 及 X_j 的测得值。下标 k 为测量次数($k=1,2,\cdots,n$)。$\bar{x}_i, \bar{x}_j$ 分别为第 i 个和第 j 个输入量的测得值的算术平均值；两个重复同时观测的输入量 x_i, x_j 的协方差估计值 $u(x_i, x_j)$ 可确定：

$$u(x_i,x_j)=\frac{1}{n-1}\sum_{k=1}^{n}(x_{ik}-\bar{x}_i)(x_{jk}-\bar{x}_j) \quad (6-74)$$

例如:一个振荡器的频率与环境温度可能有关,则可以把频率和环境温度作为两个输入量,同时观测每个温度下的频率值,得到一组 t_{ik},f_{ik} 数据,共观测 n 组。由式(6-74)可以计算它们的协方差。如果协方差为零,说明频率与温度无关;如果协方差不为零,就显露出它们间的相关性,由式(6-64)计算合成标准不确定度。

②当两个量均因与同一个量有关而相关时,协方差的估计方法:

设 $x_i=F(q)$,$x_j=G(q)$,则 x_i 与 x_j 的协方差按下式计算:

$$u(x_i,x_j)=\frac{\partial F}{\partial q}\frac{\partial G}{\partial q}u^2(q) \quad (6-75)$$

式中:q——使 x_i 与 x_j 相关的变量 Q 的估计值;

F,G——分别表示两个量与 q 的测量函数。

如果有多个变量使 X_i 与 X_j 相关,当 $x_i=F(q_1,q_2,\cdots,q_L)$,$x_j=G(q_1,q_2,\cdots,q_L)$ 时,协方差为

$$u(x_i,x_j)=\sum_{k=1}^{L}\frac{\partial F}{\partial q_k}\frac{\partial G}{\partial q_k}u^2(q_k) \quad (6-76)$$

2)相关系数的估计方法

(1)根据对 X 和 Y 两个量同时测量的 n 组测量数据,相关系数的估计值按下式计算:

$$r(x,y)=\frac{\sum_{i=1}^{n}(x_i-\bar{X})(y_i-\bar{Y})}{(n-1)s(x)s(y)} \quad (6-77)$$

式中:$s(x)$,$s(y)$——X 和 Y 的实验标准偏差。

(2)如果两个输入量的测得值 x_i 和 x_j 相关,x_i 变化 δ_i,会使 x_j 相应变化 δ_j,则 x_i 和 x_j 的相关系数可用以下经验公式近似估计:

$$r(x_i,x_j)\approx\frac{u(x_i)\delta_j}{u(x_j)\delta_i} \quad (6-78)$$

式中:$u(x_i)$,$u(x_j)$——x_i 和 x_j 的标准不确定度。

3)采用适当方法去除相关性

(1)将引起相关的量作为独立的附加输入量进入测量模型。

例如,若被测量估计值的测量模型为 $y=f(x_i,x_j)$,在确定被测量 Y 时,用某一温度计来确定输入量估计值的温度修正值,并用同一温度计来确定另一个输入量估计值的温度修正值,这两个温度修正值 x_i 和 x_j 就明显相关了。$x_i=F(T)$,$x_j=G(T)$,也就是说 x_i 和 x_j 都与温度有关,由于用同一个温度计测量,如果该温度计示值偏大,两者的修正值同时受影响,所以 $y=f(x_i,x_j)$ 中两个输入量 x_i 和 x_j 是相关的。然而,只要在测量模型中把温度 T 作为独立的附加输入量,即 $y=f(x_i,x_j,T)$,该附加输入量具有与上述两个量不相关的标准不确定度,则在计算合成标准不确定度时就不须再引入 x_i 和 x_j 的协方差或相关系数了。

(2)采取有效措施变换输入量。

例如,在量块校准中校准值的不确定度分量包括标准量块的温度 θ_s 及被校量块的温度 θ 两个输入量,即 $L=f(\theta_s, \theta)$。由于两个量块处在实验室的同一测量装置上,温度 θ_s 与 θ 是相关的。但只要将 θ 变换成 $\theta=\theta_s+\delta_\theta$,这样被校量块与标准量块的温度差 δ_θ 与标准量块的温度 θ_s 作为两个输入量时,两个输入量间就不相关了,即 $L=f(\theta_s, \delta_\theta)$ 中 θ_s 与 δ_θ 不相关。

5. 合成标准不确定度的有效自由度的计算

合成标准不确定度 $u_c(y)$ 的自由度称为有效自由度,用符号 ν_{eff} 表示。它表示了评定的 $u_c(y)$ 的可靠程度,ν_{eff} 越大,评定的 $u_c(y)$ 越可靠。

在以下情况时需要计算有效自由度 ν_{eff}:

(1)当需要评定 U_P 时,为求得 k_P 而必须计算 $u_c(y)$ 的有效自由度 ν_{eff};

(2)当用户为了解所评定的不确定度的可靠程度而提出要求时。

如果 $u_c^2(y)$ 是两个或多个估计方差分量 $u_i^2(y)=c_i^2 u^2(x_i)$ 的合成,每个 x_i 是正态分布的输入量 X_i 的估计值时,变量 $(y-Y)/u_c(y)$ 的分布可以用 t 分布近似,此时,合成标准不确定度的有效自由度由下式计算:

$$\nu_{\text{eff}} = \frac{u_c^4(y)}{\sum_{i=1}^{N} \frac{u_i^4(y)}{\nu_i}} \tag{6-79}$$

且

$$\nu_{\text{eff}} \leqslant \sum_{i=1}^{N} \nu_i$$

当测量模型为 $Y=A(X_1^{P_1} X_2^{P_2} \cdots X_N^{P_N})$ 时,有效自由度可用相对标准不确定度的形式计算,见下式:

$$\nu_{\text{eff}} = \frac{[u_c(y)/y]^4}{\sum_{i=1}^{N} \frac{[P_i u(x_i)/x_i]^4}{\nu_i}} \tag{6-80}$$

实际计算中,得到的有效自由度 ν_{eff} 不一定是一个整数。如果不是整数,可以采用将 ν_{eff} 数字舍去小数部分取整数。

例:若计算得到 $\nu_{\text{eff}}=12.85$,则取 $\nu_{\text{eff}}=12$。

例:设 $Y=f(X_1,X_2,X_3)=bX_1X_2X_3$,其中 X_1,X_2,X_3 的估计值 x_1,x_2,x_3 分别是 n_1,n_2,n_3 次测量的算术平均值,$n_1=10,n_2=5,n_3=15$。它们的相对标准不确定度分别为 $u(x_1)/x_1=0.25\%$,$u(x_2)/x_2=0.57\%$,$u(x_3)/x_3=0.82\%$。在这种情况下:

$$\frac{u_c(y)}{y} = \sqrt{\sum_{i=1}^{N}[P_i u(x_i)/x_i]^2} = \sqrt{\sum_{i=1}^{N}[u(x_i)/x_i]^2} = 1.03\%$$

$$\nu_{\text{eff}} = \frac{1.03^4}{\dfrac{0.25^4}{10-1}+\dfrac{0.57^4}{5-1}+\dfrac{0.82^4}{15-1}} = 19.0 = 19$$

(五)扩展不确定度的确定

扩展不确定度是被测量可能值包含区间的半宽度。扩展不确定度分为 U 和 U_P 两种。在给出测量结果时,一般情况下记录扩展不确定度 U。

1. 扩展不确定度 U

扩展不确定度 U 由合成标准不确定度 u_c 乘包含因子 k 得到,按下式计算:

$$U = k u_c \tag{6-81}$$

测量结果可用下式表示:

$$Y = y \pm U \tag{6-82}$$

y 是被测量 Y 的估计值,被测量 Y 的可能值以较高的包含概率落在 $[y-U, y+U]$ 区间内,即 $y-U \leqslant Y \leqslant y+U$。被测量的值落在包含区间内的包含概率取决于所取的包含因子 k 的值,k 值一般取 2 或 3。

当 y 和 $u_c(y)$ 所表征的概率分布近似为正态分布,且 $u_c(y)$ 的有效自由度较大时,若 $k=2$,则由 $U=2u_c$ 所确定的区间具有的包含概率约为 95%;若 $k=3$,则由 $U=3u_c$ 所确定的区间具有的包含概率约为 99%。

在通常的测量中,一般取 $k=2$。当取其他值时,应说明其来源。当给出扩展不确定度 U 时,一般应注明所取的 k 值。若未注明 k 值,则指 $k=2$。

应当注意,用常数 k 乘以 u_c 并不提供新的信息,仅仅是对不确定度的另一种表示。在大多数情况下,由扩展不确定度所给出的包含区间具有的包含概率是相当不确定的,不仅因为对用 y 和 $u_c(y)$ 表征的概率分布了解有限,而且因为 $u_c(y)$ 本身具有不确定度。

2. 扩展不确定度 U_P

当要求扩展不确定度所确定的区间具有接近于规定的包含概率 P 时,扩展不确定度用符号 U_P 表示,当 P 为 0.95、0.99 时,分别表示为 U_{95} 和 U_{99}。U_P 由下式获得:

$$U_P = k_P u_c \tag{6-83}$$

k_P 是包含概率为 P 时的包含因子,由下式获得:

$$k_P = t_P(\nu_{\text{eff}}) \tag{6-84}$$

根据合成标准不确定度 $u_c(y)$ 的有效自由度 ν_{eff} 和需要的包含概率,查 t 值得到 $t_P(\nu_{\text{eff}})$ 值,该值即包含概率为 P 时的包含因子 k_P 值。

扩展不确定度 $U_P = k_P u_c(y)$ 提供了一个具有包含概率为 P 的区间 $y \pm U_P$。

在给出 U_P 时,应同时给出有效自由度 ν_{eff}。

3. 非合成分布为正态分布时 k_P 的选取

如果可以确定 Y 可能值的分布不是正态分布,而是接近于其他某种分布,则不应按 $k_P = t_P(\nu_{\text{eff}})$ 计算 U_P。

例如，Y 可能值近似为矩形分布，则包含因子 k_P 与 U_P 之间的关系：对于 U_{95} 时，$k_P = 1.65$；U_{99} 时，$k_P = 1.71$；U_{100} 时，$k_P = 1.73$。

实际应用中，当合成分布接近均匀分布时，为便于测量结果间进行比较，往往约定取 k 为 2。这种情况下给出扩展不确定度 U 时，包含概率远大于 0.95。

四、蒙特卡洛法评定测量不确定度的步骤和方法介绍

蒙特卡洛法简称 MCM，是用概率分布传播的方法来评定测量不确定度的方法。JJF 1059.2—2012《用蒙特卡洛法评定测量不确定度》有详细的规定。

用 MCM 评定测量不确定度的方法是首先对输入量 X_i 的概率密度函数（PDF）离散抽样，通过测量模型计算获得输出量 Y 的概率分布的离散值，进而由输出量的离散分布数值直接获取输出量的最佳估计值、标准不确定度和包含区间。评定结果的计算的可信程度随 PDF 抽样数的增加而得到改善。

MCM 法适用于 GUM 法的所有条，此外，对于测量模型明显呈非线性、输入量的概率分布明显非对称、输出量的概率分布较大程度地偏离正态分布或 t 分布（尤其是明显非对称分布）的情况，用 MCM 法非常有利。在上述情况下，按 GUM 法确定的输出量估计值及其标准不确定度可能变得不可靠或可能会导致对包含区间或扩展不确定度的估计不切实际。

MCM 评定测量不确定度的步骤如下。

（1）MCM 输入：①定义输出量 Y，即被测量；②确定与 Y 相关的输入量 $X_1, X_2, \cdots, X_N$；③建立 Y 与 $X_1, X_2, \cdots, X_N$ 之间的关系，即测量模型 $Y = f(X_1, X_2, \cdots, X_N)$；④利用可获得的信息，为每个输入量 X 设定 PDF，如正态分布、均匀分布等，对那些相互不独立的 X，可设定其联合 PDF；⑤选择试验样本量的大小 M。

（2）MCM 传播：①从各输入量 X_i 的 PDF 中抽取 M 个样本值 $x_{ir}(i=1,2,\cdots,N;r=1,2,\cdots,M)$；②对每个样本矢量 $(x_{1r}, x_{2r}, \cdots, x_{Nr})$ 计算相应输出量 Y 的模型值 $y_r = f(x_{1r}, x_{2r}, \cdots, x_{Nr})(r=1,2,\cdots,M)$。

（3）MCM 输出：将 M 个模型值严格按递增次序排序，由这些排序的模型值得到输出量 Y 的分布函数的离散表示 G。

（4）报告结果：由 G 计算被测量 Y 的估计值 y 及 y 的标准不确定度 $u(y)$，和/或由 G 计算在设定包含概率 P 时的 Y 的包含区间 $[y_{\text{low}}, y_{\text{high}}]$。

MCM 对比 GUM 法：①据输入量 X_i 的有关信息，明确地对所有输入量 X_i 设定其 PDF。不需要评定标准不确定度分量，输入量的概率分布可以不是对称分布。②对输入量的 PDF 进行随机抽样，通过模型计算来实现分布的传播。不需要用不确定度传播律进行不确定度分量合成，因此测量模型可以是线性的也可以是非线性的。③由体现输出量分布的系列离散值求得被测量的估计值、标准不确定度以及设定包含概率的包含区间。不需要给出由包含因子求得的扩展不确定度，因此输出量的概率分布可以是任意形状的分布，可以是非对称分布。被测量的最佳估计值可以不在分布的中心，确定包含区间时无需包含因子。

④MCM 要进行大量的计算,通常试验次数 M 在 100 左右,必须使用相应的计算机软件进行计算。⑤可以用 MCM 验证 GUM 法的结果。由于 MCM 在原理上没有像对 GUM 法的适用性的限制,可以同时采用 MCM 及 GUM 法两种方法进行评定,并对结果进行比较。如果结果一致,说明 GUM 法适用于此场合及今后条件类似的情形;否则,应考虑采用 MCM 或者其他合适的替代方法。

第四节 测量结果的处理和报告

一、测量不确定度的有效数字位数及修约规则

(一)测量不确定度的有效数字位数

在报告测量结果时,不确定度 U 或 $u_c(y)$ 都只能是一两位有效数字。也就是说,报告的测量不确定度最多为两位有效数字。

例如:国际上 2005 年公布的相对原子质量,给出的测量不确定度只有一位有效数字。2008 年公布的物理常数,给出的测量不确定度均为两位有效数字。

在不确定度计算过程中可以适当多保留几位数字,以避免中间运算过程的修约误差影响到最终报告的不确定度。

最终报告时,有效数字究竟取一位数字还是两位数字,主要取决于修约误差限的绝对值占测量不确定度的比例大小。经修约后近似值的误差限称修约误差限,有时简称修约误差。

例如:$U=0.1$ mm,则修约误差为 ± 0.05 mm,修约误差的绝对值占不确定度的比例为 50%;而取两位有效数字 $U=0.13$ mm,则修约误差为 ± 0.005 mm,修约误差的绝对值占不确定度的比例为 3.8%。

所以建议,当第一位有效数字是 1 或 2 时,应保留两位有效数字。除此之外,对测量要求不高的情况可以保留一位有效数字。近似值修约误差限的绝对值不超过末位的单位量值的一半。

(二)测量不确定度修约规则

报告测量不确定度时按照通用规则进行修约。

例如:

$u_c=0.568$ mV,应写成 $u_c=0.57$ mV 或 $u_c=0.6$ mV。

$u_c=0.561$ mV,应写成 $u_c=0.56$ mV。

$U=10.5$ nm,应写成 $U=10$ nm。

$U=10.5001$ nm,应写成 $U=11$ nm。

$U=11.5\times10^{-5}$，取两位有效数字，应写成 $U=12\times10^{-5}$；取一位有效数字，应写成 $U=1\times10^{-4}$。

$U=1\,235\,687\,\mu A$，取一位有效数字，应写成 $U=1\times10^6\,\mu A=1\,A$。

修约的注意事项：不可连续修约。有时为了保险起见，也可将不确定度末位后的数字全都进位而不是舍去。

二、报告测量结果的最佳估计值的有效位数的确定

测量结果（即被测量的最佳估计值）的末位一般应修约到与其测量不确定度的末位对齐，即同样单位情况下，如果有小数点则小数点后的位数一样，如果是整数则末位一致。

例如：

$y=6.325\,0\,g$，$u_c=0.25\,g$，则被测量估计值应写成 $y=6.32\,g$。

$y=1\,039.56\,mV$，$U=10\,mV$，则被测量估计值应写成 $y=1040\,mV$。

$y=1.500\,05\,ms$，$U=10\,015\,ns$，首先将 y 和 U 变换成相同的计量单位 μs，然后对确定度进行修约。对 $U=10.015\,\mu s$ 修约，取两位有效数字为 $U=10\,\mu s$；然后对被测量的估计值修约，对 $y=1.500\,05\,ms=1\,500.05\,\mu s$ 修约，使其末位与 U 的末位对齐，得最佳估计值 $y=1500\,\mu s$。

三、测量不确定度的报告与表示

（一）完整测量结果的报告

完成的测量应报告被结果应包括：①测量的估计值，通常是多次测量的算术平均值或由函数计算得到的输出量的估计值。②测量不确定度以及有关的信息，说明测量结果的分散性或测量结果所在的具有一定概率的统计包含区间。

报告应尽可能详细，以便使用者可以正确地利用测量结果。如果认为测量不确定度可以忽略不计，则测量结果可以表示为单个测得值，不需要报告其测量不确定度。

（二）用合成标准不确定度报告测量结果

在以下情况报告测量结果时使用合成标准不确定度：①基础计量学研究；②基本物理常量测量；③复现国际单位制单位的国际比对。（根据有关国际规定，亦可能采用 $k=2$ 的扩展不确定度。）

合成标准不确定度可以表示测量结果的分散性大小，便于测量结果间的比较。

当用合成标准不确定度报告测量结果时，应明确说明被测量 Y 的定义，给出被测量 Y 的估计值 y、合成标准不确定度及其计量单位，必要时给出有效自由度 ν_{eff} 和相对标准不确定度 $u_{crel}(y)$。

合成标准不确定度的报告可用以下 3 种形式之一。

例如，标准砝码的质量为 m，测量结果为 100.021 47 g，合成标准不确定度为 $u_c(m_s)$，则报告为：

(1) $m_s = 100.021\ 47$ g；合成标准不确定度为 $u_c(m_s) = 0.35$ mg。

(2) $m_s = 100.021\ 47(35)$ g；括号内的数是合成标准不确定度的值，其末位与前面结果内末位数对齐。

(3) $m_s = 100.021\ 47(0.000\ 35)$ g；括号内是合成标准不确定度的值，与前面结果有相同计量单位。

形式(2)常用于公布常数、常量。

(三)用扩展不确定度报告测量结果

除上述规定或各方约定采用合成标准不确定度外，通常在报告测量结果时都用扩展不确定度表示。当涉及工业、商业及健康和安全方面的测量时，如无特殊要求，一律报告扩展不确定度 U，一般取 $k = 2$。

扩展不确定度的报告有 U 或 U_P 两种。当报告测量结果的不确定度时，应明确说明被测量 Y 的定义；给出被测量 Y 的估计值 y，扩展不确定度 U 或 U_P 及其单位；必要时也可给出相对扩展不确定度 U_{rel}；对 U 应给出 k 值，对 U_P 应给出 P 和 ν_{eff}。

$U = k u_c(y)$ 的报告可用以下 4 种形式之一。

例如，标准砝码的质量为 m_s，被测量的估计值为 100.021 47 g，$u_c(y) = 0.35$ mg，取包含因子 $k = 2$，$U = 2 \times 0.35$ mg $= 0.70$ mg，则报告为：

(1) $m_s = 100.021\ 47$ g；$U = 0.70$ mg，$k = 2$。

(2) $m_s = (100.021\ 47 \pm 0.000\ 70)$ g；$k = 2$。

(3) $m_s = 100.021\ 47(70)$ g；括号内为 $k = 2$ 时的 U 值，其末位与前面结果内末位数对齐。

(4) $m_s = 100.021\ 47(0.000\ 70)$ g；括号内为 $k = 2$ 时的 U 值，与前面结果有相同的计量单位。

$U_P = k_P u_c(y)$ 的报告可用以下 4 种形式之一。

例如，标准砝码的质量为 m_s，被测量的估计值为 100.021 47 g，$u_c(y) = 0.35$ mg，$\nu_{eff} = 9$，按 $P = 95\%$，查 t 分布值表得 $k_P = t_{95}(9) = 2.26$，$U_{95} = 2.26 \times 0.35$ mg $= 0.79$ mg，则：

(1) $m_s = 100.021\ 47$ g；$U_{95} = 0.79$ mg，$\nu_{eff} = 9$。

(2) $m_s = (100.021\ 47 \pm 0.000\ 79)$ g，$\nu_{eff} = 9$，括号内第二项为 U_{95} 之值。

(3) $m_s = 100.021\ 47(79)$ g，$\nu_{eff} = 9$，括号内为 U_{95} 值，其末位与前面结果内末位数对齐。

(4) $m_s = 100.021\ 47(0.000\ 79)$ g，$\nu_{eff} = 9$，括号内为 U_{95} 值，与前面结果有相同的计量单位。

当给出扩展不确定度 U_P 时，为了明确起见，推荐以下说明方式。例如：$m_s = (100.021\ 47 \pm 0.000\ 79)$ g，式中，正负号后的值为扩展不确定度 $U_{95} = k_{95} u_c$，其中，合成标准不确定度 $u_c(m_s) = 0.35$ g，自由度 $\nu_{eff} = 9$，包含因子 $k_P = t_{95}(9) = 2.26$，从而具有包含概率约为 95% 的包含区间。

（四）用相对不确定度报告测量结果

相对不确定度的表示可以加下标"r"或"rel"。例如：相对合成标准不确定度 u_r 或 u_{rel}；相对扩展不确定度 U_r 或 U_{rel}。测量结果的相对不确定度的报告形式举例如下：

(1) $m_s = 100.02147(1 \pm 7.9 \times 10^{-6})$ g; $k=2$，式中正负号后的数为 U_{rel} 的值。

(2) $m_s = 100.02147$，$U_{95rel} = 7.9 \times 10^{-6}$，$\nu_{eff} = 9$。

四、其他注意事项

(1) 测量不确定度表述和评定时应采用规定的符号。

(2) 不确定度单独用数值表示时，不要加"±"号。

注：例如 $u_c = 0.1$ mm 或 $U = 0.2$ mm，不应写成 $u_c = \pm 0.1$ mm 或 $U = \pm 0.2$ mm。

(3) 在给出合成标准不确定度时，不必说明包含因子 k 或包含概率 P。

注：如写成 $u_c = 0.1$ mm($k=1$)是不对的，括号内关于 k 的说明是不需要的，因为合成标准不确定度 u_c 是标准偏差，它是一个表明分散性的参数。

(4) 扩展不确定度 U 取 $k=2$ 或 $k=3$ 时，不必说明 P。

(5) 不带形容词的"不确定度"或"测量不确定度"用于一般概念性的叙述，当定量表示某一被测量估计值的不确定度时要明确说明是"合成标准不确定度"还是"扩展不确定度"。

(6) 估计值 y 的数值和它的合成标准不确定度 $u_c(y)$ 或扩展不确定度 U 的数值都不应该给出过多的位数。

第五节 测量误差与测量不确定度的关系

测量误差和测量不确定度是误差理论中的两个重要概念，它们都是评价测量结果质量高低的重要指标，但是又存在明显的区别，必须正确认识和区分，不应混淆或误用。

一、测量误差与测量不确定度的主要区别

测量误差与测量不确定度是两个不同概念。测量误差是指测得值与参考量值之差，是理论定义，客观存在的理想概念。测量误差应该是一个确定的差值，大小已知，方向确定。由于量的真值不可知，当参考量值是真值时，测量误差是无法准确得到的。当参考量值为约定量值时，得到的是测量误差的估计值。

测量不确定度是用来表征被测量量值分散性的参数，反映了人们对测量认识不足的程度。测量不确定度是可以定量评定的，恒为正值。

主要区别见表 6-5。

表 6-5 测量误差与测量不确定度的比较

序号	比较项	测量误差	测量不确定度
1	定义	测量误差用来定量表示测量结果与真值的偏离大小,为"测量结果减去被测量的真值"。测量误差是一个确定的值,在数轴上表示为一个点	测量不确定度用来定量表示测量结果的可信程度,"表征合理地赋予被测量之值的分散性与测量结果相联系的参数"。测量不确定度是一个区间,可以用诸如标准偏差或其倍数或说明了置信水准的区间的半宽度表示
2	分类	按出现在测量结果中的规律分为系统误差和随机误差,它们都是无限多次测量下的理想概念	不必区分性质。按评定方法分类:用测量列结果的统计分布评定不确定度的方法称为 A 类评定方法,并用实验标准偏差表征;用基于经验或其他信息的假定概率分布评定不确定度的方法称为 B 类评定方法,也可用标准偏差表征
3	可操作性	由于真值未知,所以不能得到测量误差的值。当用约定真值代替真值时,可以得到测量误差的估计值。没有统一的评定方法	可以根据实验、资料、理论分析和经验等信息进行分析评定,合理确定测量不确定度的置信区间和置信水准(或置信水平或置信概率)。由权威国际组织制定了测量不确定度评定和表示的统一方法 GUM,具有较强的可操作性。不同技术领域的测量不尽相同,有其特殊性,可以在 GUM 的框架下制定相应的评定方法
4	表述方法	是一个带符号的确定的数值,非正即负(或零),不能用正负号表示	约定为(置信)区间半宽度,恒为正值。当由方差求得时,取其正平方根值。完整的表述应包括两个部分,测量结果的置信区间(测量结果不确定度的大小),以及测量结果落在该置信区间内的置信概率(或置信水平或置信水准)
5	合成方法	误差等于系统误差加随机误差,由各误差分量的代数和得到	当不确定度各分量彼此独立无关时,用方和根方法合成,否则要考虑相关项
6	结果修正	可以用已知误差对未修正测量结果进行修正,得到已修正测量结果	不能用测量不确定度修正测量结果。对已修正测量结果进行测量不确定度评定时,应评定修正不完善引入的不确定度
7	实验标准差	来源于给定的测量结果,它并不表示被测量估计值的随机误差	来源于合理赋予的被测量的值,表示同一观测列中任一估计值的标准不确定度
8	结果说明	测量误差用来定量表示测量结果与真值的偏离大小。误差客观存在且不以人的认识程度而转移。误差属于给定的测量结果,相同的测量结果具有相同的误差,而与得到该测量结果的测量设备、测量方法和测量程序无关	测量不确定度用来定量表示测量结果的可信程度。测量不确定度与人们对被测量、影响量,以及测量过程的认识有关。在相同条件下进行测量时,合理赋予被测量的任何值,都具有相同的测量不确定度,即测量不确定度与测量方法有关
9	自由度	不存在	可作为不确定度评定可靠程度的指标。自由度是与相对标准不确定度有关的参数
10	置信概率	不存在	当了解分布时,可按置信概率给出置信区间

二、测量误差与测量不确定度的关系

测量不确定度的处理方法是由误差处理方法演变而来。在误差处理方法中,测量目的是要确定尽可能接近该单一真值的量值,由于误差的存在,认为仪器和测量并不能产生该真值。误差分为系统误差和随机误差,并假定这两类误差是可以被识别的。在误差传递中,必须对它们做不同的处理,但是,通常没有一种一致的规则能将它们合成而构成给定测量结果的总误差。通常只能估计总误差绝对值的上限,并不精确地称之为"不确定度"。

在不确定度方法中,测量目的不是要确定一个尽可能接近真值的量值,恰恰相反,是根据所用到的信息赋予被测量量值一个区间,以表征被测量量值的分散性。

三、测量仪器的准确度和准确度等级

测量仪器的准确度是指测量仪器给出接近于真值的响应能力。与测量结果的准确度一样,它也是一个定性的概念,因此测量仪器的准确度也不应该用具体的数值来定量表示。测量仪器的准确度不是一个量,也不能作为一个量来进行运算。

目前,大部分测量仪器的说明书或技术规范中都有准确度这一技术指标,但习惯上往往是定量给出,并且一般还带有"±"号。这实际上指的是测量仪器的最大允许误差,而不是真正意义上的准确度。可以说这种表示方法不符合"测量仪器准确度"这一术语的定义,因而也是不规范的,但由于长期使用习惯而一直沿用至今。

术语"准确度等级"定义为:"在规定工作条件下,符合规定的计量要求,使测量误差或仪器不确定度保持在规定极限内的测量仪器或测量系统的级别或等别"。准确度等级通常用约定采用的数字或符号表示。准确度等级的概念也适用于实物量具。

按"等"使用和按"级"使用比较如表6-6所示。

表6-6 按"等"使用和按"级"使用比较

比较项	按"等"使用	按"级"使用
说法	也称加修正值使用	也称不加修正值使用
划分	以不确定度的大小划分	以最大允许误差大小划分
使用方法	仪器得到的读数加上修正值后才是测量结果	仪器得到的读数直接就是测量结果
不确定度来源	由修正值的不确定度确定,通常由仪器的校准证书得到	由仪器的有关技术文件规定的最大允许误差通过假定分布后得到

续表 6-6

比较项	按"等"使用	按"级"使用
不确定度计算	由校准证书中给出的扩展不确定度除以证书中标明的包含因子 k 得到	由最大允许误差除以假定分布所对应的 k 值得到。通常为矩形分布，$k=\sqrt{3}$
不确定度损失	量值传递过程中的不确定度损失较小	量值传递过程中的不确定度损失较大
用途	常用于量值传递链的高端	常用于量值传递链的末端
量块举例	购买之后使用之前，送至计量检定机构进行检定，计量检定机构则会对其定等。比如出厂时量块为 0 级，送检后计量检定机构对其判定为 3 等，并给出具体每块量块的修正值	量块依据生产厂商出厂公差带来确定的。按等划分，是依据国家量值传递系统表来确定的（即 1 等量块传递 2 等，2 等量块传递 3 等，3 等量块传递 4 等），因此，生产厂商生产的量块出厂按级来确定
	以量块检定证书上列出的实际尺寸为依据，忽略检定量块实际尺寸的测量误差	以刻在量块上的标称长度为工作尺寸，忽略量块的制造误差
	量块的等主要根据量块长度的测量不确定度划分，在量块检定规程 JJG 146—2011《量块》中按 JJG 2056—90《长度计量器具（量块部分）检定系统》的规定分为 1、2、3、4、5 共五等。用其中心长度的实测值，因此其测量结果只能在一定程度上接近该量块的真值（即测量结果包含了量块实测值对其真值的偏差）	以量块长度相对于标称长度的偏差（即量块的长度偏差）划分，在量块检定规程 JJG 146—2011《量块》中按 JJG 2056—90《长度计量器具（量块部分）检定系统》的规定分为 K、0、1、2、3 共五级。用其中心长度的标称长度，因此测量结果中包含了量块实测值对其标称值的偏差
	K、0、1、2、3 级量块的长度偏差分别与 1、2、3、4、5 等量块长度的测量不确定度相当，所以一定"等"的量块可以用相应"级"的量块来代替，但这种代替不经济（因为 3 级量块的测量面的平面度、研合性都比 5 等量块要求高，所以只有在使用量块的标称尺寸不能加以修正时才作此代替）	
	1 等与 K 级，2 等与 0 级，3 等与 1 级，4 等与 2 级，5 等与 3 级分别相近，所以一定等的量块只能从一定级的量块中检定出来（出厂为 0 级的量块只能检定为 2 等及以下，出厂为 1 级的量块只能检定为 3 等及以下，出厂为 2 级的量块只能检定为 4 等及以下）	

对于按"等"使用的仪器的标准不确定度评定，应注意以下问题：

(1) 按"等"使用的仪器的标准不确定度评定，一般采用正态分布或 t 分布。

(2) 按"等"使用的指示类仪器，使用时应对其示值进行修正或使用校准曲线；以"等"使用的量具，应使用其实际值（标称值）。同时还应当考虑其长期稳定性的影响，通常把两次检定周期或校准周期之间的差值，作为不确定度的一个分量，该分量按均匀分布处理。

(3) 按"等"使用的仪器，使用时的环境条件偏离参考条件时，要考虑环境条件引起的不确定度分量。

(4) 按"等"使用的仪器，上面计算所得到的标准不确定度分量已包含了其上一等别仪器对所使用等别的仪器进行检定或校准带来的不确定度。因此，不需要考虑上一等别检定或校准的不确定度。

对于按"级"使用的仪器的标准不确定度评定，应注意以下问题：

(1)按"级"使用的仪器,上面所得的标准不确定度分量并没有包含上一级别仪器对所使用级别仪器进行检定带来的不确定度。因此,当上一级别检定的不确定度不可忽略时,还要考虑这一项不确定度分量。

(2)按"级"使用的指示类仪器,使用时直接使用其示值而不需要进行修正,量具使用其实际值(标称值)。所以可以认为仪器的示值允差已包含了仪器长期稳定性的影响,不需要再考虑仪器长期稳定性引起的不确定度。

(3)按"级"使用的仪器,使用时的环境条件只要不超过允许使用的范围,仪器的示值误差就始终不会超出示值的允差。因此,在这种情况下,不必考虑环境条件引起的不确定度。

测量标准器既可以分等也可分级,而工作计量器具通常分级。

四、测量仪器示值误差的符合性评定

符合性评定又称计量器具(测量仪器)的合格评定,就是评定仪器的示值误差是否在最大允许误差范围内,也就是评定仪器是否符合其技术指标的要求,若符合要求则判为合格。评定方法是将被检计量器具与相应的计量标准进行技术比较,在检定点上得到被检计量器具的示值误差,再将示值误差与被检计量器具的最大允许误差相比较确定是否合格。国家计量技术规范 JJF 1094—2002《测量仪器特性评定》对测量仪器示值误差的符合性评定进行了详细的规定。

1. 检定时测量仪器示值误差符合性评定的基本要求

对测量仪器特性进行符合性判定时,若满足以下条件时可以忽略测量标准的不确定度影响:

$$U_{95} \leqslant \frac{1}{3} \text{MPEV} \quad (6-85)$$

式中:U_{95}——由测量标准给出的参考量值或约定真值的测量不确定度(即校准时测量结果的不确定度,包括各种影响因素引入的分量的综合);

MPEV——被评定测量仪器的最大允许误差的绝对值。

此时的合格性判据为

$$|\Delta| \leqslant \text{MPEV} \quad (6-86)$$

而当被测仪器的示值误差绝对值$|\Delta|$超出最大允许误差的绝对值 MPEV 时,即$|\Delta| > |\text{MPE}|$则判定为不合格。如图 6-13 所示。

对于型式评价和仲裁检定,必要时U_{95}和 MPEV 之比也可以取小于或等于 1/5;在一定情况下,示值误差的测量不确定度U_{95}也可用包含因子$k=2$的扩展不确定度U代替。

依据计量检定规程对测量仪器的合格性进行评定,由于在制订阶段已对计量标准、测量方法、环境条件等能影响测量不确定度的因素作了详细的规定,并能满足检定系统表对量值传递的要求,只要被检定的仪器处于正常的工作状态,其示值误差的测量不确定度将处于一

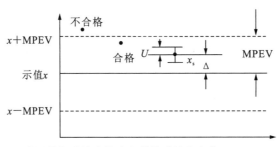

x_s 为测量标准给出的参考量值或约定真值；
Δ 为示值误差 $\Delta = x - x_s$；
当 $U_{95} \leqslant (1/3)\text{MPEV}$ 时，$|\Delta| \leqslant \text{MPEV}$ 判为合格

图 6-13　满足 $U_{95} \leqslant \dfrac{1}{3}\text{MPEV}$ 判定

个合理的范围内。所以当规程要求的各检定点的示值误差不超过该被检仪器的最大允许误差时，就可以认为其符合该准确度级别的要求，而不需要考虑示值误差的测量不确定度对合格评定的影响。

2. 检定以外测量仪器示值误差符合性评定的要求

依据计量检定规程以外的技术规范对测量仪器的示值误差进行评定，并且需要对示值误差是否符合某一最大允许误差进行符合性评定时，必须采用合适的计量标准、测量方法和环境条件，并选取有效覆盖被测仪器测量范围的足够多的点，如果测得各个点的示值误差均不超出最大允许误差的要求，并且满足条件 $U_{95} \leqslant \dfrac{1}{3}\text{MPEV}$，判为合格。如果测得各个点的示值误差均不超出最大允许误差的要求，但 $U_{95} > \dfrac{1}{3}\text{MPEV}$，则必须考虑下述判据。

1）合格判据

当被测仪器的示值误差的绝对值小于或等于其最大允许误差的绝对值 MPEV 与示值误差的扩展不确定度 U_{95} 之差时，即 $|\Delta| \leqslant \text{MPEV} - U_{95}$，可判定合格。

2）不合格判据

当被测仪器的示值误差的绝对值大于或等于其最大允许误差的绝对值 MPEV 与示值误差的扩展不确定度 U_{95} 之和时，即 $|\Delta| > \text{MPEV} + U_{95}$，可判为不合格。

3）待定区

当被测仪器的示值误差的绝对值既不符合合格判据，又不符合不合格判据时，即满足 $\text{MPEV} - U_{95} < |\Delta| < \text{MPEV} + U_{95}$ 时，不能给出合格或不合格的结论，此区域即为待定区。

当测量仪器示值误差的评定不能做出符合性判定时，可以先用准确度更高的计量标准通过改善环境条件、增加测量次数和改善测量方法等措施降低示值误差的测量不确定度 U_{95}，再进行合评定。

鉴于合格判定与测量不确定度有关，因此今后在制订各种规程和标准时，应明确规定在

合格判定中如何处理不确定度问题。如图 6-14 所示。

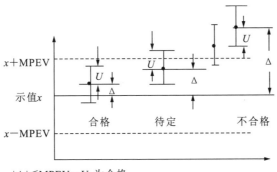

$|\Delta| \leqslant \text{MPEV} - U_{95}$ 为合格；
$|\Delta| \geqslant \text{MPEV} + U_{95}$ 为不合格；
$\text{MPEV} - U_{95} < |\Delta| < \text{MPEV} + U_{95}$ 为待定

图 6-14 不满足 $U_{95} \leqslant \dfrac{1}{3} \text{MPEV}$ 判定

第六节 校准和测量能力

校准和测量能力(calibration and measurement capability,CMC)是校准实验室在常规条件下能够提供给客户的校准和测量的能力,其应是在常规条件下的校准中可获得的最小测量不确定度。

一、校准和测量能力(CMC)表示

CMC 通常可以用下列一种或多种方式表示。

(1)CMC 用整个测量范围内都适用的单一值表示。单一值可以是绝对值,如 $U=0.2~\mu\text{m}(k=2)$；也可以是相对值,如 $U_{\text{rel}}=0.15\%(k=2)$。

使用单一的绝对值表示的 CMC,一般情况下,该 CMC 的主要不确定度来源较少或单一,且在整个测量范围内不变。常用于以下两种情况：一是整个测量范围内,单一的绝对值适用于整个范围。这种情况,一般常见于来自计量标准设备或校准方法等占主导作用的测量不确定度分量对应整个测量范围是单一的绝对值。二是把测量范围分段表示,每个分段的 CMC 可以使用单一的绝对值表示。

(2)CMC 用范围表示。此时,实验室应有适当的插值算法以给出区间内的值的测量不确定度。

这种情况下,需确定该 CMC 不适合用单一值或公式表示；用范围表示 CMC 时,应易于客户使用(尽量完整并包含常用测量范围的 CMC)。CMC 的范围应与测量范围前后对应。

例如：

标准水银温度计	温度	$(-50\sim 0)$℃	$U=(0.06\sim 0.04)$℃$(k=2)$
		$(0\sim 300)$℃	$U=(0.04\sim 0.08)$℃$(k=2)$

推荐用法：CMC 的范围与测量范围的前后对应，可以避免额外的说明；CMC 用范围直接对应整个测量范围表示时，CMC 可以与测量范围不是线性关系，但其对应曲线的中间不能有拐点，否则应从这些拐点处分段，然后每段给出 CMC 的对应范围，除非同时注明这些拐点。CMC 的范围与测量范围的前后对应这一原则，是基于简洁并易于使用考虑的。注意并不是 CMC 的最小值要对应测量范围的最小值，这里强调的是"前后对应"的关系，比如上述测量范围$(-50\sim 0)$℃，对应 CMC 为 $U=(0.06\sim 0.04)$℃$(k=2)$，其中-50 ℃点对应 $U=0.06$ ℃$(k=2)$，0 ℃点对应 $U=0.04$ ℃$(k=2)$，300 ℃点对应 $U=0.08$ ℃$(k=2)$。

(3) CMC 用被测量值或参数的函数表示。当评估 CMC 时，占绝对优势的不确定度分量与被测量具有函数关系时，CMC 与被测量的关系通常也服从该函数，此时，CMC 宜使用该函数表示。例如：

量块	端度	$(0.5\sim 1000)$ mm	$U=(0.02+0.2L)$ μm, L——m $k=2$

(4) CMC 用矩阵表示。此时，不确定度的值取决于被测量的值以及与其相关的其他参数。适用于被校准参量有辅助参量的情况，典型的是交流电压等与频率相关的参量。

交流电流	频率				
	10 Hz~20 Hz	20 Hz~40 Hz	40 Hz~1 kHz	1 kHz~5 kHz	5 kHz~10 kHz
10 μA~220 μA	0.07%+25 nA	0.035%+20 nA	0.014%+16 nA	0.06%+40 nA	0.16%+80 nA
220 μA~2.2 mA	0.07%+40 nA	0.035%+35 nA	0.014%+35 nA	0.06%+400 nA	0.16%+800 nA
2.2 mA~22 mA	0.07%+400 nA	0.035%+350 nA	0.014%+350 nA	0.06%+4000 nA	0.16%+8000 nA
22 mA~220 mA	0.07%+4 μA	0.035%+3.5 μA	0.014%+3.5 μA	0.08%+40 μA	0.16%+80 μA
220 mA~2.2 A	N/A	0.065%+35 μA	0.065%+35 μA	0.075%+80 μA	0.85%+160 μA
2.2 A~11 A	N/A	N/A	0.046%+170 μA	0.095%+380 μA	0.36%+750 μA

(5) CMC 用图形表示。此时，每个数轴应有足够的分辨率，使得到的 CMC 至少有两位有效数字。

由于在相关认可表格中，该图形难以保证其有足够的分辨率，实际使用也不方便，不建议采用这种方式。

CMC 不允许用开区间表示（例如"$U<X$"）。一般情况下，CMC 应该用包含概率约为 95% 的扩展不确定度表示。CMC 的单位应当始终与被测量一致，或者使用与被测量的单位相关的其他单位表示，如用百分比表示。当 CMC 的单位与被测量不一致时，应给出必要的说明。

实验室应在对整个测量范围的 CMC 进行完整的评估和分析的基础上，选择恰当的表示方式。实验室应根据不同校准参量(项目)的计量标准设备、测量原理、测量方法、数据处理方法等的特点选择,不宜不做区分均采用一种方式,如均使用范围表示。一般情况下,CMC的表示方式取决于其占绝对优势的不确定度分量与测量范围的关系。比如当计量标准的最大允差是最大的不确定度分量时,CMC 的表示方式宜与该最大允差的表达方式一致。使用任何一种 CMC 表示方式时,建议同时考虑一下是否需要把测量范围分段。

二、CMC 的修约和有效位数

依据 JJF 1059.1—2012《测量不确定度评定与表示》,扩展不确定度的有效数字不超过两位。CMC 的修约一般可以按照通用数据修约规则,但当末位舍弃可能产生风险时,可以对末位均进位。测量结果的末位一般应与测量不确定度的末位对齐。

三、CMC 的评估要求和方法

CMC 的评估和常规校准结果的不确定度的评估过程是一样的,但 CMC 评估时选择的校准对象应是对该参量可校准的最佳性能的器具。以电学为例,使用 FLUKE 5700A 校准直流电压表,FLUKE 5700A 可校准的数字电压表中最佳水平的典型被校仪器为 HP34401A 数字表,则 CMC 评估时应选择的"现有最佳仪器"为 HP34401A 数字表,此时评估的测量不确定度同时作为实验室直流电压参量的 CMC。

同时,使用 FLUKE 5700A 可以校准其他的技术指标低于 HP34401A 的直流电压表,如 F45 等,因此,实验室应对校准其他等级的直流电压表的测量不确定度分别进行评估,但这些评估结果不需要分别填写在 CMC 中,其评估目的是在证书中报告给客户。

几乎所有的测量不确定度,实际上并不需要对每个测量点逐一完整地评估。通常情况下,完成一个典型点的测量不确定度评估后,分析其测量不确定度分量汇总表中哪些不确定度分量会因测量点不同和被校仪器等级、类别等的不同而改变。分析、归纳其关联以及在不确定度分量数值上的关系,当这种关系确定后,其他的不确定度值就能较容易地计算出来。

CMC 评估过程包括:①测量原理和方法;②建立数学模型;③测量不确定度来源分析;④测量不确定度分量计算;⑤计算合成不确定度;⑥计算扩展不确定度;⑦该被校仪器该参量完整的不确定度评估;⑧其他类型仪器该参量的不确定度评估。

CMC 是校准实验室提供校准服务的能力的反映,评估结果应科学、严谨。其评估值的合理性在同水平、上一级、下一级校准实验室间比较时可直观反映出来。

对照国家计量检定系统表给出的同等级计量标准设备的不确定度要求,可以检查 CMC 评估值是否合理。

扫描二维码观看

测量不确定度的评定与表示

第七章 质量控制

质量控制是指为达到质量要求所采取的技术措施和管理措施。质量控制通过监视质量形成过程，消除质量环上所有阶段引起不合格或不满意效果的因素，以达到质量要求。质量管理体系的核心内容就是质量控制。质量控制不仅是企业管理的核心环节，对法定计量检定机构更为重要。在 JJF 1069《法定计量检定机构考核规范》中的许多关键条款都是围绕质量控制制定的。

第一节 质量控制的方法

计量、检验检测机构进行内部质量控制，必须定期或不定期地对计量标准和检测设备进行稳定性和可靠性的考核，采用的技术方法包括标准物质监控、人员比对、方法比对、仪器比对、留样复测、空白测试、重复测试、回收率试验、校准曲线的核查以及使用质量控制图等。

一、计量、检验检测机构的内部质量控制方法

（一）标准物质监控

通常的做法是直接用合适的有证标准物质或内部标准样品作为监控样品，定期或不定期将监控样品以比对样或密码样的形式，与样品检测以相同的流程和方法同时进行，检测室完成后上报检测结果给相关质量控制人员，也可由检测人员自行安排在样品检测时同时插入标准物质，验证检测结果的准确性。

一般可用于仪器状态的控制、样品检测过程的控制、计量、检验检测机构内部的仪器比对、人员比对、方法比对以及计量、检验检测机构间比对等。这种方法的特点是可靠性高，但成本高。

以标准物质为核查标准是一种通用而有效的方法，可考查仪器检测的某参数或量是否在受控范围内。

其评定准则为

$$|x - A| \leqslant \sqrt{U_{\text{lab}}^2 + U_{\text{r}}^2} \qquad (7-1)$$

式中：x——本次检查时测量值；

　A——标准值；

　U_{lab}——实验室测量不确定度；

　U_r——标准物质定值测量不确定度（标准证书给出）。

如果式（7-1）成立，表明比对结果一致，仪器可行；若$|x-A|>\sqrt{U_{lab}^2+U_r^2}$，则可能存在问题。

如果是由仪器准确度引起，则需要对仪器进行自校准或重新计量，直至其稳定性达到要求；如果是由检测人员引起，则需要对检测人员进行培训；如果是由检测方法引起，则需要制定新的检测方法。

（二）人员比对

由计量、检验检测机构内部的检测人员在合理的时间段内，对同一样品使用同一方法在相同的检测仪器上完成检测任务，比较检测结果的符合程度，判定检测人员操作能力的可比性和稳定性。计量、检验检测机构进行人员比对，比对项目尽可能检测环节复杂一些，尤其是手动操作步骤多一些。检测人员之间的操作要相互独立，避免相互之间存在干扰。

通常情况下，计量、检验检测机构在监督频次上对新上岗人员的监督高于正常在岗人员，且在组织人员比对时最好始终以本实验室经验丰富和能力稳定的检测人员所报结果为参考值。

计量、检验检测机构内部组织的人员比对，主要目的是评价检测人员是否具备上岗或换岗的能力和资格，因此，主要用于考核新进人员、新培训人员的检测技术能力和监督在岗人员的检测技术能力两个方面。

方法规定有最大允许误差时，应以进行比对的具有较高准确度的一方的测量值作为参考值，实验结果按下式评价：

$$\frac{|x_1-x|}{x}\times 100\% \leqslant \Delta \tag{7-2}$$

式中：x_1——比对方的测定值；

　x——参考方的测定值；

　Δ——标准或方法规定的最大允许误差，%。

若满足上述公式，表明比对实验结果满意；若不满足，表明比对实验结果不满意。

（三）方法比对

方法比对是不同分析方法之间的比对试验，指同一检测人员对同一样品采用不同的检测方法检测同一项目，比较测定结果的符合程度，判定其可比性，以验证方法的可靠性。

方法比对的考核对象为检测方法，主要目的是评价不同检测方法的检测结果是否存在显著性差异。比对时，通常以标准方法所得检测结果作为参考值，用其他检测方法的检测结果与之进行对比，方法之间的检测结果差异应该符合评价要求，否则，即证明非标准方法是不适用的,或者需要进一步修改、优化。

方法比对主要用于考察不同的检测方法之间存在的系统误差,监控检测结果的有效性,其次也用于对实验室涉及的非标准方法的确认。

整体的检测方法一般包括样品前处理方法和仪器方法。只要样品前处理方法不同,不管仪器方法是否相同,都归类为方法比对。但是,如果不同的检测方法中样品的前处理方法相同,仅是检测仪器设备不同,一般将其归类为仪器比对。

方法比对的公式如下:

$$|y_1 - y_2| \leqslant \sqrt{U_1^2 + U_2^2} \tag{7-3}$$

式中:y_1——第一种方法的测定值;

y_2——第二种方法的测定值;

U_1——测定值 y_1 的测量不确定度(取 $k=2$);

U_2——测定值 y_2 的测量不确定度(取 $k=2$)。

若满足上述公式,表明比对实验结果满意;若不满足,表明比对实验结果不满意。

(四)仪器比对

仪器比对是指同一检测人员运用不同仪器设备(包括仪器种类相同或不同等)对相同的样品使用相同检测方法进行检测,比较测定结果的符合程度,判定仪器性能的可比性。仪器比对的考核对象为检测仪器,主要目的是评价不同检测仪器的性能差异(如灵敏度、精密度、抗干扰能力等)、测定结果的符合程度和存在的问题。所选择的检测项目和检测方法应该能够适合和充分体现参加比对的仪器的性能。

仪器比对通常用于计量、检验检测机构对新增或维修后仪器设备的性能情况进行的核查控制,也可用于评估仪器设备之间的检测结果的差异程度。进行仪器比对,尤其要注意保持比对过程中除仪器之外其他所有环节条件的一致性,以确保结果差异对仪器性能的充分响应。

仪器比对的评定准则与公式(7-3)一致,只是将方法一和方法二改为仪器一和仪器二。

(五)留样复测

留样复测是指在不同的时间(或合理的时间间隔内)再次对同一样品进行检测,通过比较前后两次测定结果的一致性来判断检测过程是否存在问题,验证检测数据的可靠性和稳定性。若两次检测结果符合评价要求,则说明计量、检验检测机构该项目的检测能力持续有效;若不符合,应分析原因,采取纠正措施,必要时追溯前期的检测结果。事实上,留样复测可以认为是一种特殊的计量、检验检测机构内部比对,即不同时间的比对。留样复测应注意所用样品的性能指标的稳定性,即应有充分的数据显示或经专家评估,表明留存的样品赋值稳定。

留样复测作为内部质量控制手段,主要适用于有一定水平检测数据的样品或阳性样品、待检测项目相对比较稳定的样品以及对留存样品特性的监控、检测结果的再现性进行验证等。采取留样复测有利于监控该项目检测结果的持续稳定性及观察其发展趋势,也可促使检验人员认真对待每一次检验工作,从而提高自身素质和技术水平。但要注意到留样复测只能对检测结果的重复性进行控制,不能判断检测结果是否存在系统误差。

若计量、检验检测机构的采取留样作为核查标准,则应当提供样品的首次检测参考值及其测量不确定度。若采用近期已检定或校准过的计量器具作为测量对象,计量、检验检测机构也应当在现场实验前提供该计量器具的检定或校准结果及其不确定度。

在此两种情况下,由于检定或校准结果和参考值都是采用同一套计量标准进行测量,因此在扩展不确定度中应当扣除由系统效应引起的测量不确定度分量。若现场检定或校准结果和参考值分别为 y 和 y_0,它们的扩展不确定度均为 U,扣除系统效应(环境条件及人员)引入的不确定度分量后的扩展不确定度为 U',则应当满足

$$|y - y_0| \leqslant \sqrt{2} U' \tag{7-4}$$

例:检定员用已检测过的粉尘采样器在后续时间里测得 20 L/min 流量处的相对误差 $y_0 = 0.6\%$,而前期在同样流量下测得相对误差 $y = 1.6\%$,由于是相同装置、相同人员、相同的环境条件,我们可以采用原来建标报告中的标准不确定度的测量结果,假设仍然是扩展不确定度 $U_0 = U = U' = 1.2\%$,$k = 2$,则 $|y - y_0| = |1.6\% - 0.6\%| = 1\% \leqslant \sqrt{2} U' = 1.7\%$,满足式(7-4),表明比对实验结果满意。

(六)实物样件检查法

某些测量设备是用于测量限值的,当测量值超过限定值时即自动报警。对于这类设备可用本方法进行期间核查。

首先根据被核查设备的工作原理以及被核查参数的性质,设计、制作或购买相应的实物样件;然后设定该参数的限定值,将实物样件施加于测量设备上,操作设备并调节到规定的输出量,观察测量设备是否具有相应的响应。

例:对准确度等级为 5 级、输出电压为 1500 V、设置的泄漏电流为 5 mA 的耐压测试仪进行期间核查时,可以用 300 kΩ 的电阻作为核查标准。将其接入耐压测试仪的两测试棒中,调节输出电压在 $(1500 \pm 5\%)$ V 时应报警,此时认为耐压测试仪的性能正常。

(七)直接测量法

当测量设备属于标准信号源时,若计量、检验检测机构具备计量标准,可直接用传递测量法;若不具备计量标准,则可使用本方法。

首先确定需要核查的功能以及测量点;然后选取具有相应功能的测量设备作核查标准,在相应测量点上对核查标准的性能进行校准,得到相应的修正值;最后核查标准来测量被核查设备的性能,对核查结果进行修正后,观察是否符合其相应的技术要求。

例如,对标准电压源进行核查时,首先根据需要确定核查的测量点(如 5 V),这时可以选取数字多用表作核查标准。对数字多用表直流电压档上的 5 V 测量点的示值进行校准,得到的修正值为 e;再用数字多用表去测量标准电压源的 5 V 输出时的实际值,得到的结果

为 V，则 $V+e$ 为核查结果。根据标准信号源的技术要求,即可判定其是否满意。

(八)采用控制图法进行质量控制

控制图(又称休哈特控制图)是对测量过程是否处于统计控制状态的一种图形记录。它能判断测量过程中是否存在异常因素并提供有关信息,以便于查明产生异常的原因,采取措施使测量过程重新处于统计控制状态。

采用控制图法对计量标准的稳定性进行考核时,用被考核的计量标准对一个量值比较稳定的核查标准作连续的定期观测,并根据定期观测结果计算得到的统计控制量(如平均值、标准偏差、极差)的变化情况,判断计量标准的量值是否处于统计控制状态。

1. 过程控制的基本概念

过程控制为实现产品生产过程质量而进行的有组织、有系统的过程管理活动。它的主要内容是对过程进行分析并建立控制标准,对过程进行监控和评价,对过程进行维护和改进。

2. 统计过程控制

统计过程控制是指应用统计技术对过程中的各个阶段进行评估和监控,建立并保持过程处于可接受的并且稳定的水平,从而保证产品与服务符合规定的要求的一种质量管理技术。统计过程控制的内容是:①利用控制图分析过程的稳定性,对过程存在的异常原因进行预警。②计算过程能力指数,分析稳定的过程能力满足技术要求的程度,对过程质量进行评价。正态分布图(图 7-1)可以引入控制图。③$3\sigma$ 原理。正态分布中,不论 μ 与 σ 取值如

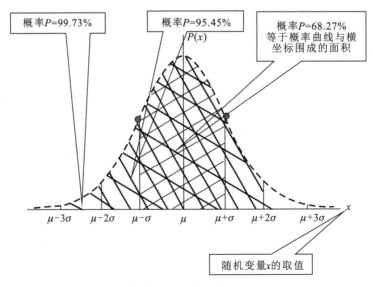

图 7-1 正态分布

何,产品质量特性落在 3σ 范围内的概率为 99.73%,落在该范围外的概率为 0.27%(3/1000)是个小概率事件,而"在一次观测中小概率事件是不可能发生的,一旦发生就认为过程出现问题"。故"假定工序(过程)处于控制状态,一旦显示出偏离这一状态,极大可能性就是工序(过程)失控,需要及时调整"。

3. 控制图的形成

把正态分布图按逆时针方向转 90°,就得到一张控制图(图 7-2)。

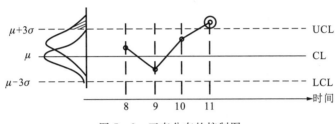

图 7-2 正态分布的控制图

UCL 为上控制线(上虚线,图 7-2),LCL 为下控制线(下虚线,图 7-2),CL 为测量平均值,X 为测量值(图 7-3 中黑实心圆点)。所有的测量值都应该在上下线之内才认为是合格的产品或检测结果。

控制图原理的第一种解释:点子出界就判异——小概率事件;

控制图原理的第二种解释:区分偶然因素与异常因素两类因素。

4. 控制图在贯彻预防原则中的作用

1)及时告警

控制图的判断有判稳和判异两种判断方法:判稳——稳定(正常),不稳定(异常);判异——异常(不稳定),不异常(稳定)。判异的理论基础是"小概率事件原理",其数学定义是,事件 A 发生的概率很小(如 0.01),现经过一次或少数次试验,事件 A 居然发生了,就有理由认为事件 A 的发生异常。

2)判异准则

常见异常情况与原因有如下 8 种:

(1)检验1:1 点落在 A 区以外(图 7-3)。异常原因:计算错误、测量错误、原材料不合格、设备故障等。

(2)检验2:连续 9 点落在中心线的同侧(图 7-4)。异常原因:计算多了什么或掉了什么、测量方法错误、原材料不合格、设备问题等。

(3)检验3:连续 6 点递增或递减(图 7-5)。异常原因:设备缓慢磨损、工作者疲劳效应、不良件之累计效应、工作环境改变、操作者技术逐渐进步、原料均匀度缓慢改变、测量设备已改变,从而使参数随着时间而变化。

(4)检验4:连续14点中相邻点上下交替(图7-6)。异常原因:轮流使用两台设备或由两位操作人员轮流操作导致数据分层不够。

假如你有A、B两台设备,加工$d=6$的一个零件,$UCL=8$,$LCL=4$,$CL=6$,这两台设备由于自身误差,A加工的均值在7,而B加工的均值在5,这样你做控制图的时候,数据点明显分成上下两个部分,可能出现判异准则为"连续14点上下交替"的情况。

上面所说的就是数据分层不够,正确的做法是把A、B两台设备做的产品分别做控制图,这就叫"分层"。

(5)检验5:连续3点中有2点落在中心线同侧的B区以外(图7-7)。异常原因:控制过严、材料品质有差异、检验设备或方法大不相同、不同制程资料绘于同一控制图上、不同品质材料混合使用。

(6)检验6:连续5点中有4点落在中心线同侧的C区以外(图7-8)。异常原因:控制过严、材料品质差异、检验设备或方法改变、不同制程数据绘于同一控制图上、不同品质材料混合使用。

(7)检验7:连续15点落在中心线两侧的C区内(图7-9)。异常原因:数据虚假、计算错误、数据分层不够。

(8)检验8:连续8点落在中心线两侧且无一点在C区内(图7-10)。异常原因:数据分层不够。

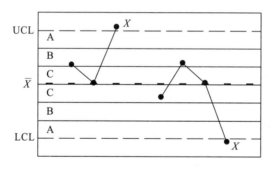

图7-3 检验1:1点落在A区以外

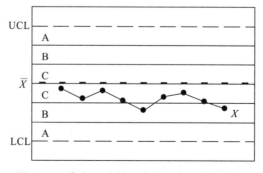

图7-4 检验2:连续9点落在中心线的同侧

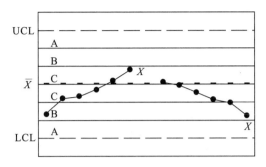

图 7-5 检验 3:连续 6 点递增或递减

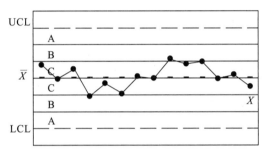

图 7-6 检验 4:连续 14 点中相邻点上下交替

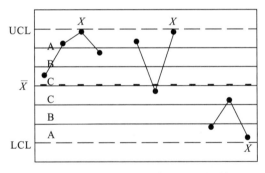

图 7-7 检验 5:连续 3 点中有 2 点落在中心线同侧的 B 区以外

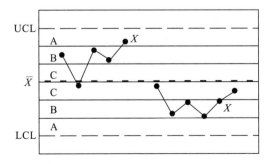

图 7-8 检验 6:连续 5 点中有 4 点落在中心线同侧的 C 区以外

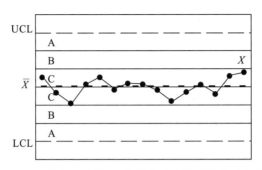

图 7-9 检验 7:连续 15 点落在中心线两侧的 C 区内

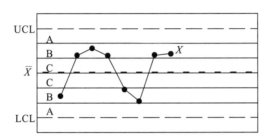

图 7-10 检验 8:连续 8 点落在中心线两侧且无一点在 C 区内

3)举例

以下是对脱指奶粉抽样的水分含量的检测数据(表 7-1,图 7-11)。

表 7-1 连续 10 个脱脂奶粉样本的水分含量百分比

批号	1	2	3	4	5	6	7	8	9	10
水分含量 $X/\%$	2.9	3.2	3.6	4.3	3.8	3.5	3.0	3.1	3.6	3.5
移动极差 R		0.3	0.4	0.7	0.5	0.3	0.5	0.1	0.5	0.1

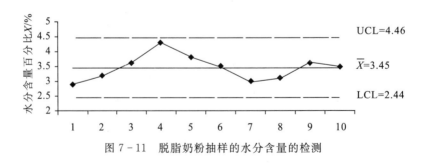

图 7-11 脱脂奶粉抽样的水分含量的检测

以下是对脱脂奶粉抽样的水分含量的检测,样本量为 10 批,UCL 上限为 1.24,其结果均小于此值,结果满意(图 7-12)。

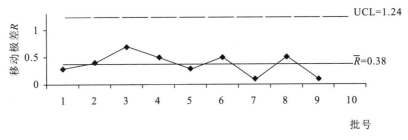

图 7-12 数据的单值（X）控制图

5. 控制图方法的适合条件

控制图的方法仅适合于满足下述条件的计量标准：
(1)准确度等级较高且重要的计量标准。
(2)存在量值稳定的核查标准，要求其同时具有良好的短期稳定性和长期稳定性。
(3)比较容易进行多次重复测量。

控制图是考核计量标准稳定性的一种好的方法，因为控制图使用条件较为苛刻，导致适合于采用控制图法的计量标准并不多，采用该方法的项目比较少。若要建立控制图的方法和控制图异常的判断准则，需要采用控制图，参见 GB/T 4091—2001 idt ISO 8258:1991《常规控制图》。

无论 ISO 9000 还是 ISO 10012 都注重采用统计控制技术对过程进行控制，控制的核心就体现在统计控制图的绘制、使用上。

二、计量、检验检测机构的外部质量控制方法

仪器比对方法是计量、检验检测机构外部质量控制方法之一。当确定被核查的测量设备所在计量、检验检测机构为比对的主导实验室时，判别原则按两台套设备比对法进行；当没有确定主导实验室时，判别原则按多台套设备比对法进行。

当参加比对计量、检验检测机构的测量设备均溯源到同一校准计量的同一计量标准时，在评定不确定度时应考虑相关性的影响。

1. 采用两台（套）比对法

若两台仪器的测量结果和参考值分别为 y 和 y_0，它们的扩展不确定度分别为 U 和 U_0，则应满足

$$|y - y_0| \leqslant \sqrt{U^2 + U_0^2} \qquad (7-5)$$

2. 传递比较法

传递比较法是具有溯源性的，而比对法则并不具有溯源性，因此检定或校准结果的验证

原则上应当采用传递比较法,只有在不可能采用传递比较法的情况下方可以采用比对法进行检定或校准结果的验证,并且参加比对的计量、检验检测机构应当尽可能多。

用被核查的测量仪器测量一个稳定的被测对象,然后将该被测对象用高等级的计量标准进行测量。若用被核查的测量仪器和高等级的计量标准进行测量时的扩展不确定度(U_{95} 或 $k=2$ 时的 U)分别为 U_{lab} 和 U_{ref},它们的测量结果分别为 y_{lab} 和 y_{ref},在两者的包含因子近似相等的前提下应当满足

$$|y_{\text{lab}} - y_{\text{ref}}| \leqslant \sqrt{U_{\text{lab}}^2 + U_{\text{ref}}^2} \tag{7-6}$$

当 $U_{\text{ref}} \leqslant \dfrac{U_{\text{lab}}}{3}$ 成立时,可以忽略 U_{ref} 的影响,此时式(7-6)成为

$$|y_{\text{lab}} - y_{\text{ref}}| \leqslant U_{\text{lab}} \tag{7-7}$$

3. 多台比对法

当不可能采用传递比较法时,可以采用多个计量、检验检测机构之间的比对。假定各机构的测量仪器有相同准确度等级,此时采用各机构所得到的测量结果的平均值 $\bar{y}$ 作为被测量的最佳估计值。

当各机构的测量不确定度不同时,原则上应当采用加权平均值作为被测量的最佳估计值,其权重与测量不确定度有关。但由于各实验室在评定测量不确定度时所掌握的尺度可能会相差较大,故仍采用算术平均值 $\bar{y}$ 作为参考值。

若被核查机构的测量结果为 y_{lab},其测量不确定度为 U_{lab},n 个机构测量的参考值的算术平均值为 $\bar{y}$,被核查机构的测量结果的方差比较接近于各机构的平均方差以及各机构的包含因子均相同的条件下,应当满足

$$|y_{\text{lab}} - \bar{y}| \leqslant \sqrt{\dfrac{n-1}{n}} U_{\text{lab}} \tag{7-8}$$

第二节 期间核查

期间核查是指对测量仪器在两次校准或检定的间隔期内进行的核查。期间核查的目的是在两次校准(或检定)之间的时间间隔期内保持测量仪器校准状态的可信度。《法定计量检定机构考核规范》中规定:"应根据规定的程序和日程对计量基(标)准、传递标准或工作标准以及标准物质进行核查,以保持其检定或校准状态的可信度。"CNAS-CL01:2018《检测和校准实验室能力认可准则》中规定:"当需要利用期间核查以保持对设备性能的信心时,应按程序进行核查。"RB/T 214—2017《检验检测机构资质认定能力评价 检验检测机构通用要求》中要求:当需要利用期间核查以保持设备的可信度时,应建立和保持相关的程序,按照规定的程序进行。

一、期间核查的目的及意义

期间核查的对象是测量仪器,包括计量基准、计量标准、辅助或配套的测量设备等。"校准状态"是指"示值误差""修正值"或"修正因子"等校准结果的状态。利用期间核查以保持设备校准状态的可信度,指利用期间核查的方法提供证据,可以证明"示值误差""修正值"或"修正因子"保持在稳定状态,可以有足够的信心认为它们对校准值的偏离在现在和规定的周期内保持在允许范围内。这个允许范围就是测量仪器示值的最大允许误差或扩展不确定度或准确度等别/级别。

因此,期间核查是为保持测量仪器校准状态的可信度,而对测量仪器示值(或其修正值或修正因子)在规定的时间间隔内是否保持其在规定的最大允许误差或扩展不确定度或准确度等级内的一种核查。只要可能,计量实验室应对其所用的每项计量标准进行期间核查,并保存相关记录;但针对不同测量仪器,其核查方法、频度是可以不同的。

期间核查的常用方法是由被核查的对象适时地测量一个核查标准,记录核查数据,必要时画出核查曲线图,以便及时检查测量数据的变化情况,以证明其所处的状态满足规定的要求,或与期望的状态有所偏离,而需要采取纠正措施或预防措施。

期间核查对于计量技术机构保证工作质量具有现实意义。例如:某单位使用的计量标准在周检后发现其准确度等级已经超出计量要求,因此做了调修,经再次检定合格后可以继续使用。但是由于没有定期的期间核查制度,没有证据说明该测量仪器是何时失准的,只有该仪器上次(比如一年前)送检仪器合格的证书,即只能证明一年前使用该计量标准进行检定或校准所出具的证书是有效的,其后出具的所有证书都存在质量风险。经检索,一年来使用该计量标准检定出具的证书达 2618 份,因此按照规定对这些证书要进行复查,带来的经济损失将不可估量。如果该实验室按照该计量标准的使用频次,在上次检定后做过多次期间核查,就能及时发现仪器的变化。如果核查时发现超差现象,可及时采取纠正措施,需要复查的证书数量不会超过一个月或一个季度的检定量。如果核查时发现有可能超差的趋势,可及时采取预防措施,就可避免上述质量风险。

二、期间核查的对象

一般应对处于以下 8 种情况之一的仪器进行核查:①使用频繁的;②使用或贮存环境严酷或发生剧烈变化的;③使用过程中容易受损、数据易变或对数据有存疑的;④脱离实验室直接控制,诸如借出后返还的;⑤使用寿命临近到期的;⑥首次投入运行,不能把握其性能的;⑦测量结果具有重要价值或重大影响的;⑧实验室认为有必要进行的。

实验室通常不需要对仪器的所有功能与全部测量范围进行核查,主要针对使用稳定性不佳的某些参数、范围和检测点。

三、期间核查常用的判断准则

在实施期间核查时,要根据选用的核查标准和方法确定判断准则,下面介绍几种常用的判断准则。

(一)以监督样或留样作为核查标准

所谓核查标准不一定是参考标准,只要被核查的参数性能稳定,其值不一定准确。对于某些不具备参考标准的仪器,在期间核查中常常选用某种性能稳定的监督样或留样作为核查标准,以监控仪器的检测能力。由于是对同一仪器进行的两组测量,其判断准则为

$$E_n = \left| \frac{x_2 - x_1}{\sqrt{2} U_{\text{lab}}} \right| \leqslant 1 \qquad (7-9)$$

式中:x_2——本次测得值;

x_1——上次测得值;

U_{lab}——实验室测量不确定度。

若 $E_n > 1$,则表明该测量仪器可能存在问题,需要送上级计量机构作进一步处理,直至其稳定性达到要求。

例:

电子天平期间核查记录

仪器名称	电子天平		型号、编号		AL204	核查日期	
外观	完好		环境条件		(22±2)℃,湿度60%	标准器具	标准砝码
自动校准	完成				上次计量检定日期		
载荷点最大允许误差	载荷 L/g	显示值 I/g		示值误差 E/g		E_n 值	结果评定
		上次检定后	期间检查	上次检定后	期间检查		
	1	0.999 7	0.999 8	−0.000 3	−0.000 2	$E_n = \left\| \frac{x_0 - x_1}{\sqrt{2U_0^2}} \right\| \leqslant 1$,则核查通过,合格。	合格
	5	4.999 8	4.999 9	−0.000 2	−0.000 1		合格
	10	10.000 2	10.000 1	0.000 2	0.000 1		合格
	30	30.000 3	30.000 0	0.000 3	0		合格
	50	50.000 3	50.000 2	0.000 3	0.000 2		合格
结论	从核查数据可知,被核查的电子天平 E_n 值满足要求。核查合格。						
	核查人签名/日期:						

注:核查标准为 F_2 级砝码,50 g 砝码的扩展不确定度:$U_0 = 0.24$ mg($k=2$),两次核查标准砝码使用的同一组,故扩展不确定度相同。

可以找出上次检定后与期间核查栏(表7-2)中的最大差值：
$$|x_0 - x_1| = 0.3 \text{ mg}$$
$$E_n = \left| \frac{x_0 - x_1}{\sqrt{2U_0^2}} \right| = \left| \frac{0.3}{0.34} \right| = 0.88 < 1$$

(二)采用对计量标准或仪器测量不确定度验证的方法

具体方法见第八章"计量标准"。

(三)采用的对仪器稳定性考核的方法进行核查验证

具体方法见第八章"计量标准"。

(四)测量过程控制的核查方法——控制图法

控制图是对测量过程是否处于统计控制状态的一种图形记录。对于准确度较高且重要的计量基/标准，若有可能，建议尽量采用控制图对其测量过程进行持续及长期的统计控制。控制图通常是成对地使用，平均值控制图主要用于判断测量过程中是否受到不受控的系统效应的影响，标准偏差控制图和极差控制图主要用于判断测量过程是否受到不受控的随机效应的变化影响。(控制图法见第七章第一节中"采用控制图法进行质量控制"部分)

(五)期间核查与校准或检定的不同

(1)校准或检定是在标准条件下，通过计量标准确定测量仪器的校准状态。而期间核查是在两次校准或检定之间，在实际工作的环境条件下，对预先选定的同一核查标准进行定期或不定期的测量，考察测量数据的变化情况，以确认其校准状态是否继续可信。

(2)校准或检定必须由有资格的计量技术机构用经考核合格的计量标准按照规程或规范的方法进行。期间核查是由本实验室人员使用自己选定的核查标准按照自己制订的核查方案进行。

(3)核查不能代替校准或检定。校准或检定的核心是用高一级的计量标准对测量仪器的计量性能进行评估，以获得该仪器量值的溯源性。而核查只是在使用条件下考核测量仪器的计量特性有无明显变化，由于核查标准一般不具备高一级计量标准的性能和资格，因此这种核查不具有溯源性。

(4)期间核查不是缩短校准或检定周期后的另一次校准或检定，而是用一种简便的方法对测量仪器是否依然保持其校准或检定状态进行的确认。期间核查的目的是获得测量仪器状态是否正常的信息和证据。在能够实现上述目的的条件下，希望用较少的时间和较低的测量成本。因此期间核查的方法，只要求核查标准的稳定性高，并可以考察出示值的测量过程综合变化情况即可。而校准或检定是要评价测量仪器的计量特性，需要控制各种因素的影响；必须使用经溯源的计量标准进行，校准或检定所用的计量标准的准确度应高于被校或被检仪器的准确度，成本比较高。

(5)期间核查还可以为制定合理的校准间隔提供依据或参考。如果通过足够多个周期的核查数据证明某台或某类测量仪器的测量结果始终受控,可以适当延长该台或该类仪器的校准间隔。

例如:某实验室的坐标测量机采用稳定的零件作为核查标准,定期进行期间核查,并按照要求绘制了核查曲线图。由于核查结果基本保持在控制限内,因此决定不再进行定期的校准。

问题:期间核查是否可以代替周期检定或校准?

分析:依据 CNAS-CL01:2018《检测和校准实验室能力认可准则》中的规定,测量溯源性是对所有测量设备和计量标准的最基本要求,由此可以确保其测量准确度和量值的一致性。该标准规定,对于计量基准、标准和标准物质,应进行期间核查以保持其校准状态的可信度。而对于一般测量设备,只有根据使用要求需要保持设备校准状态的可信度时可进行期间核查。因此,无论是否进行了期间核查,必须定期进行周期检定或校准,实现溯源性。

期间核查不可以代替周期校准或检定。校准或检定的核心是用计量标准对测量仪器的计量性能进行评估,以获得仪器量值的溯源性,以保证测量仪器量值与其他同类仪器量值统一。利用稳定的核查标准进行的核查,只是观察被核查仪器校准状态是否有变化,它是在两次检定或校准期间内检查测量仪器可信度的一个好方法,但是由于核查标准一般不具备高一级计量标准的性能和资格,因此这种核查不具有溯源性。

四、期间核查的策划

(一)期间核查对象的确定

1. 核查对象

实验室的基准、参考标准、传递标准、工作标准应纳入期间核查对象。

2. 辅助设备及其他测量仪器

对于辅助设备及其他测量仪器是否进行期间核查,应根据在实际情况下出现问题的可能性、出现问题的严重性及可能带来的质量追溯成本等因素,合理确定是否进行期间核查。

对于性能稳定的实物量具,如砝码、量块等,通常不需要单独进行期间核查,这是因为从材料的稳定性而言,通常在校准间隔内不会出现大的量值变化。玻璃量具等性能稳定的计量器具也一般可不作期间核查。

(二)核查方案的制订

对每项核查对象制订的核查方案(作业指导书)应包括以下内容:①选用的核查标准;②核查点;③核查程序;④核查频次;⑤核查记录的方式;⑥核查结论的判定原则;⑦发现问

题时可能采取的措施以及核查时的其他要求等。

核查方法应经过评审后实施。

（三）核查标准的选择

选择核查标准的一般原则：

(1)核查标准应具有需核查的参数和量值，能由被核查仪器、计量基准或计量标准测量。

(2)核查标准应具有良好的稳定性，某些仪器的核查还要求核查标准具有足够的分辨力和良好的重复性，以便核查时能观察到被核查仪器及计量标准的变化。

(3)必要时，核查标准应可以提供指示，以便再次使用时可以重复前次核查时的条件，如环规使用刻线标示使用直径的方向。

(4)由于期间核查是本实验室自己进行的工作，不必送往其他实验室，因此核查标准可以不考虑便携和搬运问题。

(5)核查标准主要是用来观察测量结果的变化，因此不一定要求其提供的量值准确。

例如：标准物质或实物量具，如砝码、量块、线绕电阻器、标准电池等均可提供稳定的量值，做核查标准是非常好的选择。而稳定性良好的日常被测对象作为核查标准，由于测量条件与日常工作一致，只要符合上述选择原则也是很好的核查标准。

为特定的仪器也可以专门设计核查标准，以便使用最少的测量，获得尽可能多的核查数据。例如：德国 VDI/VDE 2617-5，对坐标测量机的期间核查规定使用球板。通过花费 10～20 min 对球板上 25 个球心坐标的测量，获得 300 个长度测量值，可以方便地评价坐标测量机的示值误差。又如：德国物理技术研究院（PTB）研制的球立方体，通过对立方体上 8 个球的测量，可以获得 16 个坐标测量机的参数误差，非常直观地展示了坐标测量机校准状态的变化。

（四）测量范围和测量参数的选择

期间核查不是重新校准或再校准，不需要对设备的所有测量参数和所有测量范围进行核查。实验室可根据自身的实际情况和实践经验进行选择，总体上有以下几种情况：

(1)原则上对设备的关键测量参数应进行期间核查。但是，对于多功能设备，应选择基本参数。例如：对数字多用表可以选择直流电压和直流电流，因为电阻可以由直流电压和电流导出，而交流电压/电流是通过积分转换为直流电压/电流的。

(2)选择设备的基本测量范围及其常用的测量点（示值）进行期间核查。例如：对数字多用表的直流电压可选择 10 V 进行期间核查，因为其内部基准电压为 10 V；而直流电流可选择 1 mA，因为其内部直流电流为 1 mA 的恒流发生器。又如：电子天平可选择 100 mg 进行期间核查，因为电子天平通常配备有 100 mg 的砝码。必要时，可以选择多个测量点进行期间核查。

（五）核查时机的确定

期间核查分为定期和不定期的期间核查。

在确定开展一个检定、校准或测量工作项目,并确定了采用的仪器后,通常已经确定了涉及仪器的关键计量特性及其计量要求。根据测量仪器使用的条件、频度及仪器可靠性资料,可以编制期间核查的作业指导书,规定期间核查的间隔时间。

1. 定期的期间核查

对定期的期间核查,应规定两次核查之间的最长时间间隔,视被核查仪器设备的状况和计量人员的经验确定。期间核查为了能充分反映实际工作中各种影响因素的变化,在规定的最长间隔内可以随机地选择时间进行。

测量仪器刚刚完成溯源(送上级计量技术机构检定或校准)时做首次核查,有利于确定初始校准状态或初始测量过程的状态,以便于对比观察以后的数据变化,因此,这是最佳的时机。

2. 不定期的期间核查

不定期的期间核查的核查时机一般包括:
(1)测量仪器即将用于非常重要的测量,或非常高准确度的测量、测量对仪器的准确度要求已经接近测量仪器的极限时,测量前应进行核查。
(2)测量仪器即将用于外出的测量时。
(3)测量仪器刚刚从外出测量回来时。
(4)大型测量仪器的环境温度、湿度或其他测量条件发生了大的变化,刚刚恢复时。
(5)测量仪器发生了碰撞、跌落、电压冲击等意外事件后。
(6)对测量仪器性能有怀疑时。

五、期间核查的实施

(一)期间核查的程序文件

实验室应该编制有关期间核查的程序文件,文件应规定:需要实施期间核查的计量标准或测量仪器;核查方法和评审程序;期间核查的职责分工及工作流程;出现测量过程失控或发现有失控趋势时的处理程序等。

(二)期间核查的作业指导书

针对每一类被核查的计量基准、计量标准以及需核查的其他测量仪器制定期间核查的作业指导书,作业指导书应规定:被核查的测量仪器或测量系统;使用的核查标准;测量的参数和测量方法;核查的位置或量值点;核查的记录信息、记录形式和记录的保存;必要时,核查曲线图或核查控制图的绘制方法;核查的时间间隔;关于需要增加临时核查的特殊情况(如磕碰、包装箱破损、环境温度的意外大幅波动、出现特殊需要等)的规定;核查结果的判定原则与核查结论。

(三)测量标准和检测设备期间核查的实施

1. 基准、参考标准、工作标准的期间核查

(1)被校准对象为实物量具时,可以选择一个性能比较稳定的实物量具作为核查标准实施期间核查。

(2)参考标准、基准或工作标准仅由实物量具组成,而被校准对象为测量仪器,鉴于实物量具的稳定性通常远优于测量仪器,此时可以不必进行期间核查,但需利用参考标准、基准或工作标准历年的校准证书画出相应的标称值或校准值随时间变化的曲线。

(3)参考标准、基准、传递标准或工作标准和被校准的对象均为测量仪器,若存在合适的比较稳定的实物量具,则可用该实物量具作为核查标准进行期间核查;若不存在可作为核查标准的实物量具,此时可以不进行期间核查。

2. 检测设备的期间核查

(1)若存在合适的比较稳定的实物量具,就可用它作为核查标准进行期间核查。

(2)若存在合适的比较稳定的被测物品,也可选用一个被测物品作为核查标准进行期间核查。

(3)若对于被核查的检测设备来说,不存在可作为核查标准的实物量具或稳定的被测物品,则可以不进行期间核查。

3. 一次性使用的有证标准物质

对于一次性使用的有证标准物质,可以不进行期间核查。

(四)通用的期间核查方法

(1)设备经高一等级计量标准检定或校准后,立即进行一组附加测量,将参考值 y_s 赋予核查标准。即用被核查对象测量核查标准得到测量值,由检定证书或校准证书查找到相应的示值误差 δ,用 $y_s = \bar{y}_0 - \delta$ 确定参考值 y_s,式中 $\bar{y}_0$ 是被核查的测量仪器对核查标准进行 k 次(通常取 $k \geqslant 10$)重复测量所得的算术平均值。

检定或校准后立即进行附加测量的目的是保持校准状态,防止引入因仪器不稳定等因素带来的误差。

(2)隔一段时间(大于 1 个月)后,进行第一次期间核查,测量并记录 m 次(m 可以不等于 k)重复测量的数据,得到算术平均值 $\bar{y}_1$。

(3)每隔一段时间(大于 1 个月)重复上述期间核查步骤,直到 n 次核查,得到各次核查的核查数据 $\bar{y}_1, \bar{y}_2, \cdots, \bar{y}_n$。

(4)以被核查的测量仪器的最大允许误差(Δ)或计量标准的扩展不确定度(U)确定核查控制的上、下限,测量设备期间核查曲线可以参照图 7-13 进行绘制,图中给出参考值 y_s,以及控制区间[上限,下限]([$y_s-\Delta,y_s+\Delta$]或[y_s-U,y_s+U])。如果绘制的是一个检定周期(或校准间隔)内的曲线图,时间轴可以月份为单元;如果绘制历年的期间核查曲线,则时间轴以年份为单元。

如果确实不存在稳定的核查标准,实验室不能进行期间核查,此时可依据历年检定/校准证书的数据来绘制稳定性考核曲线,时间轴以年份为单元。

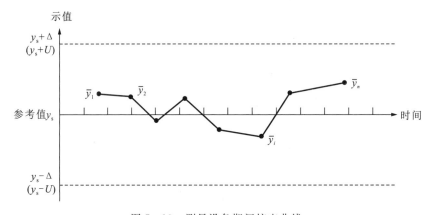

图 7-13 测量设备期间核查曲线

六、核查记录的内容及记录的形式和保存

期间核查记录是证明测量仪器在某个时刻是否处于校准状态的证据,也是用于数据分析和为下次期间核查提供对比数据的依据。期间核查记录的信息应该充分,记录内容应完整,对核查中所有可能影响结果数据的环节均应该记录,以便多次测量的数据具有可比性。期间核查的记录形式应便于判断校准状态是否发生变化及便于分析测量仪器的变化趋势。

(一)核查记录的内容

核查记录可以包括下列内容:
(1)期间核查依据的技术文件。
(2)被核查仪器的信息包括名称、编号、生产厂、使用的附件等。如果被核查的计量基准、标准是由多台仪器组成,并可改变组合,则应该记录测量系统的组合及其连接件和连接状态的信息。
(3)核查标准的信息包括名称、编号、生产厂以及使用的参数、量程或量值、测量位置等。如果对核查标准进行过稳定性考核或为建立过程参数做过实验,应记录相关的信息。
(4)核查时的环境参数有温度,必要时还包括湿度、空气压力、振动等。

(5)核查的相关信息有核查时间、核查的参数、核查操作人员,必要时包括核查结果的审查人员等。

(6)原始数据记录。

(7)数据处理过程的记录。

(8)核查曲线图或控制图。

(9)核查结论。

(10)关于拟采取措施的建议。

(二)核查记录的形式和保存

核查记录可以使用表格和图的形式并存,将原始数据和核查曲线图按照程序文件的要求进行保存和管理。核查记录也可以用电子文档形式保存,以便于数据更新和查阅。

核查记录示例:

记录编号:××××-2022

设备名称	测长仪	设备编号	C10325
生产商	××××××	测试配置	$\Phi 8$ 平面测帽
核查标准	量块	编号	486
核查方法	WJ 026—2012	环境条件	20 ℃±0.5 ℃
核查日期	2022-03-16	核查人员	×××

核查记录:

参考值 x_s/mm	测量1/mm	测量2/mm	测量3/mm	测量4/mm	测量5/mm	平均值 $\bar{x}$/mm	极差 R
30.000 1	30.000 4	30.000 7	30.000 5	30.000 5	30.000 6	30.000 5	0.000 3
95.001 2	95.002 3	95.002 1	95.002 3	95.002 5	95.002 2	95.002 3	0.000 4

被核查测长仪的最大允许误差 $\Delta = \pm 0.002$ mm

由于 $|\bar{x} - x_s| < |\Delta|$,核查结论:合格。

核查人:××× 2022 年 3 月 16 日

室主任:××× 2022 年 3 月 16 日

七、核查标准的保存

核查标准的保存应保证其稳定性,保证可能影响其稳定性的保存条件能满足要求,如温度、湿度、电磁场、振动、光辐射等。

对于标准物质,应注意保证两次检定或校准期间的所有核查使用同一批次的标准物质,以减少不同批次标准物质之间差异的影响。

第三节 计量比对

由于国内量值溯源中相同准确度等级的各测量仪器(标准物质)之间没有量值的横向比较,因此计量检测人员无法判定其测量结果一致。而且国内存在测量仪器(组合单位或导出单位)分属不同的比较链的情况,再加上人员素质、环境条件的差异,如此很容易导致量值的不统一,因此计量比对具有十分重要的意义。

一、计量比对的定义

计量比对是指在规定条件下,对相同准确度等级或者规定不确定度范围内的测量仪器、标准物质复现的量值进行比较的过程。比对是两个或两个以上实验室在一定时间范围内按照预先规定的条件测量同一个或几个性能稳定的传递标准,通过统一的数据处理方式综合分析测量结果的量值和测量不确定度,确定参与的实验室的测量结果的一致程度或是否在规定的范围内的全部活动。

二、计量比对的目的

一是确定实验室对特定检测或测量的能力并监测其持续能力。比如计量比对结果合理——可以评定标准器间的量值是一致的,测量的仪器、方法、人员、环境条件的差异对量值的影响是合理的。

二是识别实验室存在的问题并采取纠正措施。比如计量比对结果不合理——分析比对数据、实验验证、发现问题、解决方案、整改、再比对。

三是确定新方法的有效性和可比性。比如起草计量检定规程、校准规范中检测方法的可行性。

四是给标准物质赋值,并评价其适用性。

五是计量比对结果可以作为计量标准器具核准、标准物质定级鉴定、计量授权以及计量监督管理的依据之一。

三、计量比对的组织

计量比对的建立是技术机构根据国家计量比对的需求提出项目建议,经国家市场监督管理总局组织专家论证后,确定计量比对项目及主导实验室。国家市场监督管理总局根据需要也可直接指定计量技术机构作为计量比对主导实验室。

国家鼓励具有独立法人资格的机构按照相关计量技术规范要求,为加强计量比对提供能力建设,作为计量比对能力提供机构,面向社会自主开展相应项目的计量比对。参加国际计量比对,应按照国家市场监督管理总局有关规定执行。

主导实验室应具备相应的条件,要是能够独立承担法律责任的技术机构;计量基准器具、计量标准器具、测量设备或国家标准物质等符合计量比对相关要求,并能够在整个计量比对期间保证量值准确;能够提供具有计量溯源性的准确、稳定和可靠的传递标准或样品;具有与具体实施计量比对工作相适应的技术人员等。

主导实验室具体实施计量比对应符合相关计量技术规范要求,并对计量比对结果的客观性、公正性负责。计量比对结束后,主导实验室应将总结报告、计量比对结果以及其他计量比对材料提交国家市场监督管理总局。

参比实验室应在计量比对方案规定时间内将相关实验数据及材料提交主导实验室,并对所报送材料的真实性负责。

在计量比对中,无正当理由且未经国家市场监督管理总局同意,主导实验室和参比实验室不得延误国家计量比对。各实验室不得抄袭比对数据、弄虚作假,串通比对结果和篡改计量比对数据;相关方应当遵守相关保密规定,在国家计量比对结果公布前不得泄露有关信息,未经国家市场监督管理总局同意不得发布计量比对数据及结果。

四、计量比对的方式

计量比对方式有 3 种,我们比较各自特点如表 7-2 和图 7-14 所示。

表 7-2 三种计量比对方式特点及运用场景

比对方式	特点及适用场景
环式	适用于参比实验室为数不多并且传递标准便于传递、稳定性非常好的情况
星形式	是在样品稳定性成为主要关注问题时的最佳比对方式,若成本代价可接受,可为优选方案
花瓣式	是环式和星形式两种方案的折中,降低工作量的同时引入一定风险
其他形式	多套传递标准,组合

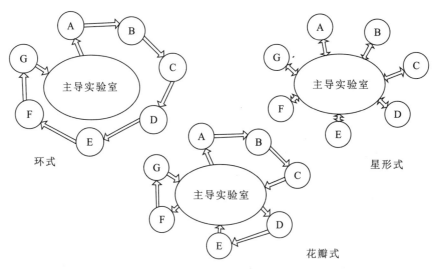

图 7-14 计量比对方式示意图

五、计量比对结果

1. 实验室比对结果的评价方法之一

对于少数几家实验室自行开展的实验室比对的方法,常采用归一化偏差 E_n 值进行评价:

当 E_n 值的绝对值小于等于 1 时,表示比对结果满意,通过,则表明实验室校准能力得到保证;

当 E_n 值的绝对值大于 1 时,表示比对结果不满意,不通过,则表明实验室校准能力没有得到保证,应采取必要的预防纠正措施。

比对参考值的计算将采用加权平均的方法。每个测量点参考值的计算可参照下式:

$$Y_{ri} = \frac{\sum_{j=1}^{n} \frac{Y_{ji}}{u_{ji}^2}}{\sum_{j=1}^{n} \frac{1}{u_{ji}^2}} \qquad (7-10)$$

式中:Y_{ri} ——第 i 个测量点的加权算术平均值,即该测量点的参考值;

Y_{ji} ——第 j 个实验室上报的在第 i 个测量点上的测量结果;

u_{ji} ——第 j 个实验室在第 i 个测量点上测量结果的标准不确定度,采用各实验室自评数据;

n ——参加比对的实验室数量。

对于花瓣式比对,由于主导实验室需在每个小循环前后进行试验,因此会有多组实验数据。其中仅将首循环首次实验数据计入参考值的计算,其他数据将作为传递标准稳定性的计算依据。

比对结果的判据采用归一化偏差 E_n 值的方法,E_n 值的计算方法见下式:

$$E_n = \frac{\left| \frac{Y_{ji} - Y_{ri}}{Y_{ri}} \times 100\% \right|}{\sqrt{U_{ji}^2 + U_{ri}^2}} \tag{7-11}$$

式中:U_{ri}——第 i 个测量点上参考值的测量结果的扩展不确定度;

U_{ji}——第 j 个实验室在第 i 个测量点上测量结果的扩展不确定度,由参比实验室提供(注:统一规定置信水平为 95%,包含因子 $k=2$);

$|E_n| \leqslant 1$——参比实验室的测量结果与参考值之差在合理的预期之内,比对结果可接受;

$|E_n| > 1$——参比实验室的测量结果与参考值之差没有到达合理的预期,应分析原因。

2. 实验室比对结果的评价方法之二

对于几十家或更多的实验室开展比对的方法,一般常用于政府相关部门对于检测/校准实验室开展的能力验证行为,常采用 Z 比分数进行评价:

当 Z 值的绝对值小于等于 2 时,表示比对结果满意,通过;

当 Z 值的绝对值大于等于 3 时,表示比对结果不满意,不通过;

当 Z 值的绝对值大于 2 且小于 3 时,表示比对结果可疑。

Z 比分数计算公式如下:

$$Z = \frac{x_{\text{lab}} - x_{\text{ref}}}{\Delta} \tag{7-12}$$

式中:x_{lab}——测量结果;

x_{ref}——参考值;

Δ——标准中规定的允许差。

式中 Δ 也可以是满足能力验证计划要求的变动性的合适估计值或度量。(如当利用四分位数稳健统计方法处理结果时,指定值 x_{ref} 为中位值时,Δ 是标准化四分位距,它等于四分位距的 0.741 3 倍。该模式可用于 x_{ref} 和 Δ 由参加者结果推导出的情况,也用于不是从参加者结果推导出的情况。)

六、计量比对过程及要求

1. 保密规定

明确规定在比对数据尚未正式公布之前,所有参与比对的相关人员均应对比对数据保密;不允许任何数据的串通;不得泄露与比对数据有关的信息;给出一旦发现上述行为的处理方案。

2. 比对前准备

参加实验室应在比对实验开始前检查装置，保证各设备处于完好状态，检查辅助设备是否齐备。检查所有使用的设备是否有有效的检定或校准证书，如没有，应完成校准。

承担比对的人员应对比对细则理解到位；应对安装和实验可能存在的困难有预估；如比对时间有调整，主导实验室应提前通知参加实验室，以利于安排工作。

3. 比对过程

交送和接收传递标准——开展比对实验——实验时间控制——非正常情况处理——比对结束提交——比对结果的确认。

4. 测量不确定度分析报告

测量结果的不确定度分析报告应由参比实验室独立完成。测量结果的不确定度不应劣于授权所要求的测量不确定度。从技巧性和合理性方面考虑，参比实验室的不确定度与授权要求相比也不应过小。

计量检定/校准装置建标考核时做的不确定度很可能是标准量值的不确定度，应注意的是在比对结果中需给出测量结果的不确定度，即最佳测量能力＋传递标准影响。

5. 校准证书内容检查

校准证书内容检查应包含：证书给出的内容是否符合比对细则的要求；证书与其原始记录的一致性；提交的不确定度分析报告与校准证书上明示的不确定度的一致性等。如内容不完整或与要求不符，可联系参比实验室并要求其按规定要求提交。

6. 比对资料完整性检查

主导实验室应及时检查参比实验室提交文件的完整性，避免遗忘和混乱；缺少文件时应通知参比实验室补交或提交相关说明。在规定时限内仍然不能提交的，受影响的部分在比对数据处理中可不予考虑。原则上只接收规定时限内提交的比对数据，但主导实验室应对比对数据保密直至提供比对报告初稿。

七、计量比对举例

某技术机构向国家计量行政部门申请某量值的计量比对，其申请报告内容有计量比对的目的（比对的重要性和意义）、比对的性质及范围（参比单位的资格和名单）、比对的实施（比对的路线及比对时间表）等。国家计量行政部门批准后将以文件的形式下达计量比对任务，并确定主导实验室。

(一)比对的目的

如气体流量计比对的目的:天然气流量计量广泛用于贸易结算,供销双方的、用户的直至企业内部的结算都无一例外地使用气体流量计作为结算的依据。由于流量计量的准确与否直接关系到供销双方的利益,由计量准确而减少的损失每年高达上千万元,所以用户往往愿意花费较高的金额去购置高精度的流量计。因此气体流量量值的正确和统一意义重大,如量值不统一,会产生严重的后果,如引起贸易纠纷等。

由于流量计量的是流动过程的量,是一个动态量,介质、环境条件、流动条件都会对计量的量值产生影响,因此在使用流量标准装置进行检测时,应严格控制以上因素的影响。但由于我国气体流量计量基础薄弱,检测人员水平差别较大,如对实验条件控制的理解不正确等,因此很容易产生系统差。流量是一个导出量,其量值是由质量、长度、时间等基本量导出的,因此只有通过量值比对才能将不同装置的量值联系起来。

(二)比对的性质及范围

由于是气体流量计的计量比对,参比单位必须有检测气体流量并通过建标考核过的计量标准设备。需确定涉及的是全国范围还是省级范围等,并列出参比单位名单。

(三)比对的实施

1. 比对的首次会议

首先通知参比单位相关专业的主要技术负责人参加计量比对方案讨论会,确定具体计量比对方案。一致通过后,主导实验室以文件的形式将定稿的比对方案下发参比实验室。

2. 确定比对路线

例如:比对路线采取花瓣形的路线安排,全部比对将被分为5个小循环,每个小循环将由地域临近的几个参比实验室参加,主导实验室分别在小循环的开始和结束对传递标准进行试验,以验证其稳定性。

3. 确定比对时间

例如:每个参比实验室试验时间为4个日历日(不含法定节日,如遇节日顺延),各参比实验室应提前1天完成比对的各项准备工作。如果由于特殊原因确实需要延长时间,需提前通知主导实验室并提交书面说明。

4. 比对传递标准

考虑到计量标准开展量值传递的计量器具比较多,主导实验室仅选择两种具有代表性的计量器具作为传递标准:一个是气体涡轮流量计(速度式的),另一个是气体腰轮流量计

（容积式的）。这里仅以气体涡轮流量计为例。

气体涡轮流量计组件以一台 DN100 涡轮流量计为传递标准，还包含 $10D$（D 为管道内直径）的上游直管段和 $5D$ 的下游直管段。另外，为了避免在运输过程中异物进入比对组件管道及流量计中，在上、下游直管段的两端还装有盲板用以密封，在上游直管段的入口处配有过滤网。各参比实验室应在试验前取下盲板并安装好过滤网，试验后应将盲板安装妥当后再进行运输。

在下游直管段距离流量计 $4D$ 处设有取温口，用以安装装置上自带的温度传感器。应注意的是，为保证安装一致性，直接与流量计表体相连接的上、下游直管段的法兰端面在全部比对实验及运输过程中不要进行重新拆装。（如有特殊情况，需事先得到主导实验室确认。）

（四）比对实验方案

1. 比对实验通用要求

（1）实验室接到传递标准组件后先查看包装的完整性，在确认包装没有破损后，打开包装，查看流量计是否异常。

（2）接收传递标准后，将其静置于实验室至少 12 h 后方可进行试验。

（3）将温度传感器组件连接好后，将传递标准安装在装置上，注意原温度传感器接口的密封。

（4）利用配备的盲板进行密封性实验，确保在运输、安装及温度传感器连接过程中没有造成泄漏。实验时压力不大于 0.3 MPa，气体要求洁净。密封性实验不需要提供记录。比对的实验结果，将视为比对组件及标准装置均不泄漏时的有效结果。

（5）在比对实验前，需把随比对传递标准组件一起配送的滤网安装在传递标准的进气口处，防止实验过程中有杂质进入传递标准中。

（6）比对实验开始时应注意逐步提升流量，并在传递标准最大流量的 70%～100% 范围内运行至少 30 min，待流体温度、压力和流量稳定后方可进行实验。

（7）实验后，需把传递标准组件两端的盲板安装好后，放回原包装中。在整个实验过程中不得有任何杂质进入传递标准组件。

2. 气体涡轮流量计

比对实验，选取 600 m³/h、300 m³/h 两个流量点作为比对点，按顺序进行。

每点重复试验 6 次。实际实验流量值与选取流量值的偏差不得超过 ±5%。实验过程中记录涡轮流量计的脉冲输出。

3. 实验数据处理

（1）系统总的累计检定体积为

$$V = \sum_{i=1}^{n} q_{V_i} t \tag{7-13}$$

(2)流量计的比对参数为其仪表系数 k_V(单位为 m^{-3})为

$$k_V = \frac{N}{V_s} \tag{7-14}$$

式中：N——流量计发出的脉冲数；

V_s——由装置测得的修正到比对表处的实际气体体积值。

注：应给出流量计各点的仪表系数 k_V 的测量结果，以及该测量结果的不确定度。

(五)比对结果

1. 参考值的选取

1)以权威实验室的量值作为参考值

当参比实验室的量值由国家计量基准或上一级计量标准确定(其测量不确定度得到有效确认)，或有国际比对结果支持，或经评价为公认的更高水平实验室的量值时，可考虑采用该实验室的量值作为比对参考值。

2)以参比实验室测得的量值的平均值作为参考值

如果参比的计量标准溯源比较统一，且传递的量值比较简单，可以考虑采用各参比实验室的测量结果(测量值)的平均值作为参考值。

3)以参比实验室的加权平均值的结果作为参考值

如果量值是导出量，溯源的标准有不确定性，最好采用加权平均值作为参考值。

2. 比对数据处理

由于流量值是导出量单位，所以这次比对参考值的计算将采用加权平均的方法。每台流量计每个流量点参考值的计算可参照公式(7-10)。

3. 比对结果的判据

参比实验室应根据比对传递标准组件在本实验室的实际实验情况以及自身装置情况给出实验结果的测量不确定度分析报告。

比对传递组件的参考值的标准不确定度由主导实验室给出。每台比对传递组件每个流量点参考值不确定度的计算参照下式：

$$u_{ri} = \sqrt{\frac{1}{\sum_{j=1}^{n} \frac{1}{u_{ji}}} + u_{ei}^2} \tag{7-15}$$

式中：u_{ri}——第 i 个测量点的参考值的不确定度；

u_{ji}——第 j 个实验室上报的在第 i 个测量点上的测量结果的不确定度；

u_{ei}——传递标准在第 i 个测量点上在比对期间的稳定性。

比对传递组件的参考值的扩展不确定度为

$$U_{ri}=k \cdot u_{ri} \quad (k=2)$$

注：统一规定置信水平为95%，包含因子 $k=2$。

比对结果的判据采用归一化偏差 E_n 值得方法，计算公式见式(7-11)。

4. 实验室完成实验情况

1) 参比实验室比对数据(表7-3)及参考值

由于参比实验室比较多，共22家，这里仅取 600 m³/h 的5组数据计算，隐去参加单位名称，用序号表示。

(1) 主比对量——气体涡轮流量计。

表 7-3 气体涡轮流量计测量数据

实验室	流量点			
	600 m³/h		300 m³/h	
	K_V/L^{-1}	U	K_V/L^{-1}	U
1	9 296.290	0.32	9 285.700	0.32
2	9 289.712	0.32	9 292.350	0.32
3	9 437.668	0.31	9 441.408	0.31
4	9 294.555	0.56	9 322.855	0.56
5	9 280.700	0.28	9 282.600	0.28

注：① K_V 为各参比实验室给出的实验结果；② U 为各参比实验室给出的实验结果的测量不确定度。

(2) 计算。

这里仅以 600 m²/h 测量点举例(数据见表7-3)。以参比实验室的加权平均值的结果作为参考值，根据式(7-10)有(由于统一取 $k=2$，标准不确定度改为扩展不确定度)

$$Y_r = \frac{\sum_{i=1}^{n}\frac{Y_i}{U_i^2}}{\sum_{i=1}^{n}\frac{1}{U_i^2}} = \frac{\frac{9\ 296.290}{0.32^2}+\frac{9\ 289.712}{0.32^2}+\frac{9\ 437.688}{0.31^2}+\frac{9\ 294.555}{0.56^2}+\frac{9\ 280.700}{0.28^2}}{\frac{1}{0.32^2}+\frac{1}{0.32^2}+\frac{1}{0.31^2}+\frac{1}{0.56^2}+\frac{1}{0.28^2}}$$

$$= 9\ 292.96(\text{L}^{-1})$$

每个流量点参考值测量不确定度的计算公式依据式(7-15)得(考虑到稳定性的数据只是作为参考，故去掉了)

$$U_r = \sqrt{\frac{1}{\sum_{j=1}^{n}\frac{1}{U_i}}} = \sqrt{\frac{1}{\frac{1}{0.32^2}+\frac{1}{0.32^2}+\frac{1}{0.31^2}+\frac{1}{0.56^2}+\frac{1}{0.28^2}}}\% = 0.17\%$$

按照式(7-11)算出 5 个点的 E_n 值为

$$E_1 = \frac{\left|\frac{Y_1 - Y_r}{Y_r} \times 100\%\right|}{\sqrt{U_1^2 + U_r^2}} = \frac{\left|\frac{9\,296.29 - 9\,292.96}{9\,292.96} \times 100\%\right|}{\sqrt{0.32^2 + 0.17^2}\,\%} \approx 0.1 \leqslant 1 = E_n(\text{满意})$$

以此类推,计算 E_2、E_3、E_4 和 E_5 值,我们发现第三点是异常值,单独计算:

$$E_3 = \frac{\left|\frac{Y_3 - Y_r}{Y_r} \times 100\%\right|}{\sqrt{U_3^2 + U_r^2}} = \frac{\left|\frac{9\,437.688 - 9\,292.96}{9\,292.96} \times 100\%\right|}{\sqrt{0.31^2 + 0.17^2}\,\%} \approx 4.4 > 1 = E_n(\text{不满意})$$

注:此 E_n 值是 5 个点的,实际计算是按 22 个参比实验室测量值计算的。

2) 异常值的剔除

第三点可能是异常值,使用格拉布斯准则进行剔除判断:

$$|Y_i - Y_r| > G(5) \cdot \sigma \tag{7-16}$$

计算得 $\sigma_{n-1} = 66.185$,$G(5) = 1.672$(置信水平 95%),有

$$\frac{|Y_3 - Y_r|}{\sigma} = \frac{|9\,437.688 - 9\,292.96|}{66.185} = 2.19 > G(5) = 1.672$$

经验算,第三个实验室涡轮流量计在两个流量点下的数据均满足上述剔除原则,因此在对涡轮流量计比对结果处理时均将其数据剔除。

5. 比对结果(E_n 值及评价图)

1) 比对结果评价图(图 7-15;涡轮流量计,流量 600 m³/h,仪表常数 K)

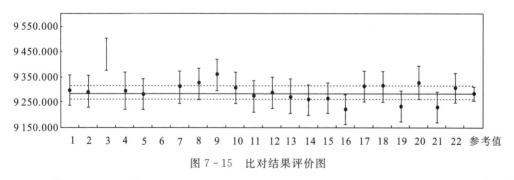

图 7-15 比对结果评价图

2) E_n 值(图 7-16,表 7-4)

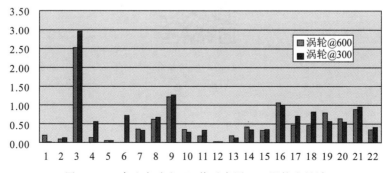

图 7-16 参比实验室 E_n 值示意图——涡轮流量计

表 7-4 参比实验室 E_n 值统计表——涡轮流量计

实验室	E_n 值(600 m³/h)	E_n 值(300 m³/h)	实验室	E_n 值(600 m³/h)	E_n 值(300 m³/h)
1	0.20	0.01	12	0.04	0.03
2	0.10	0.13	13	0.18	0.13
3	2.52	2.96	14	0.42	0.35
4	0.14	0.55	15	0.34	0.36
5	0.05	0.05	16	1.07	1.002
6	—	0.73	17	0.47	0.71
7	0.36	0.33	18	0.48	0.83
8	0.62	0.68	19	0.79	0.57
9	1.21	1.26	20	0.64	0.56
10	0.35	0.29	21	0.89	0.97
11	0.18	0.34	22	0.35	0.40

6. 比对结果说明

有必要可以对比对的情况做一个说明。

（六）计量比对总结报告

主导实验室在完成计量比对后草拟一个计量比对总结报告（征求意见稿），召开计量比对的末次会议（全体参比单位参加），参比单位对比对的情况可以提出意见。经修改后完成总体的总结报告。报告的内容：计量比对的目的意义；比对过程完成情况；比对结果的情况说明；计量比对结果。

终稿提交安排任务的计量行政部门，由计量行政部门公布比对结果。

扫描二维码观看
期间核查

第八章　计量标准

计量标准是指准确度低于计量基准,用于检定或校准其他计量标准或者工作计量器具的计量器具。计量标准处于我国量值传递和量值溯源的中间环节,将计量基准所复现的单位量值,通过检定逐级传递到工作计量器具,从而确保工作计量器具量值的准确可靠,确保全国计量单位制和量值的统一。

国家对计量标准实行考核制度,并纳入行政许可的管理范畴。计量标准的考核内容包括:国家计量行政主管部门对计量标准测量能力进行评定,以及确认利用计量标准开展量值传递的资格。建立一项计量标准必须满足国家相关法律法规和技术规程规范的要求。本章主要对建标单位的建标要求做具体操作介绍。

第一节　术语与定义和计量标准命名

本节列举了与计量标准考核相关的术语与定义及其注释。

一、术语与定义

1. 计量标准(测量标准)

计量标准是指准确度低于计量基准的,用于检定或校准其他计量标准或工作计量器具的计量器具。如用作参考的实物量具、测量仪器、参考(标准)物质或测量系统。计量标准具有确定的量值和相关联的测量不确定度,是实现给定量定义的参照对象。

JJF 1033—2016《计量标准考核规范》所指计量标准约定由计量标准器及配套设备组成。

2. 最高计量标准

最高计量标准分为最高社会公用计量标准、部门最高计量标准和企事业最高计量标准3种。最高计量标准是依据该计量标准在与其"计量学特性"相应的国家计量检定系统表中的位置是否最高来判断,不能按照能否在本地区或本部门内进行量值溯源来判断,或者简单按照测量准确程度来判断。

例如：流量计量标准。其计量学特性是一个组合导出单位，因其量值需溯源到质量和时间等物理量，则应当判定它属于最高计量标准。

3. 参考标准（参考测量标准）

参考标准（参考测量标准）是指在给定组织或给定地区内指定用于校准或检定同类量其他测量标准的测量标准。其中，给定地区内的参考标准指最高社会公用计量标准、其他等级社会公用计量标准（次级计量标准），给定组织内的参考标准指部门最高计量标准、企事业最高计量标准。

4. 计量标准考核

计量标准考核是指由国家主管部门对计量标准测量能力的评定和利用该标准开展量值传递资格的确认。计量标准考核包括技术要求和法制管理两个方面，技术要求是对计量标准测量能力的评定，法制管理是对利用该标准开展量值传递资格的确认。

5. 计量标准考评

计量标准考评是指在计量标准考核过程中，计量标准考评员对计量标准测量能力的评价。

计量标准考评是计量标准考核过程中的一个重要环节，该环节主要进行技术评价，由计量标准考评员通过书面审查、现场考评等方式来评价计量标准的测量能力。

6. 计量标准的测量范围

计量标准的测量范围是指在规定条件下，由具有一定的仪器不确定度的计量标准能够测量出的同类量的一组量值。

注：在 JJF 1001—2011《通用计量术语及定义》中将测量范围称为测量区间或工作区间。

7. 仪器的测量不确定度

仪器的测量不确定度是指由所用的测量仪器或测量系统所引起的测量不确定度的分量。

仪器的测量不确定度一般通过对测量仪器或测量系统校准而得到。在测量不确定度评定过程中，通常按 B 类测量不确定度评定处理。

8. 计量标准的不确定度

计量标准的不确定度是指在检定或校准结果的测量不确定度中，由计量标准引起的测量不确定度分量，它包括计量标准器及配套设备所引入的不确定度。

9. 计量标准器的不确定度

计量标准器的不确定度是指在计量标准的不确定度中由计量标准器所引起的测量不确定度分量。"计量标准器的不确定度"小于"计量标准的不确定度"。

10. 计量标准的准确度等级

计量标准的准确度等级是指在规定工作条件下,符合规定的计量要求,使测量误差或仪器不确定度保持在规定极限内的计量标准的等别或级别。

11. 计量标准的最大允许误差

计量标准的最大允许误差是指对给定的计量标准,由规范或规程所允许的,相对于已知参考量值的测量误差的极限值。

12. 测量精密度

测量精密度是指在规定条件下,对同一或类似被测对象重复测量所得示值或测得值间的一致程度。

注:(1)测量精密度通常用不精密程度以数字形式表示,如在规定测量条件下的标准偏差、方差或变差系数。

(2)规定条件可以是重复性测量条件、期间精密度测量条件或复现性测量条件。

(3)测量精密度用于定义测量重复性、期间测量精密度或测量复现性。

(4)术语"测量精密度"有时用于指"测量准确度",这是错误的。

13. 测量重复性

测量重复性是指在一组重复性测量条件下的测量精密度。

注:重复性测量条件简称重复性条件,是指相同测量程序、相同操作者、相同测量系统、相同操作条件和相同地点,并在短时间内对同一或相类似被测对象重复测量的一组测量条件。

14. 计量标准的稳定性

计量标准的稳定性是指计量标准保持其计量特性随时间恒定的能力。

注:在计量标准考核中,计量标准的稳定性用计量特性在规定时间间隔内发生的变化量表示。

15. 计量标准文件集

计量标准文件集是指关于计量标准的选择、批准、使用和维护等方面文件的集合。

文件集定义来自 OIML 国际文件 D8:2004,是国际上对于计量标准文件集合的总称。

文件集是原来计量标准档案的延伸,内容包括计量标准考核证书等18个方面的文件。

二、计量标准命名

计量标准命名的基本类型为4类:标准装置、检定装置、校准装置、工作基准装置。一般来说,标准装置以标准器来命名,检定装置以被检、被校计量器具名称命名,校准装置以被校计量器具名称命名。

（一）标准装置的命名

以标准装置命名的计量标准是用主标准器的名称作为命名标识的计量标准,有两种命名形式:一种是×××标准装置,另一种是×××标准器或×××标准器组。计量标准的命名有一个原则,是以计量标准中的"主要计量标准器"或其反映的"参量"名称作为命名标识。该原则用于同一计量标准可开展多项检定或校准项目的场合,也用于计量标准中主要计量标准器与被检定或被校准计量器具名称一致的场合。

以此原则命名的计量标准,在"主要计量标准器"或其反映的"参量"名称后面加后缀"标准装置",如数字功率表标准装置。当计量标准仅由实物量具构成时,为单一实物量具,则在"主要计量标准器"或其反映的"参量"名称后面加后缀"标准器",如显微标尺标准器。当计量标准器为一组实物量具,则在"主要计量标准器"的名称或其反映的"参量"名称后面加后缀"标准器组",如高频电容标准器组。

（二）检定装置、校准装置的命名

以被检或被校计量器具的名称作为命名标识的计量标准,也有两种命名形式:一种是×××检定装置或×××校准装置,另一种是检定×××标准器组或校准×××标准器组。当开展项目执行的技术依据既有检定规程又有校准规范时则命名为检定装置,如果只执行校准规范时则命名为校准装置。

如果是以被检定或被校准"计量器具"或其反映的"参量"名称作为命名标识作为原则,则该原则用于同一被检定或被校准计量器具需要多种计量标准器进行检定或校准的场合,或用于计量标准中主要计量标准器的名称与被检定或被校准计量器具名称不一致的场合,或用于计量标准中计量标准器等级概念不易划分,而用被检定或被校准"计量器具"或其反映的"参量"名称作为命名标识,更能反映计量标准特征的场合。

以此原则命名的计量标准,在被检定或被校准"计量器具"或其反映的"参量"的名称后面加后缀"检定装置"或"校准装置",如流量积算仪检定装置、坐标测量机校准装置。当计量标准仅由实物量具构成时,则在被检定或被校准"计量器具"或其反映的"参量"名称前加前缀"检定"或"校准",在其后面加后缀"标准器组",如检定阿贝折射仪标准器组。

(三)计量标准命名的其他约定

为了使计量标准名称能准确地反映计量标准的特性,根据计量标准的特点,在计量标准的计量标准器、被检定或被校准计量器具名称或参量前可以用测量范围、等别或级别、原理以及状态、材料、形状、类型等基本特征词加以描述,如静态质量法液体流量标准装置、立式金属罐容积检定装置、超声波测厚仪校准装置、0.02级活塞式压力真空计标准装置。

当同一计量标准有多个计量标准器,可开展多项检定或校准项目时,应遵循更能反映计量标准特征的原则进行命名。优先考虑以计量标准器名称作为命名标识,要么用最具代表性的计量标准器或被检定、被校准计量器具或其反映的参量名称作为命名标识,要么以主要计量标准器、被检定或被校准计量器具或其反映的参量类别名称作为命名标识。计量标准命名在遵循命名原则的同时,还可兼顾沿用习惯。

(四)计量标准名称与分类代码

计量标准名称与分类代码具体查看 JJF 1022—2014《计量标准命名与分类编码》附录A,该附录收录了共计1261项计量标准名称与分类代码。

第二节 建立计量标准的要求

建标单位建立计量标准的要求,也是计量标准的考核内容。建立计量标准是一项技术性很强的工作,JJF 1033—2016《计量标准考核规范》的要求包括计量标准器及配套设备、计量标准的主要计量特性、环境条件及设施、人员、文件集和计量标准测量能力的确认等6个方面的内容。

一、计量标准器及配套设备

建标单位应当按照计量检定规程或计量技术规范的要求,科学合理、完整齐全地配置计量标准器及配套设备(包括计算机及测量或数据处理软件),并能满足开展检定或校准工作的需要。所配置的计量标准器及主要配套设备,其计量特性(包括测量范围、不确定度或准确度等级或最大允许误差、稳定性、灵敏度、鉴别力、分辨力等)应当符合相应计量检定规程或计量技术规范的要求,并能满足检定或校准工作的需要,这都是重点考评项目。

计量标准的量值应当溯源至国家计量基准或社会公用计量标准。当不能采用检定或校准方式溯源时,应当通过比对的方式,确保计量标准量值的一致性。计量标准器及主要配套设备均应有连续、有效的检定或校准证书。

计量标准的溯源性应当符合一定的要求:

(1)计量标准器及主要配套设备应当定点定期经法定计量检定机构或县级以上人民政

府计量行政部门授权的计量技术机构建立的社会公用计量标准检定合格或校准来保证其溯源性。

(2) 有计量检定规程的计量标准器及主要配套设备,应当按照计量检定规程的规定进行检定;没有计量检定规程的计量标准器及主要配套设备,应当依据国家计量校准规范进行校准。如无国家计量校准规范,可以依据有效的校准方法进行校准。校准的项目和主要技术指标应当满足其开展检定或校准工作的需要,并参照JJF 1139—2005《计量器具检定周期确定原则和方法》的要求,确定合理的复校时间间隔。

(3) 计量标准中使用的标准物质应当是处于有效期内的有证标准物质。

(4) 当国家计量基准和社会公用计量标准无法满足计量标准器及主要配套设备量值溯源需要时,建标单位应当经国务院计量行政部门同意后,方可溯源至国际计量组织或其他国家具备相应测量能力的计量标准。

计量标准的量值溯源性是考核关键环节之一,是保证检定或校准结果准确可靠的基础。计量检定溯源须按照计量检定规程的要求进行周期检定,检定项目须齐全,周期不得超过计量检定规程的规定。计量标准的量值应当溯源至计量基准或社会公用计量标准。有计量检定规程的,应当以检定方式溯源,不能以校准方式溯源;没有计量检定规程或计量检定规程不能覆盖其测量范围的,可以采用校准方式溯源,复校时间间隔按规范要求或校准机构给出的时间间隔或自行按JJF 1139—2005《计量器具检定周期确定原则和方法》确定。当不可能采用计量检定或校准方式溯源时,应当通过比对的方式,确保计量标准量值的可靠性和一致性,比对也应当定期进行。

计量标准溯源需准备相应证明文件,包括计量标准器及主要配套设备的检定证书/校准证书或符合要求的溯源性证明文件。溯源证明文件要求有连续性,时间上连续不间断。如果溯源证明文件有间断,就不能作为开展工作的证据。

二、计量标准的主要计量特性

计量标准的主要计量特性包括测量范围、不确定度或准确度等级或最大允许误差、稳定性等。

(一)测量范围

计量标准的测量范围应当用计量标准所复现的量值或量值范围来表示,对于可以测量多种参数的计量标准,应当分别给出每种参数的测量范围。计量标准的测量范围应当满足开展检定或校准工作的需要。

为方便大家理解,现示例如下:①实物量具 E_1 等级公斤砝码标准装置的测量范围为 $1\ kg$;②测量仪器0.02级活塞式压力计的测量范围为$(-0.1\sim 60)MPa$;③测量多参数的计量标准,如单相交流电能表检定装置的测量范围为$AC\ U:220\ V, AC\ I:(0.1\sim 100)A, \cos\varphi: 0.25(L)\sim 1 - 0.25(C), f:(45\sim 65)Hz$。

(二)不确定度或准确度等级或最大允许误差

计量标准的不确定度或准确度等级或最大允许误差应当根据计量标准的具体情况,按本专业规定或约定俗成进行表述。对于可以测量多种参数的计量标准,应当分别给出每种参数的不确定度或准确度等级或最大允许误差。计量标准的不确定度或准确度等级或最大允许误差应当满足开展检定或校准工作的需要。下面对这段话的部分关键词进行说明:

(1)计量标准的不确定度是指计量标准所复现的标准量值的不确定度,或者说是在测量结果中由计量标准所引入的不确定度分量。它适用于在测量中采用计量标准的实际值,或加修正值使用的情况。

(2)准确度等级是指符合一定的计量要求,并使不确定度或误差保持在规定极限以内的计量标准的等别或级别。准确度等级通常采用约定的数字或符号来表示,并称为等级指标。注意"准确度"和"准确度等级"之间的区别,准确度是一个定性的概念。

(3)最大允许误差是指对给定的计量标准,由规范、规程、仪器说明书等文件所给出的允许的误差极限值,有时也称计量标准的允许误差限。

(4)"不确定度或准确度等级或最大允许误差"的表述方式是根据计量标准的具体情况以及本专业的规定或约定俗成进行选择。在采用实际值时,一般以校准结果选择不确定度;在采用标称值时,一般以检定结果选择最大允许误差;有相关技术文件具体规定的,一般选择准确度等级。计量标准的不确定度由多个分量组成,直接填写各个分量,不必合成。不确定度或准确度等级或最大允许误差应覆盖计量标准的测量范围。

(三)稳定性

计量标准的稳定性用计量标准的计量特性在规定时间间隔内发生的变化表示。新建计量标准一般应当经过半年以上的稳定性考核,证明其所复现的量值稳定可靠后,方可申请计量标准考核;已建计量标准一般每年至少进行一次稳定性考核,并保存历年的稳定性考核记录,以证明其计量特性的持续稳定。

稳定性考核的前提是存在量值稳定的核查标准,当无法进行计量标准的稳定性考核时,可将计量标准器稳定性考核的结果作为证明其量值稳定的依据。

对于准确度等级较高且重要的计量标准,如果有可能,可采用常规控制图的方法对计量标准进行连续和长期的统计控制。对于已经有效建立测量过程统计控制的计量标准,可以不必再单独进行稳定性考核。

若计量标准在使用中采用标称值或示值,则计量标准的稳定性应当小于计量标准的最大允许误差的绝对值;若计量标准需要加修正值使用,则计量标准的稳定性应当小于修正值的扩展不确定度(U_{95} 或 $U,k=2$)。当计量检定规程或计量技术规范对计量标准的稳定性有规定时,则可以依据其规定判断稳定性是否合格。有效期内的有证标准物质可以不进行稳定性考核。——该要求为重点考评项目。

计量标准除了上述主要特性,其灵敏度、鉴别力、分辨力、漂移、滞后、响应特性、动态特性等也应当满足相应计量检定规程或计量技术规范的要求。

三、环境条件及设施

计量建标的环境条件一般包括大气环境条件（如温度、湿度等）、机械环境条件（如振动、冲击等）、电磁兼容条件（如电磁屏蔽、电磁干扰、辐射等）、供电电源条件（如电源电压、频率、输出功率稳定性等）、采光照明条件（如照明、亮度等）等，这些环境条件应当满足计量检定规程或计量技术规范的要求。

计量建标的设施一般包括空调系统、消声室、暗室、屏蔽室、隔离电源、防振动、防辐射等设施。建标单位应当对检定或校准工作场所内互不相容的区域进行有效隔离，防止相互干扰，防止相互影响；必要时，设置警示牌；设施需要定期验证其技术性能。

建标单位要对环境条件进行监控及记录，当环境条件可能危及计量检定或校准结果时，应停止相关工作。当环境条件及设施发生重大变化时，建标单位应当进行计量标准环境条件及设施发生变化后的自查和评价，这是一项主体责任要求。

四、人员

建标单位应当配备计量标准负责人，为每个计量标准配备至少两名检定或校准人员。

计量标准负责人应具有注册计量师职业资格或工程师以上技术职称并能够履行职责的能力，且熟悉计量标准的组成、结构、工作原理和主要计量特性，掌握相应计量检定规程或计量技术规范以及计量标准的使用、维护和溯源等规定，具备对检定或校准结果进行测量不确定度评定的能力，并对计量标准的日常使用管理、维护，量值溯源，文件集的更新等事宜总负责。

检定或校准人员的资格应当满足有关计量法律法规要求。法定计量检定机构和被授权单位的检定或校准人员，应当持有《注册计量师资格证书》和《注册计量师注册证》或原《计量检定员证》证件。企、事业单位的检定或校准人员，无需取得计量检定人员证件，但需培训考核合格，取得培训合格证明，经本单位授权上岗。

五、文件集

每项计量标准应当建立一个文件集，文件集目录中应当注明各文件的保存地点、方式和保存期限。建标单位应当保证文件的完整性、真实性、正确性和有效性。

计量标准的文件集是关于计量标准的选择、批准、使用和维护等方面文件的集合。文件集是原来计量标准档案的延伸，是国际上对计量标准文件集合的总称。计量标准的5个重要文件，即计量检定规程或计量技术规范、计量标准技术报告、检定或校准的原始记录、检定或校准证书、管理制度等，都有具体的要求。

(一)计量检定规程或计量技术规范

建标单位应当备有开展检定或校准工作所依据的计量检定规程或计量技术规范。如果没有国家计量检定规程或国家计量校准规范时,可以选用部门或者地方计量检定规程。部门计量检定规程只能在部门内部开展计量检定;地方计量检定规程只能在本地区开展计量检定。

对于国民经济和社会发展急需的计量标准,如无计量检定规程或国家计量校准规范,建标单位可根据国际、区域、国家、军用或行业标准编制相应的校准方法,经过同行专家审定后,连同所依据的技术规范和实验验证结果,报主持考核的人民政府计量行政部门同意后,方可作为建立计量标准的依据。

(二)计量标准技术报告

新建计量标准,应当撰写《计量标准技术报告》,报告内容应当完整、正确;已建计量标准,如果计量标准器及主要配套设备、环境条件及设施等发生变化,引起计量标准主要计量特性发生显著变化时,应当重新修订《计量标准技术报告》。建标单位在《计量标准技术报告》中应当准确描述建立计量标准的目的、计量标准的工作原理及组成、计量标准稳定性考核、结论及附加说明等情况。

计量标准器及主要配套设备的名称、型号、测量范围、不确定度或准确度等级或最大允许误差、制造厂及出厂编号、检定或校准机构及检定周期或复校间隔等栏目要填写完整、正确;计量标准的测量范围、不确定度或准确度等级或最大允许误差等主要技术指标及环境条件要填写正确。对于可以测量多种参数的计量标准,应当给出对应于每种参数的主要技术指标;要根据相应的国家计量检定系统表、计量检定规程或计量技术规范,正确画出所建计量标准溯源到上一级计量标准和传递到下一级计量器具的量值溯源和传递框图。

检定或校准结果的重复性试验是在重复性测量条件下,用计量标准对常规的被检定或被校准对象进行 n 次独立重复测量,用单次测得值 y_i 的实验标准差 $s(y_i)$ 来表示其重复性。检定或校准结果的重复性通常是检定或校准结果的一个不确定度来源。新建计量标准应当进行重复性试验,并提供试验的数据;已建计量标准,每年至少进行一次重复性试验,测得的重复性应满足检定或校准结果的测量不确定度的要求。

按照要求进行检定或校准结果的测量不确定度评定,应形成详细的《检定或校准结果的测量不确定度评定报告》。在《计量标准技术报告》的"检定或校准结果的测量不确定度评定"栏目中简要给出检定或校准结果的测量不确定度评定步骤、方法和结果,步骤、方法要正确,评定结果要合理。

按照要求进行检定或校准结果的验证,验证的方法应当正确,验证结果应当符合要求。

(三)检定或校准的原始记录

检定或校准的原始记录格式要规范、信息量齐全,填写、更改、签名及保存等符合有关规定的要求。原始数据要真实,数据处理正确。

(四)检定或校准证书

检定或校准证书的格式、签名、印章及副本保存等要符合有关规定的要求。检定或校准证书结论准确,内容符合计量检定规程或计量技术规范的要求。

(五)管理制度

为切实保证计量标准处于正常运行状态,建标单位应当建立并执行实验室岗位管理制度、计量标准使用维护管理制度、量值溯源管理制度、环境条件及设施管理制度、计量检定规程或计量技术规范管理制度、原始记录及证书管理制度、事故报告管理制度、计量标准文件集管理制度。

上述各管理文件可以单独制订,也可以包含在建标单位的管理体系文件中。

六、计量标准测量能力的确认

计量标准测量能力的确认由计量标准考评组进行。在考评前,建标单位应做好前期准备工作。计量标准测量能力的确认一般用以下两种方法实施。

(一)技术资料的审查

根据建标单位提供的计量标准稳定性考核、检定或校准结果的重复性试验、检定或校准结果的不确定度评定、检定或校准结果的验证、计量比对等技术资料,综合判断计量标准测量能力是否满足开展检定或校准工作的需要以及是否处于正常工作状态。

(二)现场实验

通过现场实验的结果、检定或校准人员实际操作和回答问题的情况,判断计量标准测量能力是否满足开展检定或校准工作的需要以及是否处于正常工作状态。检定或校准人员采用的检定或校准方法、操作持续以及操作过程等要符合计量检定规程或计量技术规范的要求。

现场实验时,考评组可以选择盲样、建标单位的核查标准或近期经检定或校准过的计量器具作为测量对象。最佳的测量对象是考评员自带的盲样;在考评组无法自带盲样的情况下,可以选用建标单位的核查标准作为测量对象;若建标单位无合适的核查标准可供使用时,也可以从建标单位的仪器收发室中,挑选近期已检定或校准过的计量器具作为测量对象。

对于考评组自带盲样的情况,现场测得值与参考值之差应不大于两者的扩展不确定度(U_{95} 或 $U, k=2$,下同)的方和根。若现场测得值和参考值分别为 y 和 y_0,它们的扩展不确定度分别为 U 和 U_0,则应满足

$$|y - y_0| \leqslant \sqrt{U^2 + U_0^2} \qquad (8-1)$$

若使用建标单位的核查标准作为测量对象,则建标单位应在现场实验前提供该核查标

准的参考值及其不确定度。若采用近期已检定或校准过的计量器具作为测量对象,建标单位也应在现场实验前提供该仪器的检定或校准结果及其不确定度。在此两种情况下,由于测得值和参考值都是采用同一套计量标准进行测量,因此在扩展不确定度中应扣除由系统效应引起的测量不确定度分量。若现场测得值和参考值分别为 y 和 y_0,它们的扩展不确定度均为 U,扣除由系统效应引入的不确定度分量后的扩展不确定度为 U',则应满足

$$|y - y_0| \leqslant \sqrt{2} U' \tag{8-2}$$

第三节　计量标准的运行

计量标准在建标后需要完成稳定性考核、检定或校准结果的重复性试验、检定或校准结果的测量不确定度评定、检定或校准结果的验证、《计量标准履历书》及相关表格填写,以下逐一介绍。

一、计量标准的稳定性考核

计量标准的稳定性是指计量标准保持其计量特性随时间恒定的能力,与所考虑的时间段长短有关。一般说来,计量标准的稳定性应包括计量标准器的稳定性和配套设备的稳定性。在稳定性的测量中,不可避免地会引入被测对象对"稳定性测量"自身的影响。为减少这一影响,必须选择稳定的被测对象来作为核查标准。因此,稳定性考核的前提是必须存在其量值长期稳定的核查标准。当计量标准可以测量多种参数时,应分别对每种参数进行稳定性考核。下面介绍计量标准的稳定性考核方法及《计量标准的稳定性考核记录》填写。

（一）计量标准的稳定性考核方法

计量标准的稳定性考核方法有 5 种:采用核查标准进行稳定性考核、采用高等级的计量标准进行稳定性考核、采用控制图法进行稳定性考核、采用计量检定规程或计量技术规范规定的方法进行稳定性考核、采用计量标准器的稳定性考核结果进行稳定性考核。

这 5 种方法的优先级是:在进行计量标准的稳定性考核时,应当优先采用核查标准进行稳定性考核;若被考核的计量标准是次级计量标准时,也可以选择高等级的计量标准进行稳定性考核;若计量标准准确度等级较高且重要、存在量值稳定的核查标准同时具有良好的短期和长期稳定性以及比较容易多次重复测量,则也可以选择控制图进行稳定性考核;若有关计量检定规程或计量技术规范对计量标准的稳定性考核方法有明确规定时,也可按其规定进行稳定性考核;当上述方法都不适用时,方可采用计量标准器的稳定性考核结果来考核。

1. 采用核查标准进行稳定性考核

1）核查标准的选择

若被考核的计量标准是建标单位的最高计量标准,此时核查标准的选择大体上可以按

下述几种情况分别处理:

(1)被测对象是实物量具。在这种情况下可以选择性能比较稳定的实物量具作为核查标准。

(2)计量标准仅由实物量具组成,而被测对象为非实物量具的测量仪器。实物量具通常可以直接用来检定或校准非实物量具的测量仪器,并且实物量具的稳定性通常远优于非实物量具的测量仪器,因此这种情况下可以不必进行稳定性考核,此时,应当将计量标准器稳定性考核的结果作为证明其所量值稳定的依据。

(3)计量标准器和被测对象均为非实物量具的测量仪器。如果存在合适的比较稳定的对应于该参数的实物量具,可以用它作为核查标准来进行计量标准的稳定性考核。如果对于该被测参数来说,不存在可以作为核查标准的实物量具,可以不进行稳定性考核。此时,应当将计量标准器稳定性考核的结果作为证明其所量值稳定的依据。

2)考核结果处理

对于新建计量标准,每隔一段时间(大于1个月),用该计量标准对核查标准进行一组 n 次的重复测量,取其算术平均值为该组的测得值。共观测 m 组($m \geqslant 4$),取 m 个测得值中最大值和最小值之差,作为新建计量标准在该时间段内的稳定性。

对于已建计量标准,每年用被考核的计量标准对核查标准进行一组 n 次的重复测量,取其算术平均值作为测得值。以相邻两年的测得值之差作为该时间段内计量标准的稳定性。

2. 采用高等级的计量标准进行稳定性考核

当被考核的计量标准是建标单位的次级计量标准,或送上级计量技术机构进行检定或校准比较方便的话,可以采用本方法。本方法与采用核查标准的方法类似。对于新建计量标准,每隔一段时间(大于1个月),用高等级的计量标准对新建计量标准进行一组测量。共测量 m 组($m \geqslant 4$),取 m 个测得值中最大值和最小值之差,作为新建计量标准在该时间段内的稳定性。对于已建计量标准,每年至少一次用高等级的计量标准对被考核的计量标准进行测量,以相邻两年的测得值之差作为该时间段内计量标准的稳定性。

3. 采用控制图法进行稳定性考核

控制图(又称休哈特控制图)是对测量过程是否处于统计控制状态的一种图形记录。它能判断并提供测量过程中是否存在异常因素的信息,以便于查明产生异常的原因,并采取措施使测量过程重新处于统计控制状态。

采用控制图法对计量标准的稳定性进行考核时,用被考核的计量标准对选定的核查标准作连续的定期观测,并根据定期观测结果计算得到的统计控制量(例如平均值、标准偏差、极差等)的变化情况,判断计量标准所复现的标准量值是否处于统计控制状态。

由于控制图方法要求定期(例如每周,或每两周等)对选定的核查标准进行测量,同时还要求被测量接近于正态分布,故每个测量点均必须是多次重复测量结果的平均值。这要耗费大量的时间,同时对核查标准的稳定性要求比较高。因此,控制图的方法仅适合于满足下述条件的计量标准:①准确度等级较高且重要的计量标准;②存在量值稳定的核查标准,要求其同时具有良好的短期稳定性和长期稳定性;③比较容易进行多次重复测量。

4. 采用计量检定规程或计量技术规范规定的方法进行稳定性考核

当相关的计量检定规程或计量技术规范对计量标准的稳定性考核方法有明确规定时,可以按其规定的方法进行计量标准的稳定性考核。

5. 采用计量标准器的稳定性考核结果进行稳定性考核

当其他方法均不适用时,可将计量标准器的溯源数据,即每年的检定或校准数据,制成计量标准器的稳定性考核记录表或曲线图,作为证明计量标准量值稳定的依据。该方法的缺点是仅考虑了计量标准中计量标准器的稳定性,而没有包括配套设备的稳定性。

(二)《计量标准的稳定性考核记录》填写示例

以下给出新建计量标准和已建计量标准的稳定性考核记录示例。

1. 新建计量标准稳定性考核记录示例

___环规检定装置___ 的稳定性考核记录

试验时间	2021年8月2日	2021年9月10日	2021年10月21日	2021年12月1日
核查标准	名称:环规	型号:Φ50 mm	编号:0283	
测量条件	20.4 ℃,58%RH	20.4 ℃,55%RH	20.2 ℃,46%RH	20.0 ℃,44%RH
测量次数	测得值/mm	测得值/mm	测得值/mm	测得值/mm
1	50.001 3	50.001 3	50.001 3	50.001 3
2	50.001 2	50.001 2	50.001 2	50.001 1
3	50.001 3	50.001 3	50.001 3	50.001 1
4	50.001 2	50.001 1	50.001 3	50.001 2
5	50.001 2	50.001 3	50.001 2	50.001 1
6	50.001 2	50.001 3	50.001 3	50.001 2
7	50.001 3	50.001 3	50.001 3	50.001 1
8	50.001 3	50.001 4	50.001 3	50.001 2
9	50.001 3	50.001 4	50.001 3	50.001 2
10	50.001 3	50.001 2	50.001 2	50.001 1
$\bar{y}$	50.001 3	50.001 3	50.001 2	50.001 2
变化量$|\bar{y}_{max}-\bar{y}_{min}|$	0.10 μm			
允许变化量	0.23 μm			
结论	合格			
考核人员	×××			

2. 已建计量标准的稳定性考核记录示例

3 等量块标准装置　　的稳定性考核记录

试验时间	2018 年 4 月 16 日	2019 年 4 月 10 日	2020 年 4 月 20 日	2021 年 4 月 12 日	2022 年 4 月 26 日
核查标准	名称：量块		型号：4 等,50 mm		编号：26650
测量条件	20.2 ℃, 56%RH	20.0 ℃, 52%RH	20.4 ℃, 58%RH	20.2 ℃, 54%RH	20.4 ℃, 50%RH
测量次数	测得值/μm	测得值/μm	测得值/μm	测得值/μm	测得值/μm
1	0.21	0.24	0.13	0.13	0.14
2	0.13	0.15	0.17	0.13	0.16
3	0.17	0.13	0.15	0.15	0.14
4	0.16	0.17	0.12	0.16	0.12
5	0.23	0.18	0.13	0.12	0.12
6	0.12	0.13	0.14	0.13	0.13
7	0.14	0.12	0.13	0.12	0.13
8	0.12	0.14	0.13	0.14	0.14
9	0.14	0.11	0.15	0.11	0.15
10	0.17	0.16	0.14	0.16	0.15
$\bar{y}$	0.159	0.159	0.139	0.135	0.125
变化量 $\lvert \bar{y}_i - \bar{y}_{i-1} \rvert$		0.000	0.020	0.004	0.010
允许变化量		0.15	0.15	0.15	0.15
结论		合格	合格	合格	合格
考核人员		×××	×××	×××	×××

二、检定或校准结果的重复性试验

检定或校准结果的重复性试验是指在重复性条件下用该计量标准测量一常规的被检定或被校准对象时，所得到的测量结果的重复性。重复性条件包括测量程序、人员、仪器、环境等，重复性试验的测量条件通常是重复性测量条件，但在特殊情况下也可能是复现性测量条件或期间精密度测量条件。为尽可能保证在相同的条件下进行测量，必须尽可能在短的时间内完成重复性测量。

检定或校准结果的重复性通常用单次测量结果 y_i 的实验标准差 $s(y_i)$ 来表示，其是检定或校准结果的一个重要的不确定度来源。

(一)检定或校准结果的重复性的试验方法

在重复性测量条件下,用计量标准对常规的被检定或被校准对象(以下简称被测对象)进行 n 次独立重复测量,若得到的测得值为 $y_i(i=1,2,\cdots,n)$,则其重复性 $s(y_i)$ 为

$$s(y_i)=\sqrt{\frac{\sum_{i=1}^{n}(y_i-\bar{y})^2}{n-1}} \tag{8-3}$$

式中:$\bar{y}$——n 个测得值的算术平均值。

n——重复测量次数,n 应尽可能大,一般应不少于 10 次。

如果检定或校准结果的重复性引入的不确定度分量在检定或校准结果的测量不确定度中不是主要分量,允许适当减少重复测量次数,但至少应满足 $n \geqslant 6$。

在检定或校准结果的重复性试验中,其条件应与测量不确定度评定中所规定的条件相同。

(二)重复性及其引入的不确定度分量

被测对象对测得值的分散性有影响,特别是当被测对象是非实物量具的测量仪器时,该影响应当包括在检定或校准结果的重复性之中。在测量不确定度评定中,当测得值由单次测量得到时,由式(8-3)计算得到的检定或校准结果的重复性直接就是测得值的一个不确定度分量。当测得值由 N 次重复测量的平均值得到时,由检定或校准结果的重复性引入的不确定度分量为 $\dfrac{s(y_i)}{\sqrt{N}}$。

(三)分辨力与重复性

被检定或被校准仪器的分辨力也会影响检定或校准结果的重复性。在测量不确定度评定中,当检定或校准结果的重复性引入的不确定度分量大于被检定或被校准仪器的分辨力所引入的不确定度分量时,此时重复性中已经包含分辨力对测得值的影响,故不应再考虑分辨力所引入的不确定度分量。当检定或校准结果的重复性引入的不确定度分量小于被检定或被校准仪器的分辨力所引入的不确定度分量时,应当用分辨力引入的不确定度分量代替检定或校准结果的重复性分量。若被检定或被校准仪器的分辨力为 δ,则分辨力引入的不确定度分量为 0.289δ。

(四)合并样本标准差

对于常规的计量检定或校准,当无法满足 $n \geqslant 10$ 时,为使实验标准差更可靠,如果有可能,可以采用合并样本标准差 s_p,其计算公式为

$$s_p=\sqrt{\frac{\sum_{j=1}^{m}\sum_{k=1}^{n}(y_{kj}-\bar{y}_j)^2}{m(n-1)}} \tag{8-4}$$

式中：m——测量的组数；

n——每组包含的测量次数；

y_{kj}——第 j 组中第 k 次的测得值；

$\bar{y}_j$——第 j 组测得值的算术平均值。

（五）对检定或校准结果的重复性的要求

对于新建计量标准，测得的重复性应当直接作为一个不确定度来源用于检定或校准结果的不确定度评定中。只要评定得到的测量结果的不确定度满足所开展的检定或校准项目的要求，则表明其重复性也满足要求。

对于已建计量标准，要求每年至少进行一次重复性测量，如果测得的重复性不大于新建计量标准时测得的重复性，则重复性符合要求；如果测得的重复性大于新建计量标准时测得的重复性，则应当依据新测得的重复性重新进行测量结果的不确定度的评定，如果评定结果仍满足所开展的检定或校准项目的要求，则重复性符合要求，并将新测得的重复性作为下次重复性试验是否合格的判定依据；如果评定结果不满足所开展的检定或校准项目的要求，则重复性试验不符合要求。

（六）《检定或校准结果的重复性试验记录》填写示例

下面以 3 等量块标准装置为例，说明检定或校准结果的重复性试验结果的填写要求。已建 3 等量块标准装置，后续每年进行一次的重复性测量，测得的重复性小于新建计量标准时测得的重复性，重复性符合要求，结论为合格。

1. 新建 3 等量块标准装置检定或校准结果的重复性试验记录示例

___3 等量块标准装置___ 的检定或校准结果的重复性试验记录

试验时间	2020 年 3 月 10 日		
被测对象	名称	型号	编号
	量块	4 等，50 mm	26650
测量条件	20.0 ℃，52％ RH		
测量次数	测得值/μm		
1	0.23		
2	0.16		
3	0.12		
4	0.17		
5	0.14		
6	0.16		
7	0.19		
8	0.21		

续表

试验时间	2020 年 3 月 10 日		
被测对象	名称	型号	编号
	量块	4 等,50 mm	26650
测量条件	20.0 ℃,52％RH		
测量次数	测得值/μm		
9	0.12		
10	0.11		
$\bar{y}$	0.161		
$s(y_i)=\sqrt{\dfrac{\sum_{i=1}^{n}(y_i-\bar{y})^2}{n-1}}$	0.04		

2. 已建 3 等量块标准装置检定或校准结果的重复性试验记录示例

<u>　3 等量块标准装置　</u>的检定或校准结果的重复性试验记录

试验时间	2021 年 4 月 12 日			2022 年 4 月 26 日		
被测对象	名称	型号	编号	名称	型号	编号
	量块	4 等,50 mm	26650	量块	4 等,50 mm	26650
测量条件	20.2 ℃,54％RH			20.4 ℃,50％RH		
测量次数	测得值/μm			测得值/μm		
1	0.13			0.14		
2	0.13			0.16		
3	0.15			0.14		
4	0.16			0.12		
5	0.12			0.12		
6	0.13			0.13		
7	0.12			0.13		
8	0.14			0.14		
9	0.11			0.15		
10	0.16			0.15		
$\bar{y}$	0.135			0.125		
$s(y_i)=\sqrt{\dfrac{\sum_{i=1}^{n}(y_i-\bar{y})^2}{n-1}}$	0.016			0.039		
结论	合格			合格		
试验人员	×××			×××		

三、检定或校准结果的测量不确定度评定

检定或校准结果的测量不确定度是指在计量检定规程或技术规范规定的条件下,用该计量标准对常规的被检定(或校准)对象进行检定(或校准)时所得结果的不确定度。在该不确定度中应包含被测对象和环境条件对测量结果的影响。

当对于不同量程或不同测量点,其测量结果的不确定度不同时,如果各测量点的不确定度评定方法差别不大,允许仅给出典型测量点的不确定度评定过程。对于可以测量多种参数的计量标准,应分别给出各主要参数的测量不确定度评定过程。

(一)测量不确定度的评定方法

测量不确定度的评定方法应依据 JJF 1059.1—2012《测量不确定度评定与表示》。对于某些计量标准,如果需要,也可同时采用 JJF 1059.2—2012《用蒙特卡洛法评定测量不确定度》作为旁证。如果相关国际组织已经制订了该计量标准所涉及领域的测量不确定度评定指南,则测量不确定度评定也可以依据这些指南进行(在这些指南的适用范围内)。

(二)检定和校准结果的测量不确定度的评定要求

测量对象应是常规的被测对象,测量条件应是在满足计量检定规程或校准规范前提下至少应达到的临界条件。如果计量标准可以测量多种被测对象时,应分别给出不同种类被测对象的测量不确定度评定。如果计量标准可以测量多种参数时,应分别给出每种参数的测量不确定度评定。

如果测量范围内不同测量点的不确定度不相同时,原则上应给出每一个测量点的不确定度。如果无法做到,可用下列两种方式之一来表示:①如果测量不确定度可表示为测量点的函数,则用计算公式表示测量不确定度;②在整个测量范围内,分段给出其测量不确定度(以每一分段中的最大测量不确定度表示)。

无论采用何种方式来评定检定和校准结果的测量不确定度,均应具体给出典型值的测量不确定度评定过程。如果对于不同的测量点,其不确定度来源和测量模型相差甚大,则应分别给出它们的不确定度评定过程。

视包含因子 k 取值方式的不同,最后给出检定和校准结果的测量不确定度应采用下述两种方式之一表示。

1. 扩展不确定度 U

当包含因子的数值不是由规定的包含概率 P 并根据被测量 y 的分布计算得到,而是直接取定时,扩展不确定度应当用 U 表示。在此情况下一般均取 $k=2$。

在给出扩展不确定度 U 的同时,应同时给出所取包含因子 k 的数值。在能估计被测量 y 接近于正态分布,并且能确保有效自由度足够大时,还可以进一步说明:由于估计被测量接近

于正态分布,并且其有效自由度足够大,故所给的扩展不确定度 U 所对应的包含概率约为 95%。

2. 扩展不确定度 U_P

当包含因子的数值是由规定的包含概率 P 并根据被测量 y 的分布计算得到时,扩展不确定度应该用 U_P 表示。当规定的包含概率 P 分别为 95% 和 99% 时,扩展不确定度分别用 U_{95} 和 U_{99} 表示。包含概率 P 通常取 95%,当采用非 95% 的包含概率时应注明其所依据的技术文件。在给出扩展不确定度 U_P 的同时,应注明所取包含因子 k_P 的数值以及被测量的分布类型。若被测量接近于正态分布,还应给出其有效自由度 ν_{eff}。

检定或校准结果的测量不确定度评定的步骤和示例见第六章"测量不确定度的评定与表示"。

四、检定或校准结果的验证

检定或校准结果的验证是指对用该计量标准得到的检定或校准结果的可信程度进行实验验证,也就是通过将测量结果与参考值相比较来验证所得到的测量结果是否在合理范围内。由于验证的结论与测量不确定度有关,因此验证的结论在某种程度上也能说明所给的检定或校准结果的不确定度是否合理。

验证方法一般可以分为传递比较法和比对法两类。传递比较法具有溯源性,而比对法则不具有溯源性,因此检定或校准结果的验证原则上应采用传递比较法。

（一）传递比较法

用被考核的计量标准测量一稳定的被测对象,然后将该被测对象用更高等级的计量标准进行测量。若用被考核计量标准和更高等级的计量标准进行测量时的扩展不确定度(U_{95} 或 $k=2$ 时的 U,下同)分别为 U_{lab} 和 U_{ref},它们的测得值分别为 y_{lab} 和 y_{ref},在两者的包含因子近似相等的前提下应满足

$$|y_{\text{lab}} - y_{\text{ref}}| \leqslant \sqrt{U_{\text{lab}}^2 + U_{\text{ref}}^2} \tag{8-5}$$

当 $U_{\text{ref}} \leqslant \dfrac{U_{\text{lab}}}{3}$ 成立时,可忽略 U_{ref} 的影响,此时式(8-5)成为

$$|y_{\text{lab}} - y_{\text{ref}}| \leqslant U_{\text{lab}} \tag{8-6}$$

例如:选用一块 100 mm 4 等量块,用 3 等标准检定后,再用 2 等标准检定,两组数进行比对,其结果如下:

量块标称尺寸/mm	用 3 等标准检定结果 $L/\mu m$	用 2 等标准检定结果 $L_0/\mu m$	比对结果 $|\Delta|/\mu m$
100	0.30, $U_{\text{lab}} = 0.40, k=2$	0.28, $U_{\text{ref}} = 0.20, k=2$	0.02

由于 $U_{\text{ref}} \leqslant \dfrac{U_{\text{lab}}}{3}$ 不成立,则按式(8-5)验证:

$$|L-L_0| \leqslant \sqrt{U^2+U_0^2} = \sqrt{0.40^2+0.20^2}\ \mu\text{m} = 0.45\ \mu\text{m}$$

$$0.02\ \mu\text{m} < 0.45\ \mu\text{m}$$

该标准检定和校准结果符合式(8-5)要求,得到验证。

(二)比对法

当不可能采用传递比较法时,可采用多个实验室之间的比对。假定各实验室的计量标准具有相同准确度等级,此时采用各实验室所得到的测得值的平均值作为被测量的最佳估计值。当各实验室的测量不确定度不同时,原则上应采用加权平均值作为被测量的最佳估计值,其权重与测量不确定度有关。由于各实验室在评定测量不确定度时所掌握的尺度可能会相差较大,故仍采用算术平均值 $\bar{y}$ 作为参考值。

若被考核实验室的测得值为 y_{lab},其测量不确定度为 U_{lab},在被考核实验室测得值的方差比较接近于各实验室的平均方差,以及各实验室的包含因子均相同的条件下,应满足

$$|y_{\text{lab}} - \bar{y}| \leqslant \sqrt{\dfrac{n-1}{n}} U_{\text{lab}} \tag{8-7}$$

例:用本所的钢卷尺标准装置对一把 10 m 钢卷尺的 5 m 这点按首次检定方法进行测量,得到示值误差:$y_{\text{lab}}=0.03$ mm,$U_{\text{lab}}=0.19$ mm$(k=2)$;再由××计量所钢卷尺标准装置对这点进行测量,得到示值误差:$y_1=0.15$ mm;再由××计量所钢卷尺标准装置对这点进行测量,得到示值误差:$y_2=0.08$ mm。

平均值:$\bar{y}=0.09$ mm,则

$$|y_{\text{lab}} - \bar{y}| = 0.06\ \text{mm} < \sqrt{\dfrac{n-1}{n}} U_{\text{lab}} = 0.16\ \text{mm}$$

即该计量标准的测量能力经验证,符合要求。

五、《计量标准履历书》填写

建标单位应当围绕计量标准的建立、考核、使用、维护、变化实施动态管理,按照 JJF 1033—2016《计量标准考核规范》参考格式填写《计量标准履历书》,做好使用管理记录。对于某些计量标准,如果该参考格式不适用,建标单位可以自行设计《计量标准履历书》格式,其内容应不少于该参考格式规定的内容。

六、《计量标准环境条件及设施发生重大变化自查表》的填写

在《计量标准考核证书》的有效期内,如果计量标准的环境条件及设施发生变化,建标单位应当对变化情况自查并评估该变化对计量特性的影响,实施自律管理。

《计量标准环境条件及设施发生重大变化自查表》分为两部分：一是《计量标准环境条件及设施发生重大变化自查一览表》，着重于变化的原因和对计量特性影响的评估；二是《计量标准环境条件及设施发生重大变化自查记录表》，着重于变化的后果、自查结论和处理措施。

第四节　计量标准考核的申请

申请新建计量标准考核的单位，应当按本章第二节的要求进行准备，并完成以下工作：科学合理、完整齐全配置计量标准器及配套设备；计量标准器及主要配套设备应当取得有效检定或校准证书；计量标准应当经过试运行，考察计量标准的稳定性及其他计量特性符合要求；环境条件及设施应当符合计量检定规程或计量技术规范规定的要求，并对环境条件进行有效监测或控制；每个项目配备至少两名持证的检定或校准人员，并指定一名计量标准负责人；建立计量标准的文件集。填写《计量标准考核(复查)申请书》《计量标准技术报告》，其中计量标准稳定性考核、检定或校准结果的测量不确定度评定以及检定或校准结果的验证等内容的填写应当符合有关要求。

申请计量标准复查考核的单位应当确认计量标准持续处于正常工作状态，并完成以下工作：保证计量标准器及主要配套设备的连续、有效溯源；按规定进行检定或校准结果的重复性试验；按规定进行计量标准的稳定性考核；及时更新计量标准文件集中的有关文件。

完成上述工作后，建标单位就可以进入下一个阶段，向主持考核的人民政府计量行政部门提出考核申请。

一、提交资料

(1)申请新建计量标准考核，建标单位应提供以下资料：
①《计量标准考核(复查)申请书》原件一式两份和电子版一份；
②《计量标准技术报告》原件一份；
③计量标准器及主要配套设备有效的检定或校准证书复印件一套；
④开展检定或校准项目的原始记录及相应的模拟检定或校准证书复印件两套；
⑤检定或校准人员资质证书复印件一套；
⑥可以证明计量标准具有相应测量能力的其他技术资料。

(2)申请计量标准复查考核，建标单位应当在《计量标准考核证书》有效期届满前6个月向主持考核的人民政府计量行政部门申请计量标准复查考核，并提供以下资料：
①《计量标准考核(复查)申请书》原件一式两份和电子版一份；
②《计量标准考核证书》原件一份；
③《计量标准技术报告》原件一份；
④《计量标准考核证书》有效期内计量标准器及主要配套设备的连续、有效的检定或校

准证书复印件一套；

⑤随机抽取该计量标准近期开展检定或校准工作的原始记录及相应的检定或校准证书复印件两套；

⑥《计量标准考核证书》有效期内连续的《检定或校准结果的重复性试验记录》复印件一套；

⑦《计量标准考核证书》有效期内连续的《计量标准稳定性考核记录》复印件一套；

⑧检定或校准人员资质证书复印件一套；

⑨计量标准更换申报表(如果适用)复印件一份；

⑩计量标准封存(或注销)申报表(如果适用)复印件一份；

⑪可以证明计量标准具有相应测量能力的其他技术资料。

二、《计量标准考核(复查)申请书》填写

无论是申请新建计量标准，还是计量标准的复查考核，建标单位均应提供《计量标准考核(复查)申请书》原件一式两份和电子版各一份。下面介绍部分内容的填写要求。

1. "测量范围"

填写该计量标准装置的测量范围，根据计量标准装置具体情况的不同，它可以与计量标准器所提供的标准量值的范围相同，也可能与计量标准器所提供的标准量值范围不同。本栏应该根据计量标准装置的具体情况填写。对无法填写测量范围的计量标准装置，可以填写该计量标准所复现的标准量值或量值范围。对于可以测量多种参数的计量标准应该分别给出每一个参数的测量范围或量值。

2. "不确定度或准确度等级或最大允许误差"

对于不同的计量标准，可以填写不确定度或准确度等级或最大允许误差。具体采用何种参数表示应根据具体情况确定，或遵从本行业的规定或约定俗成。填写时必须用符号明确注明所给参数的含义。

(1)当填写不确定度时，可以根据该领域的表述习惯和方便的原则，用标准不确定度或扩展不确定度来表示。标准不确定度用符号 u 表示；扩展不确定度有两种表示方式，分别用 U 和 U_P 表示，与之对应的包含因子分别用 k 或 k_P 表示。当用扩展不确定度表示时，必须同时注明所取包含因子 k 或 k_P 的数值。

当包含因子的数值是根据被测量 y 的分布，并由规定的包含概率 $P=0.95$ 计算得到时，扩展不确定度用符号 U_{95} 表示，与之对应的包含因子用 k_{95} 表示。若取非 0.95 的包含概率，必须给出所依据的相关技术文件的名称，否则一律取 $P=0.95$。

当包含因子的数值不是根据被测量 y 的分布计算得到，而是直接取定时(此时均取 $k=2$)，扩展不确定度用符号 U 表示，与之对应的包含因子用 k 表示。

(2)当填写最大允许误差时，可采用其英语缩写 MPE 来标识，其数值一般应当带"±"

号。例如:"MPE:±0.05 m""MPE:±0.01 mg"或"MPE:±0.1%"。

(3)当填写准确度等级时,应当采用各专业规定的等别或级别的符号来表示。例如:"2等""0.5级"。

3."计量标准器"和"主要配套设备"

计量标准器是指计量标准在量值传递中对量值有主要贡献的那些计量设备,主要配套设备是指除计量标准器以外的对测量结果的不确定度有明显影响的其他设备。

例如:

计量标准名称	指示类量具检定仪检定装置			计量标准考核证书号		[2017]x 量标法证字第 A0256 号	
保存地点	长度室(本所一楼 105 号)			计量标准原值/万元		1.0	
计量标准类别	☑ 社会公用 ☑ 计量授权			□ 部门最高 □ 计量授权		□ 企事业最高 □ 计量授权	
测量范围	量块:(0.5~100)mm 量块:(5.12~100)mm						
不确定度或准确度等级或最大允许误差	量块:3 等 量块:4 等						

	名称	型号	测量范围	不确定度或准确度等级或最大允许误差	制造厂及出厂编号	检定周期或复校间隔	末次检定或校准日期	检定或校准机构及证书号
计量标准器	量块	83 块组	(0.5~100)mm	3 等	哈尔滨量具刃具厂/77-1	1 年	2021.03.11	×××计量测试检定所/21CD680-001
	量块	20 块组	(5.12~100)mm	4 等	成量/26650	1 年	2021.03.09	×××计量测试检定所/21CD433-001
主要配套设备	平面平晶	Φ60 mm	—	1 级	保定光学仪器厂/6-855	1 年	2020.09.30	×××计量测试检定所/20CD975-001
	表面粗糙度样块	7 块组	Ra(0.025~6.3)μm	$U=6\%, k=2$	潍坊量具厂/89 1733	1 年	2021.03.05	×××计量测试检定所/21CD447-001
	电感测微仪	DX-2	—	MPE:±0.08 μm	三门峡中测量仪有限公司/06006	1 年	2021.04.01	×××计量测试检定所/21CD909-001
	扭簧比较仪	±50 μm	±50 μm	MPE:±1 μm	哈尔滨量具刃具厂/5844	1 年	2021.03.31	×××计量测试检定所/21CD906-001

4."环境条件及设施"

应填写的环境条件项目可以分为3类:

(1)在计量检定规程或技术规范中提出具体要求,并且对检定或校准结果及其测量不确定度有显著影响的环境要素。

(2)在计量检定规程或技术规范中未提具体要求,但对检定或校准结果及其测量不确定度有显著影响的环境要素。

(3)在计量检定规程或技术规范中未提出具体要求,并且对检定或校准结果及其测量不确定度的影响不大的环境要素。

对第一类项目,"要求"栏填写计量检定规程或技术规范对该环境要素规定必须达到的具体要求。"实际情况"栏填写实际使用该计量标准时环境条件所能达到的实际情况。"结论"栏是指是否符合计量检定规程或技术规范对该要素所提的要求。视情况分别填写"合格"或"不合格"。

对第二类项目,"要求"栏按《计量标准技术报告》的"检定或校准结果的不确定度评定"栏目中对该要素的要求填写。"实际情况"栏填写实际使用该计量标准时环境条件所能达到的实际情况。"结论"栏是指是否符合《计量标准技术报告》的"检定或校准结果的测量不确定度评定"栏中对该要素所提的要求。视情况分别填写"合格"或"不合格"。

对第三类项目,"要求"和"结论"栏可以不填,"实际情况"栏填写实际使用该计量标准时环境条件所能达到的实际情况。

在本栏中还应填写在计量检定规程或技术规范中提出具体要求,并对检定或校准结果及其测量不确定度有影响的,同时又是独立隶属于该计量标准装置的设施和监控设备。在"项目"栏内填写设施和监控设备名称,在"要求"栏内填写计量检定规程或技术规范对该设施和监控设备规定应达到的具体要求。"实际情况"栏填写设施和监控设备的名称、型号和所能达到的实际情况,并应与《计量标准履历书》中相关内容一致。"结论"栏是指是否符合计量检定规程或技术规范的要求,对该项目所提的要求。视情况分别填写"合格"或"不合格"。

例如:

	序号	项目	要求	实际情况	结论
环境条件及设施	1	温度	(20±2)℃	(20±2)℃	合格
	2	湿度	≤70%RH	50%RH~70%RH	合格

5."所依据的计量检定规程或技术规范的代号及名称"

"所依据的计量检定规程或技术规范的代号及名称"栏填写开展计量检定或校准所依据

的计量检定规程或技术规范的代号及名称。填写时先写计量检定规程或技术规范的代号,再写名称的全称。

若涉及多个计量检定规程或技术规范时,则应全部分别予以列出。此处应当填写被检或被校计量器具(或参数)的计量检定规程或技术规范,而不是计量标准器或主要配套设备的计量检定规程或技术规范。

例如:

开展的检定或校准项目	名称	测量范围	不确定度或准确度等级或最大允许误差	所依据的计量检定规程或计量技术规范的代号及名称
	百分表检定仪	(0~25)mm	MPE:±4 μm	JJG 201—2018《指示类量具检定仪检定规程》
	千分表检定仪	(0~5)mm	MPE:±2 μm	JJG 201—2018《指示类量具检定仪检定规程》
	指示表检定仪	(0~100)mm	MPE:±9 μm	JJG 201—2018《指示类量具检定仪检定规程》

三、《计量标准技术报告》填写

建标单位新建计量标准时,应按要求填写《计量标准技术报告》,计量标准主要特性发生变化时,应当及时修订。《计量标准技术报告》一般由计量标准负责人填写,计量标准考核合格后由建标单位存档。报告中的部分内容要与《计量标准考核(复查)申请书》相一致。下面选择部分填报内容进行说明。

1. "建立计量标准的目的"

简要叙述建立计量标准的目的、意义,分析建立计量标准的社会经济效益,以及建立计量标准的传递对象及范围。

例如:在"2等密度计标准装置"计量标准技术报告中,"建立计量标准的目的"中描述如下。

密度是液体的重要物理特性之一,密度计在石油、化工、食品等行业都有着广泛应用,其测量准确与否对产品质量与贸易公平有着举足轻重的影响。密度计、酒精计、乳汁计等玻璃浮计被列入了《中华人民共和国强制检定的工作计量器具明细目录》。为了更好地为企事业单位提供计量保证,更有力地保障社会民生利益,非常有必要建立统一的社会公用计量标准。

2. "计量标准的工作原理及其组成"

用文字、框图或图表简要叙述该计量标准的基本组成以及开展量值传递时采用的检定或校准方法。计量标准的工作原理及其组成应符合所建计量标准的国家计量检定系统表和国家计量检定规程或技术规范的规定。

例如：计量标准"2等密度计标准装置"的工作原理及其组成描述如下。

2等密度计标准装置主要由17支玻璃浮计组成，其基本工作原理是阿基米德定律，即当浮计在液体中平衡时，它所排开的液体重量等于浮计本身的重量。这样按照其浸没于液体的深度，即可由标尺直接得到液体的密度。

2等密度计标准装置的量值由1等标准密度计组通过直接比较法传递，其作为标准向工作级玻璃浮计传递量值时亦采用直接比较法，即将标准密度计与被检密度计同时浸入同一检定介质中，直接比较它们标尺的示值，从而得到被检密度计的修正值。

同时，该计量标准还配备有标准水银温度计、特种准确度级别电子天平、千分尺、游标卡尺以及玻璃检定筒若干个、磨口玻璃瓶若干个和检定液体介质。

3. "计量标准的主要技术指标"

明确给出整套计量标准的量值或量值范围、分辨力或最小分度值、不确定度或准确度等级或最大允许误差，以及其他必要的技术指标。对于可以测量多种参数的计量标准，必须给出对应于每种参数的主要技术指标。

若对于不同测量点，计量标准的不确定度（或最大允许误差）不同时，建议用公式表示不确定度（或最大允许误差）与测量点的关系。如无法给出其公式，则分段给出其不确定度（或最大允许误差）。对于每一个分段，以该段中最大的不确定度（或最大允许误差）表示。若对于不同的分度值具有不同的测量不确定度时，也应当分别给出。

4. "计量标准的量值溯源和传递框图"

根据与所建计量标准相应的国家计量检定系统表、计量检定规程或计量技术规范，画出该计量标准的量值溯源和传递框图。要求画出该计量标准溯源到上一级计量标准和传递到下一级计量器具的量值溯源和传递框图。计量标准的量值溯源与传递框图格式如图8-1所示。

5. "计量标准的稳定性考核"

在计量标准考核中，计量标准的稳定性是指用该计量标准在规定的时间间隔内测量稳定的被测对象时所得到的测量结果的一致性。本栏应按照新建计量标准的稳定性考核要求列出计量标准稳定性考核的全部数据，建议用表格的形式反映稳定性考核的数据处理过程，并判断其稳定性是否符合要求。具体做法见本章第三节"一、计量标准的稳定性考核"。

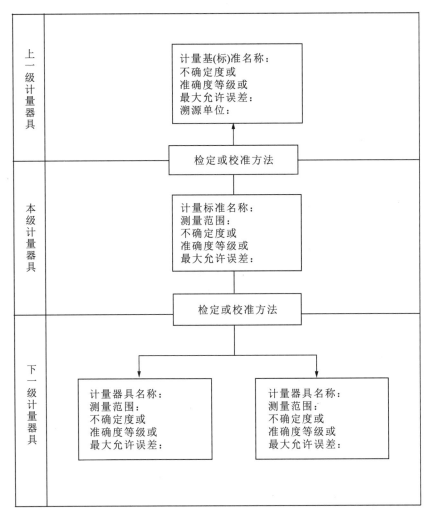

图 8-1 计量标准的量值溯源和传递框图

6."检定或校准结果的重复性试验"

本栏应当填写重复性试验的被测对象、测量条件,列出重复性试验的全部数据和计算过程,建议用表格的形式反映重复性试验数据处理过程,并判断其重复性是否符合要求。首次填写以新建计量标准的检定或校准结果的重复性试验数据为主。在实际工作中,也可按相关的计量检定规程或计量技术规范中检定或校准结果的重复性试验方法进行。具体做法见本章第三节"二、检定或校准结果的重复性试验"。

7."检定或校准结果的测量不确定度评定"

在本栏中应给出测量不确定度评定的详细过程。测量对象应是常规的被测对象,测量条件应是在满足计量检定规程或校准规范前提下至少应达到的临界条件。应填写上述测量不确定度评定的简要过程,包括:对被测量的简要描述,测量模型,不确定度分量的汇总表,被测量分布的判定和包含因子的确定,合成标准不确定度的计算以及最终给出的扩展不确定度。

8."检定或校准结果的验证"

本栏应当填写进行检定或校准结果的验证具体采用的方法,参与验证的技术机构、验证的数据及不确定度、验证结论等需清楚叙述。具体做法见本章第三节"四、检定或校准结果的验证"。

第五节 计量标准的更换、封存与注销

计量标准出现更换或者封存与注销情况,也应按照相关规定进行处理。

一、计量标准的更换

(一)更换要求

在计量标准的有效期内,计量标准器或主要配套设备发生更换(包括增加、减少),应当按下述规定履行相关手续。

(1)更换计量标准器或主要配套设备后,如果计量标准的不确定度或准确度等级或最大允许误差发生了变化,应按新建计量标准申请考核。

(2)更换计量标准器或主要配套设备后,如果计量标准的测量范围或开展检定或校准的项目发生变化,应当申请计量标准复查考核。

(3)更换计量标准器或主要配套设备后,如果计量标准的测量范围、准确度等级或最大允许误差以及开展检定或校准的项目均无变更,则应当填写《计量标准更换申报表》一式两份,提供更换后计量标准器或主要配套设备的有效检定或校准证书复印件一份,报主持考核的人民政府计量行政部门履行有关手续。同意更换的,建标单位和主持考核的人民政府计量行政部门各保存一份《计量标准更换申报表》。

此种更换如有必要,建标单位应当重新进行计量标准的稳定性考核、检定或校准结果的重复性试验和检定或校准结果的不确定度评定,并将相应的《计量标准稳定性考核记录》《检定或校准结果的重复性试验记录》和《检定或校准结果的测量不确定度评定报告》作为计量标准的文件集进行保存。

如果更换的计量标准器或主要配套设备为易耗品(如标准物质等),并且更换后不改变原计量标准的测量范围、不确定度或准确度等级或最大允许误差,开展的检定或校准项目也无变更的,应当在《计量标准履历书》中予以记载。

（二）《计量标准更换申报表》填写说明

"计量标准名称""代码""测量范围""不确定度或准确度等级或最大允许误差""计量标准考核证书号""计量标准考核证书有效期"等栏目按《计量标准考核证书》中对应栏目填写。

"更换情况"，本规范将计量标准的更换分为计量标准器更新、增加、减少，主要配套计量设备更新、增加、减少及其他等7种情况，建标单位可根据具体情况选择，若选择其他情况，应当进行说明。

"更换原因"是指发生更换的主要理由，包括所依据的计量检定规程或计量技术规范发生变更、原计量标准器或主要配套设备出现问题、检定或校准工作量发生变化等，建标单位根据具体情况选择，若选择其他情况，应当进行说明。

"更换后测量范围，不确定度或准确度等级或最大允许误差，以及开展检定或校准项目的变化情况"，是指计量标准发生更换引发的后果，填写上述几方面是否发生变化以及变化的具体情况。

（三）其他更换

在计量标准的有效期内，发生除计量标准器或主要配套设备以外的其他更换，应当按下述规定履行相关手续。

(1) 如果开展检定或校准所依据的计量检定规程或计量技术规范发生更换，应当在《计量标准履历书》中予以记载；如果这种更换使计量标准器或主要配套设备、主要计量特性或者检定或校准方法发生实质性变化，建标单位应当提前申请计量标准复查考核，申请复查考核时应当提供计量检定规程或计量技术规范变化的对照表。

(2) 如果计量标准的环境条件及设施发生重大变化，如计量标准保存地点的实验室或设施改造、实验室搬迁等，建标单位应当填写《计量标准环境条件及设施发生重大变化自查表》，并向主持考核的人民政府计量行政部门报告。对于主要计量特性发生重大变化的计量标准，应当及时向主持考核的人民政府计量行政部门申请复查考核，其间应当暂时停止开展检定或校准工作。

(3) 更换检定或校准人员时，应当在《计量标准履历书》中予以记载。

(4) 如果建标单位名称发生更换，应当向主持考核的人民政府计量行政部门申请换发《计量标准考核证书》。

二、计量标准的封存与注销

在计量标准有效期内，因计量标准器或主要配套设备出现问题，或计量标准需要进行技术改造或其他原因而需要的封存或注销，建标单位应当按照下述规定履行相关手续。

(1) 建标单位应当填写《计量标准封存（或注销）申报表》一式两份，报主管部门审核。主持考核的人民政府计量行政部门同意封存或注销的，在《计量标准封存（或注销）申报表》的意见栏中签署意见,并加盖公章。

(2)建标单位将主管部门审核后的《计量标准封存(注销)申报表》,连同《计量标准考核证书》原件报主持考核的人民政府计量行政部门办理相关手续。主持考核的人民政府计量行政部门同意封存的,在《计量标准考核证书》上加盖"同意封存"印章;同意撤销的,收回《计量标准考核证书》。建标单位和主持考核的人民政府计量行政部门各保存一份《计量标准封存(注销)申报表》。

三、计量标准的恢复使用

封存的计量标准需要恢复使用,如果《计量标准考核证书》仍然处于有效期内则建标单位应当申请计量标准复查考核,如果《计量标准考核证书》超过了有效期则应按新建计量标准申请考核。

扫描二维码观看
计量标准的考评

第九章　法定计量检定机构

法定计量检定机构是计量行政主管部门依据《中华人民共和国计量法》要求设置或者授权建立并经计量行政主管部门按照《法定计量检定机构监督管理办法》及《法定计量检定机构考核规范》要求组织考核合格的，为计量行政主管部门实施计量监督提供技术保证，并为国民经济和社会生活提供技术服务的计量技术机构。本章介绍法定计量检定机构的相关要求。

第一节　机构组织结构和通用要求

机构组织结构和通用要求具体包括了对机构的法律地位、法律责任、基本条件、公正性及保密性等方面的要求。这些要求的目的是证实机构是一个具有明确的法律地位、能够承担相应的法律责任，并且具备了履行其法律责任所必需的基本条件的能够向社会提供具有法律效力的计量检定、校准和检测结果的组织。

一、机构组织结构

法定计量检定机构（以下简称"机构"）是依法设置和授权的机构，必须依法履行职责，依法规范行为，依法承担责任。计量法律、法规是法定计量检定机构存在的前提，是各项活动的重要依据。

依法设置的法定计量检定机构必须是独立法人，能独立承担法律责任；有政府市场监督管理部门（以下称为"政府计量行政主管部门"）依法设置的文件；负责人应具有法人资格证明和相应的政府计量行政主管部门的任命书。机构负责人是法定代表人，有合法的法人资格证明和符合干部管理权限的干部任命文件。

授权的法定计量检定机构，是具有独立法人资格的被授权建立的法定计量检定机构，必须具有政府计量行政主管部门同意授权的证明文件；其单位负责人应具有法人资格证明，也就是说该单位具有独立的法人地位；单位负责人要有其主管部门的任命文件。该机构虽然是某个单位的一部分，但必须要有独立的建制。该机构和所在单位在组织结构、职责、功能等方面必须相对独立，彼此分别界定清楚，能确保机构执行检定、校准或检测工作的独立性、公正性。机构负责人有法人单位及法定代表人的书面委托书,委托其承担相适应的法律和民事责任。

(一)机构职责和任务

机构应遵守国家有关的计量法律法规,履行计量法律法规所赋予的职责,以符合法定计量检定机构考核要求的方式从事计量检定、校准和检测活动。机构的底线是不得从事下列活动:伪造数据;违反计量技术规范进行计量检定、校准和检测等活动;使用未经考核合格或者超过有效期的计量基准、计量标准开展计量检定、校准工作;指派未取得计量检定证件的人员开展计量检定工作;伪造、盗用、倒卖强制检定印、证。

机构应完成计量行政主管部门下达的为实施计量法提供技术保障的各项任务,并接受监督和管理。

(二)机构的组织结构要求

机构要明确组织和管理结构,以及管理、技术运作和支持服务间的关系。多场所的机构,其各个场所应有明确的组织机构和人员职责。机构要规定对活动结果有影响的所有管理、操作和验证人员的职责、权力及相互关系,并将程序形成文件。机构要具有设备更新、改造和维持业务工作正常运行的经费保障能力,保持可持续发展。

机构应授予相关人员相应的权力和资源,以实施、保持和改进管理体系,识别与管理体系或机构活动程序的偏离并采取措施减少这类偏离,以确保机构活动的有效性。

二、公正性要求

机构的公正性是机构各项行为的重要准则,是其社会价值的重要体现,是质量保证的基础。机构公正性地位的确立,既是由其自身的性质所决定,更需要依靠自身的管理和规范行为来保证。为了保证其公正性,机构必须确保其组织结构的独立性(保证判断的独立性)、经济利益的无关性(不以盈利为目的)以及人员的良好思想素质和职业道德。

三、保密性要求

机构应识别所涉及的国家秘密,确保涉及国家安全、国家利益、国家荣誉的信息及资产得到保护,应按照《中华人民共和国保守国家秘密法》及其实施办法的规定,将其要求纳入相关的体系文件中。机构应对涉密的管理人员和技术人员规定其保密职责,进行保密教育,明确保密范围和保密要求,设置保密设施及采取技术手段切实保守国家秘密,并进行保密检查及处理。

客户的秘密包括商业秘密和技术秘密。样品实物及其技术指标、技术状态、技术评价、在同行业的技术排位以及数据和结果等,均涉及保密。客户的知识产权,是客户的智力劳动创造的成果，机构应采取措施予以保密。以电子技术媒体存储数据和结果，或使用电子形式等手段传输数据和结果的，应有程序保证传输的完整性和保密性。

第二节　资源要求与配备管理

资源是机构正常运转的物质基础，包括人员、基础设施、工作环境、测量设备以及财务资源等。为保证正常的检定、校准和检测工作，建立及改进质量管理体系，机构需确定并提供相应资源。而且，资源配置也要与相应工作相匹配，以保证资源效用最大化。下面对机构所需资源逐一介绍。

一、人员

机构应根据所开展服务项目的需要配备相应数量且具备相应素质的管理、监督、检定、校准和校准人员。人员配置到位后，应加强管理，明确职责，机构要将影响机构活动结果的各职位的能力要求形成文件，包括对教育、资格、培训、技术知识、技能和经验的要求。对人员的选择、培训、监督、授权、监控等动作，需保存相关记录。对特定的机构活动，如开发、修改、验证和确认方法，分析结果（包括符合性声明或意见和解释），报告、审查和批准结果等，机构要进行授权。对部分人员，还有专门的要求。

（一）专业人员资质要求

与计量检定、校准和检测等项目直接相关的人员，应经过培训，具备相关的技术、法律知识和实际操作经验，经考核合格取得相应资质后，被授权持证上岗。每项检定、校准和检测项目应至少配备2名具有资质的人员。在从事型式评价试验的人员中，每个检测参数或试验项目岗位应至少有1人取得工程师以上技术职称，且在本专业工作5年以上。

其中，负责证书、报告所含意见和解释部分的人员，除上述要求外还有以下3个条件：

（1）具备制造被检测计量器具、定量包装商品和实行能源效率标识的用能产品等所用的相应技术知识、已使用或拟使用方法的知识，以及在使用过程中可能出现的缺陷或降级等方面的知识。

（2）具备法规、规程和标准中阐明的通用要求的知识。

（3）对所发现的与计量器具、定量包装商品、实行能源效率标识的用能产品等正常使用的偏离所产生影响程度的了解。

（二）机构管理层要求

机构管理层应对管理体系全权负责，承担领导责任。管理层负责管理体系的建立和有效运行，确保管理体系所需的资源。这里应注意，管理层替代了最高管理者，管理层是指一组人,或者一个人。

机构管理层应确保制定质量方针和质量目标,确保管理体系的要求融入检定、校准和检测的全过程,组织管理体系的管理评审,满足相关法律法规要求和客户要求,提升客户满意度,确保管理体系实现其预期结果。

机构管理层应以基于风险的思维,运用过程方法建立管理体系,应识别检定、校准和检测活动的风险和机遇,配备适宜的资源,并实施相应的质量控制,策划和实施应对风险和利用机遇的措施。应对风险和利用机遇可为提高管理体系有效性、实现改进结果以及为防止不利影响奠定基础。

机构应有技术负责人全面负责技术运作。技术负责人可以是一人,也可以是多人,以覆盖机构不同的技术活动领域。技术负责人应具有中级及以上相关专业技术职称或者同等能力,胜任所承担的工作。

机构应指定一名质量负责人,赋予其明确的责任和权力,全面负责机构的质量管理工作,确保管理体系在任何时候都能得到实施和保持。质量负责人应能与机构决定政策和资源的管理层直接接触和沟通。对人数很少的机构,技术负责人和质量负责人也可以由一个人担任。

机构应指定关键管理人员(包括管理层、技术负责人、质量负责人等)的代理人,以便其因各种原因不在岗位时,有人员能够代行其有关职责和权力,以确保机构的各项工作持续正常地进行。

(三)证书报告授权签字人

机构的授权签字人应具有中级及以上专业技术职称或同等能力,并经计量行政部门考核批准,在其授权的能力范围内签发检定、校准证书和检测报告。机构申请考核的证书报告签发人员应由机构明确其职权,对其签发的检定证书、校准证书和检测报告具有最终技术审查职责。

(四)监督员

监督主要是指为了确保满足规定的要求,对机构的状况进行连续的监视和验证并对记录进行分析。监督的目的是解决过程控制中的弊病。监督的对象主要是从事检定、校准和检测的人员。

机构应设置覆盖其检定、校准和检测能力范围的监督员。监督员应由熟悉检定、校准和检测目的、程序、方法和能够评价检定、校准和检测结果的人员承担,一般是由经验丰富的资深检定、校准和检测人员担任。

监督既包括对计量检定、校准和检测工作过程的监督,又包括对数据、证书和报告的监督。机构应建立质量监督过程,通常每年由技术负责人组织监督员识别本专业领域需要监督的人员,如实习员工、转岗人员,操作新设备或采用新方法的人员等。应编制监督计划,说明监督对象、内容和形式等。通常可采用观察现场试验,核查检定、校准和检测记录和报告,评审参加质量控制的结果和面谈等形式进行质量监督。监督应有记录,监督人员应对被监督人员进行评价。监督记录应存档,并可用于识别人员培训需求和能力评价,以进行必要的培训和再监督。机构应定期评审监督的有效性,监督报告应输入管理评审。

同时,为确保监督的有效性,机构应规定监督的内容和频次,明确监督记录的要求,报告、分析和改进发现的偏离或问题。

二、设施和环境条件

设施是指实验(办公)场所、能源、照明、通信、运输和环境条件等,环境条件包括气候环境条件(温度、湿度)、机械环境条件(冲击、振动)、电磁干扰(电磁屏蔽)等。机构应根据考核要求对设施和环境条件实施进行有效的管理,尤其对在固定实验室设施之外的场所进行的工作必须实施有效的控制。机构应根据所开展项目的技术文件要求配置相应的设施和环境条件,并对环境条件实施监测、控制和记录。

(一)设施和环境条件的要求

设施和环境条件应适合机构活动,不应对结果有效性产生不良影响。对结果有效性有不良影响的因素可能包括但不限于:微生物污染、灰尘、电磁干扰、辐射、湿度、供电、温度、声音和振动。机构应将从事机构活动所必需的设施及环境条件的要求形成文件。当相关规程、规范、方法或程序对环境条件有要求时,或环境条件影响结果的有效性时,机构应监测、控制和记录环境条件。

(二)外在场所设施和环境条件的控制

当机构在永久控制之外的场所或设施中实施机构活动时,应确保满足考核规范中有关设施及环境条件的要求。

(三)环境条件要求的实施

机构的工作环境条件应满足检定规程、技术规范或标准的要求,保证检定、校准和检测的过程和结果的有效。必要时,应编制作业指导书或程序对检定规程、技术规范或标准要求的工作环境条件进行控制,并保留满足要求的记录。机构在固定场所以外的场所进行抽样、检定、校准和检测工作时,工作环境条件通常难以复现,应将工作环境条件的要求形成文件,并予以控制和记录。

当发现环境条件影响检定、校准和检测质量时,应启动不符合工作控制程序,包括停止工作及实施纠正、纠正措施等相关活动。当然,也并不是对所有检定、校准和检测的环境条件都要进行监测、控制和记录,只有当检定规程、技术规范或标准对环境条件有要求时,或环境条件影响检定、校准和检测结果时才应加以控制。

机构对安全的评价,主要涉及化学危险品、毒品、有害生物、电离辐射、高温、高电压、撞击、溺水、有毒及易燃易爆气体、火灾、触电事故等;机构对环境的评价,主要是对检定、校准和检测过程中产生的废气、废液、噪声、固废物等对环境的污染的评价;当相邻区域的活动不相容或相互影响时,机构应对相关区域进行有效隔离(包括空间隔离、电磁场隔离和生物安全隔离等),采取有效措施消除影响,防止相互干扰、交叉污染和产生安全隐患。

例如:精密测量标准仪器设备不能和对其有影响的其他设备放在同一房间内,除非有措施保障避免造成相互影响或交叉污染;有高温、高电压的区域,不仅要有明确的标识,一旦发生危险情况,还要有应急处理措施;等等。

三、设备

测量设备是保障机构正常开展检定、校准和检测工作,并取得准确可靠的测量数据的重要资源之一。对测量设备的配置和管理要求包括了设备的配备和管理、控制、使用及记录等。

(一)设备的配备和管理

机构应正确配备开展机构活动所需的并能影响结果的设备包括但不限于:测量仪器、软件、测量标准、标准物质、参考数据、试剂、消耗品或辅助装置。其中,应使用取得国家计量行政主管部门颁发的定级证书的有证标准物质。

机构应建立设备一览表,其中,开展检定和校准,应列出所建立的计量基(标)准名称及设备一览表;开展定量包装商品净含量计量检验和能源效率计量检测,应列出所有检测和试验项目的名称及设备一览表;开展型式评价,应对照型式评价大纲规定的试验项目列出试验设备一览表。上述一览表中应注明设备名称、型号、测量范围(或量程)、不确定度(或准确度等级/最大允许误差)、量值传递或溯源关系等。

机构应有处理、运输、储存、使用和按计划维护设备的程序,以确保其功能正常运行并防止污染或性能退化。在设备投入使用或重新投入使用前,机构应验证其符合规定要求。用于测量的设备应能够达到所需的测量准确度和(或)测量不确定度,以提供有效的结果。当机构使用永久控制以外的设备时,应确保满足考核对设备的要求。

(二)设备的控制

当测量准确度或测量不确定度影响报告结果的有效性和计量溯源性时,应对测量设备进行检定或校准。其中,影响报告结果有效性的设备类型可能包括:①用于直接测量被测量的设备,如使用天平测量质量;②用于修正测量值的设备,如温度测量;③用于从多个量计算获得测量结果的设备。

用于开展检定、校准的计量基准必须满足《计量基准管理办法》的要求,并经国务院计量行政部门考核合格,取得相应有效的《计量基准证书》;用于开展检定、校准的社会公用计量标准必须满足《计量标准考核办法》《计量标准考核规范》的要求,并按规定经考核合格,取得相应的有效证书和溯源证明;用于开展检测的其他测量设备应持有有效的计量检定证书或校准证书;用于开展检测的性能试验的设备应有有效的校准证书或检测报告,证明其性能符合规定要求。

机构应制订检定、校准方案,并进行复核和必要的调整,以保持对检定、校准状态的信心。

(三)设备的使用及记录

机构应指定专人负责设备的管理,包括校准、维护和期间核查等。所有需要检定、校准或具有规定有效期的设备应使用标签、编码或以其他方式标识,使设备使用人方便地识别检定、校准状态和有效期。

如果设备有过载或处置不当、给出可疑结果、或已显示有缺陷或超出规定要求时,应停止使用,并予以隔离以防误用,或加贴标签/标记以清晰表明该设备已停用。机构应检查设备缺陷或偏离规定要求的影响,并应启动不符合工作管理程序。

当需要利用期间核查以保持对设备性能的信心时,应按程序进行核查。如果检定或校准结果和标准物质数据中包含参考值、修正值或修正因子,机构应确保该参考值、修正值和修正因子得到适当的更新和应用,以满足规定要求。

机构应保存对机构活动有影响的设备的记录,记录应包括设备的基本信息如软件、固件版本和当前的位置等,还要记录与使用有关的检定或校准日期、检定或校准结果、设备调整、标准物质的文件等相关信息。

四、计量溯源性

机构的计量标准应按规定的要求溯源到国家基准或社会公用计量标准,并通过形成文件的不间断的校准链将测量结果与适当参考对象相关联,建立并保持测量结果的计量溯源性。每次检定或校准均会引入测量不确定度。

(一)溯源方式

机构应确保测量结果溯源到国际单位制(SI),可以通过具备资质和能力的机构提供的计量检定或校准,或是具备能力的标准物质生产者提供并声明计量溯源至 SI 的有证标准物质的标准值,或是 SI 单位的直接复现,并通过直接或间接与国家或国际标准比对来保证。

当技术上不可能计量溯源到 SI 单位时,机构应证明可计量溯源至适当的参考对象,如具备能力的标准物质生产者提供的有证标准物质的标准值,描述清晰的、满足预期用途并通过适当比对予以保证的参考测量程序、规定方法或协议标准的结果。

(二)计量溯源的实施

机构应根据要求制定计量溯源的管理程序,确定执行周期检定/校准的测量设备的范围,明确量值溯源的关系,编制量值传递图和检定/校准计划,并认真组织实施。量值传递图应反映上级计量标准、本级计量标准和下传计量器具等"三个级别"和计量器具名称、量程(或测量范围)、准确度等"三个要素"。

对每台需要溯源的测量设备(包括自己检定/校准的设备),机构都应对检定证书或校准证书进行有效确认;对因特殊原因不能溯源到国家基准的测量设备,应按机构制定的程序和方法提供证明其可靠性的客观证据。

(三)期间核查

机构应根据设备的稳定性和使用情况来确定是否需要进行期间核查。具体内容参照第七章第二节"期间核查"。

五、外部提供的产品和服务

为保证外部提供的产品和服务的质量,机构应对外部提供的产品和服务进行有效的控制和管理,以保证检定、校准和检测结果的质量。

机构应确保影响机构活动的外部产品和服务的适宜性。其中,产品可包括测量标准和设备、辅助设备、消耗材料和标准物质;服务可包括检定/校准服务、抽样服务、检测服务、设施和设备维护服务、能力验证服务以及评审和审核服务。外部提供的产品和服务应用于机构自身的活动,支持机构的运作。另外,部分或全部直接提供给客户,但机构授权范围内承担的检定、校准和检测任务不得由外部提供。

机构应建立有关于外部产品和服务的程序文件,并保存相关记录。机构要与外部供应商沟通,明确如下内容:需提供的产品和服务、验收准则;资质、能力,包括人员所具备的资格;机构或其客户拟在外部供应商的场所进行的活动。

第三节 过程及其实施要求

机构要摸清客户当前的和未来的需求,满足客户要求并争取超越客户期望。机构全体人员应树立"以客户为中心"的思想,并把它贯彻在质量管理体系和检定、校准和检测工作的全过程。

一、客户要求、标书和合同评审

机构应依据制定的评审客户要求、标书和合同的相关程序,对合同评审和对合同的偏离加以有效控制,记录必要的评审过程或结果。其中,对内部或例行客户,要求、标书和合同评审可简化进行。在执行政府职能部门的任务时,政府职能部门也是客户。

(一)客户要求的偏离情况及处理

当客户要求的方法不合适或是过期的,机构应通知客户。当客户要求针对检测或校准做出与规范或标准符合性的声明(如通过/未通过,在允许限内/超出允许限)时,应明确规定规范或标准以及判定规则。选择的判定规则应通知客户并得到同意,除非规范或标准本身已包含判定规则。

其中:符合性声明的详细指南参考 ISO/IEC 指南 98-4。

要求或标书与合同之间的任何差异,应在实施机构活动前解决。每项合同应被机构和客户双方接受。客户要求的偏离不应影响机构的诚信或结果的有效性。另外,与合同的任何偏离应通知客户。

(二)合同的评审

合同的评审是指合同签订前,为了确保质量要求合理、明确并形成文件,且机构能实现,由机构所进行的系统的活动。通过评审,保证客户提出的质量要求或其他要求合理、明确且文件齐全,且机构确实有能力和资源履行合同。

为了有效地完成合同评审,机构应赋予合同评审的人员相应的权力,如掌握机构内部各个资源的变化情况,调动机构有关技术的人力资源共同完成合同评审。

合同一经双方签署,就是要遵守的法律文书,因而合同评审必须进行,它是一切检定、校准和检测工作的开始。如果工作开始后修改合同,应重新进行合同评审,并将修改内容通知所有受到影响的人员。机构应保存评审记录,包括任何重大变化的评审记录。针对客户要求或机构活动结果与客户的讨论,也应作为记录予以保存。

(三)客户监视要求

在澄清客户要求和允许客户监视其相关工作表现方面,机构应与客户或其代表合作,包括允许客户合理进入机构相关区域,以见证与该客户相关的机构活动。

二、方法的选择、验证和确认

检定、校准和检测方法是实施检定、校准和检测的技术依据。方法的选择、验证和确认既是机构开展检定、校准和检测服务的重要资源,也是实施检定、校准和检测活动的不可缺少的过程。

(一)方法的选择

机构应使用适当的方法和程序开展所有机构活动,适当时,包括测量不确定度的评定以及使用统计技术进行数据分析。不同的计量活动,选择的方法有所不同。

(1)开展计量检定时,机构必须使用国家计量检定规程,如无国家计量检定规程,则可使用部门或地方计量检定规程。

（2）开展校准时，机构应使用满足客户需要的、对所进行的校准适宜的国家制定的校准规范。如无国家校准规范则应尽可能使用公开发布的，如国际的、地区的或国家的标准，或部门或地方的技术规范，或使用相应的计量检定规程。机构依据JJF 1071—2010《国家计量校准规范编写规则》制定的或采用的方法如能满足预期用途并经过确认，也可以使用。

（3）开展计量器具型式评价时，应使用国家统一的型式评价大纲或包含型式评价要求的计量检定规程。如无国家统一制定的大纲，机构可根据国家计量技术规范 JJF 1015—2014《计量器具型式评价通用规范》、JJF 1016—2014《计量器具型式评价大纲编写导则》以及相关计量技术规范和产品标准的要求拟定型式评价大纲。大纲应履行验证、审核和批准程序。

（4）开展定量包装商品净含量计量检验时，应使用国家统一的商品量及商品包装计量检验技术规范，如无国家统一制定的技术规范，应执行由省级以上计量行政主管部门规定的计量检验方法。

（5）开展用能产品能源效率计量检测时，应使用国家统一的用能产品能源效率计量检测技术规范。

机构应确保使用最新有效版本的方法，必要时，应补充方法使用的细节以确保应用的一致性。如果国际、区域或国家标准，或其他公认的规范文本包含了实施机构活动的信息，并便于机构操作人员使用时，则不需再进行补充或改写为内部程序。当客户未指定所用的方法时，机构应选择适当的方法并通知客户，推荐使用国际标准、区域标准或国家标准发布的方法，或知名技术组织或有关科技文献或期刊中公布的方法，或设备制造商规定的方法，机构制定或修改的方法也可以使用。

（二）方法的验证

机构在引入方法前，应进行验证，以确保实现所需的方法性能。验证不仅需要识别相应的人员、设施和环境、设备等，还应通过试验证明结果的准确性和可靠性。如精密度、线性范围、检出限和定量限等方法特性指标，必要时应进行实验室间比对。如果发布机构修订了方法，应依据方法变化的内容重新进行验证，并保存验证记录。

当需要开发方法时，应指定具备能力的人员，并为其配备足够的资源。在方法开发的过程中，应定期评审，以确定持续满足客户需求。当开发计划有变更时，应得到批准和授权。

对校准活动方法的偏离，应事先将该偏离形成文件，经技术判断，获得授权并被客户接受。其中，客户接受偏离可以事先在合同中约定。

（三）方法的确认

机构在实施校准或检测时，应对非标准方法、机构制定的方法、超出预定范围使用的标准方法或其他修改的标准方法进行确认。其中，确认可包括检测或校准物品的抽样、处置和运输程序。确认的方法可通过使用参考标准或标准物质进行校准或评估偏移和精密度，或是与其他已确认的方法进行结果比对，或是根据对方法原理的理解以及抽样或检测方法的实践经验,评定结果的测量不确定度。

当修改已确认过的方法时,应确定这些修改的影响。当发现影响原有的确认时,应重新进行方法确认。评估方法的性能特性时,应确保与客户需求相关,并符合规定要求。其中,方法性能特性包括但不限于:测量范围、准确度、结果的测量不确定度、检出限、定量限、线性、重复性或复现性。

机构应保存方法确认记录,包括使用的确认程序、要求的详细说明、确定的方法性能特性、获得的结果、方法有效性声明,并详述与预期用途的适宜性。

三、抽样

对被测物品进行抽样时,机构应按照相应的计量技术法规的规定,制订抽样程序和计划,并按程序和计划实施,以确保抽样活动的科学性、公正性。此种情况一般发生在法定计量检定机构承担政府计量行政部门委托,对生产、销售或使用中的计量器具实施监督检定或者仲裁检定,对定量包装商品净含量实施监督检验以及对用能产品能效标识实施检测。

当机构为后续检测或校准而对物质、材料或产品进行抽样时,应有抽样计划和方法。抽样方法应明确需要控制的因素,以确保随后检测或校准结果有效性。在抽样的地点应能够得到抽样计划和方法。抽样计划应基于适当的统计方法。

抽样包括采样和取样。抽样方法包含样品或地点的选择、抽样计划及从物质、材料或产品中取得样品的制备和处理,以作为后续检测或校准的物品。

机构接收样品后,要按"检定、校准和检测物品的处置"的规定进行进一步处理。

机构应将抽样数据作为检测或校准工作记录的一部分予以保存。记录应包括所用的抽样方法、抽样日期及时间、识别和描述样品的数据(如编号、数量和名称)、对抽样方法和抽样计划的偏离或增减等信息。

四、检定、校准和检测物品的处置

机构应有运输、接收、处置、保护、存储、保留、处理或归还检定、校准或检测物品的程序,包括为保护检定、校准和检测物品的完整性以及机构与客户利益所需的所有规定。在物品的处置、运输、保存/等候和制备、检定、校准或检测过程中,应注意避免物品变质、污染、丢失或损坏。应遵守随物品提供的操作说明。

机构应有清晰标识检定、校准和检测物品的系统。物品在机构负责的期间内应保留该标识。标识系统应确保物品在实物上、记录或其他文件中不被混淆。适当时,标识系统应包含一个物品或一组物品的细分和物品的传递。

接收检定、校准和检测物品时,应记录与规定条件的偏离。当对物品是否适于检定、校准或检测有疑问,或当物品不符合所提供的描述时,机构应在开始工作之前询问客户,以得到进一步的说明,并记录询问的结果。当客户知道偏离了规定条件仍要求进行校准时,机构应在报告中做出免责声明,可能时,指出偏离可能影响结果。

如物品需要在规定环境条件下储存或状态调节时,应保持、监控和记录这些环境条件。

五、技术记录

技术记录指进行检定、校准和检测活动的信息记录,应包括原始观察、导出数据和与建立审核路径有关信息的记录,环境条件控制、人员、方法确认、设备管理、样品和质量控制等记录,还包括发出的每份检定、校准和检测证书或报告的副本。技术记录要求如下:

(1) 复现性。机构应确保每一项机构活动的技术记录包含结果、报告和足够的信息,以便在可能时识别影响测量结果及其测量不确定度的因素,记录的详细程度应确保在尽可能接近原条件的情况下复现该机构活动。技术记录应包括每项机构活动以及审查数据结果的日期和负责人。

(2) 即时性。原始的观察结果、数据和计算应在观察或获得时予以记录,并应按特定任务予以识别。当需要另行整理或誊抄时,应保留对应的原始记录。

(3) 修改。机构应确保技术记录的修改可以追溯到前一个版本或原始观察结果。

(4) 保存。应保存原始的以及修改后的数据和文档,包括修改的日期、标识修改的内容和负责修改的人员。

机构应在记录表格中或成册的记录本上保存检定、校准或检测的原始数据和信息,也可直接录入信息管理系统中,也可以是设备或信息系统自动采集的数据。对自动采集或直接录入信息管理系统中的数据的任何更改,应满足技术记录修改的要求。

六、测量不确定度的评定

机构应识别测量不确定度的贡献。评定测量不确定度时,应采用国家计量技术规范 JJF 1059.1—2012《测量不确定度评定与表示》的方法,考虑所有显著贡献,包括来自抽样的贡献。

(1) 开展检定的机构,应按 JJF 1033—2016《计量标准考核规范》的要求,评定检定结果的测量不确定度。

(2) 开展校准的机构,应评定所有校准的测量不确定度。机构应具有评价其校准和测量能力的程序,评价应覆盖机构所开展的所有校准项目的参数和量程。

其中:①按照 CIPM(国际计量委员会)和 ILAC(国际实验室认可合作组织)的联合声明,对校准和测量能力采用以下定义,校准和测量能力(CMC)是校准实验室在常规条件下能够提供给客户的校准和测量的能力。②校准和测量能力应是在常规条件下的校准中可获得的最小的测量不确定度。通常用包含因子 k 为 2 或包含概率 P 为 0.95 的扩展不确定度表示。

(3) 开展检测的机构应评定测量不确定度。当由于检测方法的原因难以严格评定测量不确定度时,机构应基于对理论原理的理解或使用该方法的实践经验进行评估。

其中:①某些情况下,公认的检测方法对测量不确定度主要来源的值规定了限值,并规定了计算结果的表示方式,机构只要遵守检测方法和报告要求。②对一特定方法,如果已确定并验证了结果的测量不确定度,机构只要证明已识别的关键影响因素受控,则不需要对每个结果评定测量不确定度。

关于测量不确定度评定与表示的更多信息参考 ISO/IEC 指南 98-3、ISO 21748 和 ISO 5725 系列标准。

七、确保结果的有效性

机构应制定监控结果有效性(质量控制)程序,明确计量检定、校准和检测过程控制要求。监控应覆盖机构所开展的全部检定、校准和检测项目类别,确保检定、校准和检测结果的准确性和稳定性。

机构所有记录结果数据的方式应便于发现其发展趋势,如可行,应采用统计技术审查结果。机构应对监控进行策划和审查,监控包括使用标准物质或质量控制物质、使用其他已检定或校准能够提供可溯源结果的仪器、测量和检测设备的功能核查等。

机构还可通过与其他机构的结果比对来监控能力水平。监控应予以策划和审查,可参加计量比对(依据 GB/T 27043—2012《合格评定 能力验证的通用要求》进行)或参加除计量比对之外的其他能力验证活动。机构要有参加计量比对或能力验证的形成文件的程序和记录要求,包括参加能力验证或计量比对的工作计划和不满意结果的处理措施等内容。

机构应分析监控活动的数据用于控制机构活动,适用时实施改进。如果发现监控活动数据分析结果超出预定的准则时,应采取适当措施防止报告不正确的结果。

八、报告结果

机构应准确、清晰、明确和客观地出具结果,并且应包括客户同意的、解释结果所必需的以及所用方法要求的全部信息。机构通常以报告的形式提供结果(如检定证书、校准证书或检测报告,以下简称为"报告"),所有发出的报告应作为技术记录予以保存。在满足要求时报告可以硬拷贝或电子方式发布。如客户同意,可用简化的方式报告结果。当客户需要提供相关报告中所列的信息,应保证客户能方便地获得。

一份报告,除了其通用要求外,检定证书、校准证书、检测报告、报告抽样还各有其特定要求,此处不予赘述。

九、投诉

投诉是指任何组织或个人向机构就其活动表达的不满意,并期望得到回复。这里"投诉"包括任何组织或个人对机构提供服务的不满意。机构应有形成文件的过程来接收和评价投诉,并对投诉做出决定。

十、不符合工作

不符合是指检定、校准或检测活动不满足检定规程、技术规范或标准的要求,与客户约定的要求或者不满足管理体系文件的要求。当机构活动或结果不符合自己的程序或与客户达成一致的要求时(如设备或环境条件超出规定限值,监测结果不能满足规定的准则),机构应有程序予以实施。

机构应保存不符合工作和规定措施的记录。当评价表明不符合工作可能再次发生时,或对机构的运行与其管理体系的符合性产生怀疑时,机构应采取纠正措施。

十一、数据控制和信息管理

机构应获得检定、校准和检测活动所需的数据和信息,并对其信息管理系统进行有效管理。用于数据收集、处理、记录、报告、存储或检索的机构信息管理系统在投入使用前应进行功能确认,包括机构信息管理系统中界面的适当运行。当对管理系统的任何更改,包括修改机构软件配置或现成的商业化软件,在实施前应被批准、形成文件并确认。

其中,"机构信息管理系统"包括计算机化和非计算机化系统中的数据和信息管理。相比非计算机化的系统,有些要求更适用于计算机化的系统。常用的现成商业化软件在其设计的应用范围内使用可视为已经过充分的确认。

第四节 计量管理体系要求

机构应建立、实施和保持文件化管理体系,该管理体系应能够支持和证明机构持续满足考核要求,并且保证机构检定、校准和检测结果的质量。除了满足对机构的通用要求、结构要求、资源要求和过程要求以外,机构的管理体系至少应包括下列内容:管理体系文件、管理体系文件的控制、记录控制、应对风险和机遇的措施、内部审核、管理评审等。

对多场所的机构,其管理体系应覆盖到各个开展检定、校准和检测活动或与开展检定、校准和检测活动相关的所有场所。

一、管理体系文件

机构管理层应建立、编制和保持符合考核规范目的的方针和目标,并确保该方针和目标在机构的各级人员得到理解和执行。方针和目标应能体现机构的能力、公正性和一致运行。

机构管理层应提供建立和实施管理体系以及持续改进其有效性承诺的证据。管理体系应包含、引用或链接与满足考核规范要求相关的所有文件、过程、系统和记录等。机构管理层应策划检定、校准和检测实施所需要的过程。

二、管理体系文件的控制

机构应控制与满足与考核规范要求有关的内部和外部文件,机构依据制定的文件管理控制程序,对文件的编制、审核、批准、发布、标识、变更和废止等各个环节实施控制,并依据程序控制管理体系的相关文件。

其中,"文件"可以是政策声明、程序、规范、制造商的说明书、校准表格、图表、教科书、张贴品、通知、备忘录、图纸、计划等。这些文件可能承载在各种载体上,如硬拷贝或数字形式。

三、记录控制

机构应建立和保存清晰的记录以证明满足考核规范的要求,应对记录的标识、存储、保护、备份、归档、检索、保存期和处置实施所需的控制。机构记录保存期限应至少为5年,并符合合同义务。记录的调阅应符合保密承诺。

记录分为质量记录和技术记录两类:

(1)质量记录指机构管理体系活动中的过程和结果的记录,包括内部审核、管理评审、纠正措施记录,人员培训教育考核记录,外部服务活动记录,质量管理体系活动记录,投诉记录等。

(2)技术记录指进行检定、校准和检测的信息记录,应包括原始观察、导出数据和与建立审核路径有关信息的记录,环境条件控制、人员、方法确认、设备管理、样品和质量控制等记录,也包括发出的每份检定、校准和检测证书报告或证书的副本记录。

四、应对风险和机遇的措施

机构应策划并采取措施应对风险和机遇。应对风险和机遇是提升管理体系有效性、取得改进效果以及预防负面效应的基础。机构应该识别法律风险、质量责任风险、安全风险和环境风险等,以基于风险的思维对过程和管理体系进行管控,消除或减少非预期结果的风险,有效利用机遇,更好地为客户服务。

应对风险的方式包括识别和规避威胁,为寻求机遇承担风险,消除风险源,改变风险的可能性或后果,分担风险,或通过信息充分的决策而保留风险。机遇可能促使机构扩展活动范围,赢得新客户,使用新技术和其他方式应对客户需求。

五、改进

机构应考虑与检定、校准和检测活动有关的风险和机遇,以利于确保管理体系能够实现其预期结果,把握实现目标的机遇,预防或减少检定、校准和检测活动中的不利影响和潜在的风险,实现管理体系的改进。

机构可通过评审操作程序、实施方针、总体目标、审核结果、纠正措施、管理评审、人员建议、风险评估、数据分析和能力验证结果识别改进机遇。机构还可以向客户征求反馈,无论是正面的还是负面的,分析和利用这些反馈,改进管理体系、机构活动和为客户服务。其中,反馈包括客户满意度调查、与客户的沟通记录和共同审查报告。

六、纠正措施

机构应采取措施,消除已发现的不合格的原因,防止不合格结果再发生。机构应制定纠正措施的政策和形成文件的程序,指定合适的人员,在识别出不符合工作或对管理体系和技术运作政策、程序有偏离时实施纠正措施;纠正措施应与所遇到不合格的影响程度相适应。

对不符合起因分析是关键,并且有时是纠正措施中最难的部分。通常起因并不是显而易见的,因此需要对问题的潜在起因进行仔细的分析。潜在起因可能包括客户的要求、被检的物品、被检物品的技术规范、方法和程序、人员的技能和培训、易耗材料或设备的检定与校准。

七、内部审核

内部审核是机构自行组织的管理体系审核,按照管理体系文件规定,对其管理体系的各个环节组织开展有计划的、系统的、独立的检查活动,以验证其运行持续符合管理体系的要求。

(一)内部审核要求

机构应按照策划的时间间隔进行内部审核,判断:是否符合机构自身的管理体系要求,包括机构活动;是否符合考核规范的要求;是否得到有效的实施和保持。

机构应策划、制订、实施和保持审核方案,规定每次审核的审核准则和范围,及时采取适当的纠正措施,并保存记录,作为实施审核方案以及审核结果的证据。

(二)内部审核实施要点

机构应制定内部审核程序文件,编制内部审核计划,并严格按计划和程序的要求实施,实施结果要有记录。内部审核的周期通常为12个月。对于规模较大的机构,可以建立滚动式审核计划,以确保管理体系的不同要素或组织的不同部门在 12 个月内都能被审核。

质量负责人在管理体系中的职责是确保质量管理体系得到实施和保持,内部审核是其履行职责的有效方法。质量负责人通常作为审核方案的管理者,并可能担任审核组长,负责确保审核依照预定的计划实施。审核由具备资格的人员来执行,审核员对其所审核的活动应具备充分的技术知识,并专门接受过审核技巧和审核过程方面的培训。审核人员应独立于被审核的活动,除非机构受人员条件的限制,并能证明审核是客观、公正、有效的,否则审核人员不能审核自己的活动。

审核过程中,审核员始终要搜集实际活动是否满足管理体系要求的客观证据。收集的证据应当尽可能高效率并且客观有效,不存在偏见,不困扰受审核方。审核员应当注明不符合项,并对其进行深入的调查以发现潜在的问题。所有审核发现都应当予以记录。审核完所有的活动后,审核组应当认真评价和分析所有审核发现,确定哪些应报告为不符合项,哪些只作为改进建议。

审核发现的问题应及时采取纠正措施,并要对纠正措施的实施结果进行验证。内部审核中发现的不符合项可以为组织管理体系的改进提供有价值的信息。质量负责人应当对内部审核的结果和采取的纠正措施的趋势进行分析,并形成报告,将这些不符合项作为管理评审的输入。

即使没有发现不符合项,也应当保留完整的审核记录。应当记录已确定的每一个不符合项,详细记录其性质、可能产生的原因、需采取的纠正措施和适当的不符合项关闭时间。审核结束后,应当编制最终报告。内审报告范例扫描下方二维码查看。

八、管理评审

机构应编制管理评审的计划和程序,并严格按要求实施。管理评审应由机构负责人实施,通常周期为每 12 个月一次。评审结果要反馈到机构的体系改进中去,体现在下一年度的工作目标和措施计划内。管理评审的目的是确保质量管理体系持续的适宜性、充分性和有效性。

适宜性,是指质量管理体系适应内外环境变化的能力。质量管理体系是在一种特定的内、外环境条件下建立的。组织内、外部环境总是在不断变化的。例如:组织机构或人员变动、新技术和新设备的引进、运行机制改变等属于内部环境的变化;市场、客户、法律法规、检定规程、校准规范和检测方法的变化等属于外部环境的变化。质量管理体系应根据这些变化而有所改进,以不断满足各方面的要求。

充分性,是指质量管理体系满足市场、客户潜在的和未来的需求和期望的足够的能力,也可以是指质量管理体系各过程的充分展开。机构一方面应不断地借鉴以往的经验和教训,并考虑今后的发展来充分地展开所确定的各过程,实现所设定的质量方针和质量目标;另一方面应不断地预测市场和客户潜在的和未来的需求和期望,及时调整机构的方针和目标。

有效性,是指质量管理体系运行的结果达到所设定的质量目标的程度,同时也要考虑运行的结果与所花费的资源之间的关系,确保质量管理体系的经济性。

管理评审有输入有输出,输入包括与机构相关的内外部因素的变化、以往管理评审所采取措施的情况、近期内部审核的结果、纠正措施等内容。输出包括质量管理体系及其过程有效性的改进,与客户要求有关的检定、校准或检测工作质量和服务质量的改进,质量管理体系所需要的资源的改善。此外,还应对现有质量管理体系(包括质量方针和目标)的评价结论以及对计量检定、校准和检测工作符合要求的评价。

第五节 管理体系文件的建立

《法定计量检定机构考核规范》(以下简称《考核规范》)是针对各级计量行政部门依法设置或授权建立法定计量技术机构提出的,其依据包含了《计量法》及相关法规、规章和国家标准。《考核规范》规定了法定计量检定机构应建立、实施和保持文件化管理体系。管理体系文件包括:质量方针和总体目标,质量手册,考核规范所要求的形成文件的程序和记录,机构确定的为确保其过程有效策划、运行和控制所需的文件,包括记录。

一、管理体系文件的类别与结构

上述已经介绍管理体系文件所包含的类别,下面逐一进行介绍。

质量方针是由机构的负责人正式发布的该机构的总的质量宗旨和质量方向。《考核规范》要求,机构管理体系中与质量有关的政策,包括质量方针声明,应在质量手册中阐明。质量方针声明由机构负责人授权发布。总体目标是在质量、技术和管理方面所追求的目标。《考核规范》规定"应制定总体目标并在管理评审时加以评审。总体目标应是可测量的,并与质量方针保持一致"。

质量手册是规定机构管理体系的文件,应包括或注明含技术程序在内的支持性程序,并概述管理体系中所用文件的架构。

程序是为进行某项活动或过程所规定的途径,而含有程序的文件可称为程序文件。程序文件是提供如何一致地完成活动和过程的信息的文件中的一种,其范围应覆盖考核规范的要求,其详略程度应取决于机构的规模和活动类型、过程及相互作用的复杂程度以及人员能力。程序可分管理程序和技术程序两类。含有管理程序的文件可称为管理程序文件,它主要是提供完成管理活动和过程的信息;含有技术程序的文件可称为技术程序文件,它主要是提供完成技术活动和过程的信息。如果技术程序文件主要是针对某一项技术活动或过程提出的具体的技术指标或技术方法的要求,也可称为作业指导文件。

作业指导文件是对质量管理手册或程序文件的补充。例如,"规范"是阐明具体要求的文件;"指南"是说明推荐的方法或建议的文件;"图样"是给出操作依据的文件。这类文件可泛称为"作业指导书"。

外来文件包括国家颁布的有关的法律法规、计量技术规范、技术标准、检定规程、校准规范、型式评价大纲、定量包装商品净含量计量检验规则和用能产品能源效率标识检测规则以及生产商提供的测量设备维护手册等。

记录是为完成的活动或达到的结果提供客观证据的文件。《考核规范》规定"为提供符合要求及管理体系有效运行的证据而建立的记录,包括质量记录和技术记录,应得到控制"。为了便于管理和提高效率,书面记录一般应预先设计固定的格式。

上述是管理体系文件所包含的类别,以此为基础,建立清晰的管理体系文件结构,有助于体系运行的有效性。与《考核规范》要求的文件相对应,管理体系文件按质量方针、总体目标、质量手册、程序文件、作业指导书、记录等文件类别形成分层结构。

管理体系文件之间存在内在的有机联系。各层次文件之间可以相互引用,除质量方针、总体目标外,上层文件可包括或者引用下层文件。如质量手册可包括或引用程序文件,程序文件可包括或引用作业指导文件和记录。为了便于使用和维护体系,最好采取引用文件的形式。同层次文件之间也可以相互引用。

各类机构情况各异,应根据自身的特点来选择文件的结构。对规模比较小、工作比较单一稳定的技术机构,如市县计量检定机构、授权的专业计量技术机构,质量手册可以包括质量方针和总体目标,也可以包括部分或全部管理体系程序文件(技术程序文件一般不包括在手册中);对于有一定规模的,提供服务可能不是单一的类别的组织,如省、市计量检定机构,管理体系文件包括质量手册(包括质量方针和总体目标)、管理体系程序文件等。

二、管理体系文件的编制过程

管理体系文件应由参与过程和活动的人员编写。为缩短编制时间及识别管理体系中的不足,可对现有文件的评审进行利用以及引用。编制管理体系文件的过程不一定自上而下地进行,质量手册的完成通常在程序文件和作业指导书完成之后。

下面给出编写管理体系文件步骤的示例(供参考):①根据《考核规范》确定适用的管理体系文件要求;②通过各种方法,如问卷调查和面谈,收集有关现有管理体系和过程的信息;③列出现有的适用的管理体系文件,分析这些文件以确定其可用性;④对参与文件编制人员进行文件编制以及《考核规范》和其他准则的培训;⑤要求并获得来自运作部门的其他文件或引用文件;⑥确定文件的结构和格式;⑦编制覆盖管理体系范围的所有过程的流程图;⑧对流程图进行分析以识别可能的改进并实施这些改进;⑨通过试运行确认这些文件;⑩在机构内使用其他适宜的方法完成管理体系文件；⑪在发布前对文件进行评审和批准。

为了限制文件的规模，适当时可在文件中引用现有的公认的规范、标准或文件和使用者可获得的文件。当采用引用文件时，凡是注明日期的引用文件，仅注明日期的版本适用；凡是不注明日期的引用文件，其最新版本（包括所有的修改单）适用。

三、管理体系文件的控制过程

文件在发布前，应由被授权人员对文件进行评审以确认其清楚、准确、充分、结构恰当。文件的使用者也应该有机会对文件的适用性以及其是否反映了实际情况进行评价和发表意见。文件的放行应得到批准，机构应保存文件批准的证据。

文件发布后，应由被授权的人员发放，发放的方法应确保所有需要文件的人员能够得到正确版本的适用文件。文件的正确发放和控制应得到保证，如使用系列号对每份文件加以标识，以识别文件的接收人员。质量手册的分发可能涉及外部人员（如客户、考评员和主管部门）。

当文件出现更改时，应规定更改的提出、实施、评审、控制和纳入的过程。文件更改的过程应执行与制定原文件相同的评审和批准过程。

四、质量手册的编制

通过质量手册使管理体系形成文件，对内，能显示机构的质量管理、质量策划、质量控制、质量保证、质量改进和持续改进的能力，以获得各级管理者和员工的信任；对外，能显示机构的管理体系及其过程和活动以及对它们的控制要求，证实检定、校准和检测的结果满足客户要求，并持续改进其有效性，以获得客户或第三方的信任。

（一）质量手册的性质

质量手册的性质主要反映在纲领性和指导性两个方面。纲领性方面，组织建立和实现的管理体系中的各个相互作用的过程和活动及其要求都能在手册中得到表述，相互作用的各个过程和活动的职能分配、接口都能在手册中得到规定，这些规定给出了体系有效运行和控制的准则。机构的最高管理者、员工、客户或政府部门机构都能通过手册内容从总体上判断机构是否有能力稳定地满足客户和适用法律法规的要求。

指导性方面，手册中所编制和引用的形成文件的程序都是管理性的文件，是对检定、校准和检测的原则要求，还需要技术性的具体的技术规范、作业指导书给予支持，才能实现质量管理手册对各过程和活动提出的要求。因此，手册编制或引用的程序文件的要求，又对制定下一层次的文件起着指导性的作用。

（二）质量手册的内容与要求

质量手册对每个机构而言都具有唯一性。质量手册的内容通常应包括或涉及管理体系的范围、组织结构说明、职责和权限界定、管理体系过程和相互作用的表述、与程序文件的关系等内容。

有关机构的一般信息,如名称、地址和联系方法也应包括在质量手册中。质量手册还可包括诸如机构的业务流程、简单的背景情况、机构的规模和发展过程等附加信息。

质量手册示例扫描下方二维码查看。

五、程序文件的编制

文件化的程序通常包括活动的目的和范围,做什么和谁来做,何时、何地和如何做,应该使用什么设备、方法,如何对活动进行控制和记录等方面的内容。程序文件应根据确定的管理体系的过程,对影响检定、校准和检测质量的各项活动作出规定,包括职责和权限,并规定活动的评价准则,使各项活动处于受控状态。每个体系程序文件应包括管理体系逻辑上的独立部分,其数量、内容、格式由机构根据自身的组成、工作的复杂程度以及客户的要求程度确定。

体系程序文件是策划和管理管理体系及质量管理活动的基本文件,是质量手册的支持文件,它不同于作业指导书,一般不涉及技术细节或技术参数,需要时可引用作业指导书。体系程序文件的范围和详略程度应取决于工作的复杂程度和人员的技能、素质、培训程度,结构和文字应简练、明确、易懂并应以相同的结构和格式编排。

文件的结构格式和内容编写示例扫描下方二维码查看。

六、作业指导书的编制

作业指导书是对质量手册或程序文件的补充,以阐明具体的技术要求和方法为主,是使管理体系可能实施的关键信息。

(一)作业指导书分类

常用的作业指导书有以下几类。

管理细则:用于规定某一具体管理活动的具体步骤、职责和要求的文件。

产品标准:用于规定某项产品的具体要求。

校准规范:进行测量设备校准所用的,具体叙述的一组操作及有关的要求。

检测规范:进行特定的检测(如定量包装商品净含量计量检验)时所用的,根据确定的检测对象具体叙述的一组操作。

操作规程:用于操作某一设备和设施的具体方法。

质量控制规范:用于检定(或校准、检测)结果质量控制的具体方法。

期间核查规范:用于检查计量基准、计量标准或测量设备是否在有效控制范围内的方法。

作业指导书示例扫描下方二维码查看。

(二)作业指导书的一般内容

1. 标题、适用范围、唯一性标识

(1)标题应直接反映出适用于什么工作。

(2)适用范围除了说明适用的工作外,必要时应注明适用的部门、场所、产品、时间等。

(3)应对作业指导书进行唯一性标识。

2. 作业资源条件

(1)仪器设备、型号、规格、编号。

(2)设施和环境条件。

(3)需要的物品名称、数量。

(4)需要的人员技能、素质和数量要求。

(5)需要的参考文件的名称和编号。

3. 作业方法与步骤

(1)按照专业和操作要求的顺序编写。

(2)遵照科学、经济、合理原则。

(3)可使用流程图,以便清楚表述。

(4)适当时,规定记录要求。

4. 作业应达到的质量要求

(1)每项作业的质量要求。

(2)涉及本作业的质量检查要求。

(3)涉及本作业的统计抽样要求。

5. 安全提示

涉及人身和设备安全的因素,应明确提出并有保护措施。

6. 注意事项

(1)提醒作业者最容易忽视的事项。

(2)提醒作业管理者最容易忽视的事项。

(三)校准规范

在对测量设备进行校准的过程中,必须使用校准规范。如已经有国家发布的校准规范或计量检定规程,可遵照执行。如果没有适用的规范应制定自用的校准规范,规范由以下部分组成(内容的具体要求可查阅JJF 1071—2010《国家计量校准规范编写规则》):①封面;②扉页;③目录;④引言;⑤范围;⑥引用文件;⑦术语和计量单位;⑧概述;⑨计量特性;⑩校准条件;⑪校准项目和校准方法;⑫校准结果表达;⑬复校时间间隔;⑭附录;⑮附加说明。

(四)型式评价大纲

在对计量器具进行型式评价的过程中,必须使用型式评价大纲。如已经有国家发布的型式评价大纲,可遵照执行。如果没有适用的大纲应制定适用的大纲,大纲的构成和编写顺序如下(内容的具体要求可查阅 JJF 1016—2014《计量器具型式评价大纲编写导则》):①封面;②扉页;③目录;④引言;⑤范围;⑥引用文献;⑦术语;⑧概述;⑨法制管理要求;⑩计量要求;⑪通用技术要求;⑫型式评定项目一览表;⑬试验项目的试验方法和条件;⑭评价项目的记录格式;⑮附录。

(五)表格和记录

制定和保持表格是为了记录有关的信息以证实满足了管理体系、检定、校准和检测的要求。管理体系记录阐明达到的结果或提供证据,以表明程序文件和作业指导书中所规定的活动已经得到了实施。记录应能够表明管理体系的要求和检定、校准和检测的规定要求得到了满足。

管理体系中包括了两类记录文件，一类是证明体系符合要求、有效运行的记录，如管理评审的记录，人员的教育、培训、技能和经验的记录，策划和实施审核的记录，纠正措施的记录，预防措施的记录等；另一类是证明检定、校准和检测过程满足规定要求的记录，如检定、校准和检测的原始记录，测量不确定度评价的记录，期间核查记录，检定、校准和检测结果质量控制记录，计量比对、能力验证记录，测量结果溯源性的记录等。机构应按照《考核规范》的要求和机构确定的要求形成活动和过程的证明文件，即记录。

表格包括标题、标识号、修订的程度和修订的日期。表格应被引用或附在质量手册、程序文件和作业指导书中。为了确保记录信息的完整性和一致性，并便于管理和提高工作效率，表格一般应预先设计固定的格式。

第六节　法定计量检定机构考核的准备

法定计量机构考核要求包括通用要求、组织结构、资源要求、过程要求和管理体系要求等5个方面。考核时，通过计划这个线索，检查其实施的情况。因此，计量机构在接受考核前，应按照《法定计量检定机构考核规范》（以下简称为《考核规范》）做好相应的准备工作。本节结合考核实际情况，重点介绍必须准备的"八个计划""三个一览表"和"四个档案"等的要求。

一、"八个计划"的要求

（一）人员培训计划

机构应制定对人员的教育、培训和技能目标。应有确定培训需求和提供人员培训的政策和形成文件的程序。从事检定、校准和检测工作的人员必须按照有关规定的要求，经培训、考核取得相应的资格并被授权后上岗。

机构应编制有关培训的程序文件和计划，并严格按程序和计划规定的要求组织实施，培训的实施情况要有记录，实施的有效性应进行评价。一般每年1月底前由各部门根据新规程或规范的颁布、新项目开展、岗位工作需要等情况填写《年度培训需求表》报相关管理部门，管理部门根据国家、省、市各级计量培训部门举办培训班的计划、各部门的申请，制订本年度的《年度培训计划》，报技术负责人审批后执行。计划外需外出参加培训，由各部门负责人填写《计划外培训申请表》交管理部门，并报技术负责人批准。

人员培训计划应包括计量基础理论、误差理论、数据处理、数理统计、抽样方法、专业知识、规程规范、法律法规、质量管理、廉政建设、作风纪律的教育、职业道德规范、外语、计算机等各类岗位所需要的应知应会的培训。

(二)仪器设备周期检定/校准计划

《考核规范》要求,用于检定、校准和检测的对检定、校准、检测和抽样结果的准确性或有效性有显著影响的所有设备,包括辅助测量设备(如用于测量环境条件的设备),均应有有效的检定或校准证书。机构应制订设备检定(或校准)的程序和计划。

机构应编制和执行设备的周期检定或校准计划,以确保由本机构进行的检定、校准和检测可溯源到国家基准或社会公用计量标准。

机构应根据《考核规范》要求制定量值溯源的管理程序,确定执行周期检定/校准的测量设备的范围,明确量值溯源的关系,编制量值传递图和检定/校准计划,并认真组织实施。

编制仪器设备周期检定/校准计划,可以加强对计量标准控制的有效性和管理的操作性、可控性。一般在上一年度末制订下一年年度仪器设备周期检定/校准计划,计划内容至少包括仪器设备信息、检定/校准周期、末次检定/校准时间、检定/校准单位、经办人及确认等信息。

该计划应当包含一个对计量标准、用作计量标准的标准物质以及用于检定、校准和检测的测量设备进行选择、使用、检定(校准)、核查、控制和维护的系统。

(三)计量标准期间核查计划

当需要利用期间核查以维持设备检定或校准状态的可信度时,应按照规定的程序进行。期间核查应根据规定的程序和日程对计量基准、计量标准、传递标准或工作标准以及标准物质进行核查,以保持其检定或校准状态的置信度。

(四)抽样计划

机构为后续检定、校准或检测而涉及对物质、材料或产品进行抽样时,应有用于抽样的抽样计划和程序。抽样计划和程序在抽样的地点应能够得到。只要合理,抽样计划应根据适当的统计方法制订。对于定量包装商品净含量计量检验的抽样方法,国家有规定的按其规定执行。对于能源效率标识计量检测的抽样方法,按用能产品能源效率标识计量检测规则执行。抽样过程应注意需要控制的因素,以确保检定、校准和检测结果的有效性。

机构应制定抽样程序,根据具体的抽样任务按照相应的计量技术规范编制抽样计划,抽样计划一般应建立在适当的统计方法上,并按规定的程序和计划组织实施,实施过程中应认真做好记录。

(五)检定/校准、检测结果监控计划

机构应有质量控制程序以监控检定、校准和检测结果的有效性。所得数据的记录方式应便于发现其发展趋势,如可行,应采用统计技术对结果进行审查。每年1月份专业人员制订本人所从事项目的检定、校准和检测结果质量控制计划,计划应包含项目名称、拟采用的技术方法、实施的时间、采用的结果判定方法、执行人等。结果质量控制计划应经过评审,一

般由技术负责人批准,并确认为有效和可行。

(六)计量比对和能力验证计划

《考核规范》要求,机构应通过与其他机构的结果比对来监控能力水平。制订计划,参加机构间的计量比对或能力验证活动。机构应建立计量比对和能力验证的程序,积极参加相关专业的计量比对和能力验证活动。凡政府计量行政部门指定的计量比对和能力验证,在授权项目范围内的,机构必须参加。

能力验证和计量比对是检定、校准和检测结果质量控制重要的有效技术手段。要积极关注国家和省级计量行政部门组织的能力验证和计量比对计划,根据机构相关专业情况,积极参加相关专业的计量比对和能力验证活动。

(七)内部审核计划

机构应根据预定的日程表和形成文件的程序,定期对其活动进行内部审核,以验证其运作持续符合管理体系和考核规范的要求。内部审核计划应涉及管理体系的全部要素,包括检定、校准和检测活动。质量负责人按照日程表的要求和管理层的需要策划和组织内部审核。审核应由经过培训和具备资格的人员执行,只要资源允许,审核人员应独立于被审核的活动。

机构应制定程序文件,编制内部审核计划,并严格按计划和程序的要求实施,实施结果要有记录。内部审核的周期通常为1年。

计划应符合考核规范的要求,适合机构的实际状况。检查机构的审核活动是否按计划和程序文件的要求进行,审核中发现的问题是否有记录,是否采取了纠正措施,是否对纠正措施进行了验证和报告,纠正措施的有效性如何。

内部审核计划一般要求有审核目的、审核范围、审核依据、审核组成员、审核内容、审核频次及时间等内容。

(八)管理评审计划

机构最高管理者应根据预定的日程表和形成文件的程序,定期对机构的管理体系以及检定、校准和检测活动进行评审,以确保其持续的适宜性、充分性和有效性。评审应包括评价改进的机会和管理体系变更的需求,包括质量方针和总体目标变更的需求。

机构应编制管理评审程序,制订计划,并严格按要求实施。通常管理评审的周期为每12个月一次。评审结果应反馈到机构的体系改进中去,应包括在下一年度的工作目标和措施计划内。

在管理评审前,一般由质量负责人制订《管理评审实施计划》,具体明确本次管理评审讨论的重点内容,要求有关部门或负责人员按《管理评审实施计划》上明示的要求提供管理评审所需准备的资料,经机构最高管理者批准后,在管理评审前一个月下达至各相关部门及负责人员,以便做好评审前准备工作。

各部门负责人负责收集并提供资源充分性报告、质量控制活动报告,质量负责人负责收集并责成有关部门提供其他方面内容的报告。

二、"三个一览表"的要求

(一)计量标准名称及设备一览表

开展检定和校准,应列出所建立的计量基(标)准名称及设备一览表;开展定量包装商品净含量计量检验和能源效率标识计量检测,应列出所有检测和试验项目的名称及设备一览表;开展型式评价,应对照型式评价大纲规定的试验项目列出试验设备一览表。一览表中应注明设备名称、型号、测量范围(或量程)、不确定度(或准确度等级/最大允许误差)、量值传递或溯源关系等。测量设备包括标准物质。

(二)开展检定/校准和检测项目一览表

机构应列出所开展的检定、校准和检测项目一览表,一览表应至少包括诸如项目名称、测量范围、测量不确定度或准确度等级或最大允许误差以及执行的规程、标准、规范或规则等信息。一览表应具有完整性和准确性。

(三)工作人员一览表

机构应列出工作人员一览表,一览表应至少包括诸如姓名、性别、年龄、文化程度、职称、所学专业、从事本专业年限、岗位类别、本岗位时限等信息。

三、"四个档案"的要求

(一)专业技术人员档案

机构应建立完整并妥善保存专业技术人员档案。档案以个人为对象,每人一套档案,档案内容包括:
(1)最高学历证明复印件。
(2)技术职称资格证书复印件。
(3)技术职务聘文复印件。
(4)人员检定、校准或检测及其他资格证书复印件。
(5)培训登记表、培训取得的证件复印件、考核考试成绩通知。
(6)技术获奖和论文获奖证书复印件。
(7)公开发表的论文复印件。
(8)专业技术人员年度考核表。

(二)计量标准技术档案

计量标准技术档案应当按照 JJF 1033—2016《计量标准考核规范》的要求建立文件集。

(三)设备档案

设备档案应保存对检定、校准或检测具有重要影响的每一设备及其软件的记录。设备档案记录至少应包括：

(1)设备及其软件的识别。

(2)制造商名称、型式标识、系列号或其他唯一性标识。

(3)对设备是否符合规范的核查。

(4)当前的位置(如适用)。

(5)制造商的说明书(如果有)，或指明其地点。

(6)所有检定或校准证书的日期、结果及其复印件，设备调整、验收标准和下次检定或校准的预定日期。

(7)设备维修计划(适当时)以及已进行的维护。

(8)设备的任何损坏、故障、改装或修理。

(四)供应商、服务方评价档案

机构应收集相关服务及供应品的供应商信息，对可能采用的服务、供应商调研后，对其进行评价，并保存这些评价的记录和获批准的供应商名单。

评价的方式主要可以考虑信函调查、供方现场第二方审核、以往供货(服务)业绩评价、同行类比评价、供应样品的检验和(或)试用、提供相关的证明材料等方法。机构可根据情况采用其中的一种或几种，也可采用上述以外的评价方式。应保存这些评价的记录和获得批准的供应商名单。如果有变动应及时修改，以确保其时效性。

以上评价资料应归口归档管理。

扫描二维码观看
管理体系对设备设施管理的要求

第十章 CMA 和 CNAS 概述

第一节 检验检测机构资质认定(CMA)

检验检测机构在中华人民共和国境内从事向社会出具具有证明作用数据、结果的检验检测活动必须按照相关法律法规要求取得资质认定。检验检测机构资质认定 CMA(China inspection body and laboratory mandatory approval, CMA),是一项确保检验检测数据、结果真实、客观、准确的行政许可制度。

一、检验检测机构资质认定的定义

检验检测机构是指依法成立,依据相关标准或者技术规范,利用仪器设备、环境设施等技术条件和专业技能,对产品或者法律法规规定的特定对象进行检验检测的专业技术组织。

资质认定是指市场监督管理部门依照法律、行政法规规定,对向社会出具具有证明作用的数据、结果的检验检测机构的基本条件和技术能力是否符合法定要求实施的评价许可。

国家市场监督管理总局主管全国检验检测机构资质认定工作,并负责检验检测机构资质认定的统一管理、组织实施、综合协调工作。省级市场监督管理部门负责本行政区域内检验检测机构的资质认定工作。

二、检验检测机构资质认定的产生和发展

检验检测机构资质认定制度始于 1985 年,该制度的前身称为"计量认证"制度,其实施是为了落实 1985 年发布的《中华人民共和国计量法》相关要求。1985 年 9 月,国家计量局对铁道部产品质量监督检测中心大连内燃机车检测站的柴油机试验室进行了计量认证试点,并于 1986 年 1 月 28 日形成了上报国家经济委员会的《关于报送〈大连柴油机试验室认证工作试点的总结报告〉的函》(〔86〕量局工字第 027 号),这标志着产品质量检验机构计量认证工作正式启动。

检验检测机构资质认定制度经历了近 40 年的发展历程,随着政府机构改革和社会经济

发展的需要,其管理部门、许可对象、许可范围、许可要求、许可名称均发生了变化。

2001年8月29日,国家认证认可监督管理委员会(简称国家认监委)成立,产品质量检验机构计量认证、审查认可(验收)两项行政许可职能划转至国家认监委。

2003年9月3日,《中华人民共和国认证认可条例》出台,该条例规定"向社会出具具有证明作用的数据和结果的检查机构、实验室,应当具备有关法律、行政法规规定的基本条件和能力,并依法经认定后,方可从事相应活动,认定结果由国务院认证认可监督管理部门公布",确立了向社会出具具有证明作用的数据和结果的检查机构、实验室资质认定制度。

2006年2月21日,《实验室和检查机构资质认定管理办法》公布,并于同年4月1日起实施,该办法规定:资质认定的形式包括计量认证和审查认可。2006年7月27日,国家认监委印发了《实验室资质认定评审准则》,要求各计量认证/审查认可实验室应于2007年12月31日前符合该准则的要求。该准则吸纳了ISO/IEC 17025:2005《检测和校准实验室能力的通用要求》的精髓,同时兼顾了我国国情,推进了计量认证和审查认可技术评审活动同国际接轨。

2015年4月9日,国家质量监督检验检疫总局发布了《检验检测机构资质认定管理办法》。同年7月31日,国家认监委印发了《国家认监委关于实施〈检验检测机构资质认定管理办法〉的若干意见》,就检验检测机构资质认定范围、检验检测机构主体准入条件、调整有关检验检测机构资质、资格许可权限等12个方面提出指导意见,同时印发了《国家认监委关于印发检验检测机构资质认定配套工作程序和技术要求的通知》,包括《检验检测机构资质认定评审准则》(试行)等15项配套工作程序和技术要求。

2017年10月16日,国家认监委发布了RB/T 214—2017《检验检测机构资质认定能力评价 检验检测机构通用要求》等7项认证认可行业标准,作为检验检测机构资质认定评审和管理要求,这些标准采用了国际标准ISO/IEC 17025:2017《检测和校准实验室的通用要求》的要求。

2021年4月22日,国家市场监督管理总局按照实施更加规范、要求更加明确、准入更加便捷和运行更加高效的原则,对《检验检测机构资质认定管理办法》的部分条款进行了修改,内容主要涉及告知承诺制度、实施范围、优化服务、固化疫情防控措施等4个方面。

三、检验检测机构应具备的基本条件

申请资质认定的检验检测机构应当符合以下条件:①依法成立并能够承担相应法律责任的法人或者其他组织;②具有与其从事检验检测活动相适应的检验检测技术人员和管理人员;③具有固定的工作场所,工作环境满足检验检测要求;④具备从事检验检测活动所必需的检验检测设备设施;⑤具有并有效运行保证其检验检测活动独立、公正、科学、诚信的管理体系;⑥符合有关法律法规或者标准、技术规范规定的特殊要求。

第二节 实验室和检验机构认可(CNAS)

认可是指由认可机构对认证机构、检查机构、实验室以及从事评审、审核等认证活动人员的能力和执业资格,予以承认的合格评定活动。认可的核心是依据标准,证实认证机构、实验室、检验机构等合格评定机构具有特定的技术和管理能力。通过认可后,机构的能力得到证实,出具的证书和报告得到政府和公众的信任。

认证机构主要包括以下领域:质量管理体系、环境管理体系、职业健康安全体系、食品安全管理体系、信息安全管理体系、一般产品、良好农业规范、有机产品、森林认证、软件过程及能力成熟度评估、TL-9000、服务认证、人员注册、工程建设施工企业质量管理体系、危害分析与关键控制点、良好生产规范、能源管理体系、信息技术服务管理体系、温室气体、大型活动可持续性管理体系等。

认可实验室主要包括检测和校准实验室、医学实验室、生物安全实验室(二级)、标准物质/标准样品生产者、能力验证提供者、科研实验室、实验动物机构、良好实验室。

检验机构主要包括以下领域:商品检验(鉴定)、货物运输、特种设备(锅炉、压力容器、管道、电梯、游艺设施、起重机等)、建筑工程、工厂检验、信息技术、健康检验、设备监造、司法鉴定、机动车检验等。

一、认可的发展历史

1994年9月20日,经国家质量技术监督局批准,成立了中国实验室国家认可委员会(China national accreditation committee for laboratories,CNACL)。

1996年1月16日,经国家进出品商品检验局,成立了中国国家进出品商品检验实验室认可委员会(China laboratory accreditation committee for import and export commodity inspection,CCIBLAC)。2000年8月,该委员会更名为中国国家出入境检验检疫实验室认可委员会(China entry-exit inspection and quarantine laboratory accreditation committee,CCIBLAC)。

1996年9月,包括中国实验室国家认可委员会(CNACL)和中国国家进出品商品检验实验室认可委员会(CCIBLAC)在内的44个实验室认可机构签署了"国际实验室认可组织"的谅解备忘录(MOU),成为国际实验室认可合作组织(ILAC)的第一批正式全权成员。

2002年7月4日,中国实验室国家认可委员会(CNACL)和中国国家出入境检验检疫实验室认可委员会(CCIBLAC)合并,成立中国实验室国家认可委员会(China national accreditation board for laboratories,CNAL)。

2006年3月31日,整合中国认证机构国家认可委员会(China national accreditation board,CNAB)和中国实验室国家认可委员会(CNAL),成立中国合格评定国家认可委员会

(China national accreditation service for conformity assessment,CNAS)。

中国合格评定国家认可制度在国际认可活动中有着重要的地位,其认可活动已经融入国际认可互认体系,并发挥着重要的作用。中国合格评定国家认可委员会是国际认可论坛(IAF)、国际实验室认可合作组织(ILAC)、亚太认可合作组织(APAC)的正式成员。

截至 2021 年 12 月 31 日,CNAS 认可各类认证机构、实验室及检验机构三大门类共计 15 个领域的 13 797 家机构。其中,累计认可各类认证机构 216 家,分项认可认证机构数量合计 811 家,涉及业务范围类型 12 109 个;累计认可实验室 12 871 家,其中检测实验室 10 507 家、校准实验室 1580 家、医学实验室 541 家、标准物质生产者 26 家、能力验证提供者 99 家、实验动物机构 12 家、科研实验室 3 家、生物样本库 2 家、其他实验室 101 家;累计认可检验机构 710 家。

截至 2021 年 12 月 31 日,累计暂停各类机构的认可资格 3024 家,其中认证机构 69 家、实验室 2865 家、检验机构 90 家;累计撤销各类机构的认可资格 1277 家,其中认证机构 31 家、实验室 1165 家、检验机 81 家;累计注销各类机构的认可资格 1395 家,其中认证机构 37 家、实验室 1276 家、检验机构 82 家。

二、实验室能力认可应具备的基本条件

CNAS—CL01《检测和校准实验室能力认可准则》等同采用了 ISO/IEC 17025:2017《检测和校准实验室能力的通用要求》。该准则规定了实验室能力、公正性以及一致运作的通用要求,适用于所有从事实验室活动的组织。

第三节 实验室和检验机构认可的实施

按照《中华人民共和国认证认可条例》要求,国家实行统一的认证认可监督管理制度。国家对认证认可工作实行在国务院认证认可监督管理部门统一管理、监督和综合协调下,各有关方面共同实施的工作机制。

我国认可工作始于 20 世纪 90 年代,目前由国家认监委批准设立并授权的中国合格评定国家认可委员会(CNAS)开展。

实验室认可主要依据法律法规及 GB/T 27011《合格评定 认可机构通用要求》(等同采用 ISO/IEC 17011)的要求,并分别以 GB/T 27025《检测和校准实验室能力的通用要求》(等同采用 ISO/IEC 17025)、GB/T 22576《医学实验室 质量和能力的专用要求》(等同采用 ISO/IEC 15189)等标准为准则。

检验机构认可主要依据法律法规及 GB/T 27011《合格评定 认可机构通用要求》(等同采用 ISO/IEC 17011)的要求,并以 GB/T 27020《合格评定 各类检验机构的运作要求》(等同采用 ISO/IEC 17020)为准则。

一、CMA 和 CNAS 的异同

CMA 和 CNAS 二者都是为了提高检验检测机构/实验室管理水平和技术能力,对其基本条件和技术能力进行的确认活动。二者主要存在以下区别(表 10-1)。

表 10-1 CMA 和 CNAS 的异同

区别	CMA	CNAS
法律依据	依据《中华人民共和国计量法》《中华人民共和国认证认可条例》等有关法律法规,对为社会出具公证数据的检验机构进行强制考核的一种手段,是政府对第三方实验室的行政许可,是对检测机构进行规定类型检测所给予的正式承认	根据《中华人民共和国认证认可条例》的规定,由国家认证与认可监督管理委员会(CNCA)批准设立并授权的国家认可机构,统一负责对认证机构、实验室和检验机构等相关机构的认可工作
性质	强制性、公正性、公益性、行政性	自愿性、公正性、通用性、市场性
实施机构	国家认监委和省级市场监督管理部门	中国合格评定国家认可委员会
对象	向社会出具具有证明作用的数据、结果的检验检测机构	第一、二、三方实验室、检验机构、认可机构
评审依据	依据国家行业标准 RB/T 214—2017《检验检测机构资质认定能力评价 检验检测机构通用要求》等相关法律法规、标准规范	主要依据法律法规及 GB/T 27011《合格评定 认可机构通用要求》(等同采用 ISO/IEC 17011)等标准
收费标准	属政府行政许可事项,不收费	按其规定缴纳评审费等费用
证书有效性	资质认定证书使用 CMA 标识,在中华人民共和国境内有效	认可证书,使用 CNAS 标识,在中国境内和境外(国际互认范围内)均适用
证后监管	从国家到地方,各级市场监督管理部门	认监委和中国合格评定国家认可委员会

二、校准和检测实验室通用质量体系框架

以某机构同时承担计量检定、校准、第三方检验检测工作任务为例,其质量手册依据的主要法律法规与规范有《中华人民共和国计量法》、《中华人民共和国产品质量法》、JJF 1069—2012《法定计量检定机构考核规范》、RB/T 214—2017《检验检测机构资质认定能力评价 检验检测机构通用要求》、CNAS—CL01:2018《检测和校准实验室能力认可准则》(等同采用 ISO/IEC 17025:2017)。

其质量体系可按如下框架进行编制。

目 录

质量手册颁布令

质量手册适用性声明

公正性声明

第1章 前言
    1.1 概况
    1.2 机构识别

第2章 《质量手册》的管理
    2.1 《质量手册》的编制说明
    2.2 《质量手册》的管理
    2.3 《质量手册》的审批、颁布、修订和再版
    2.4 《质量手册》的宣贯实施

第3章 质量方针和目标
    3.1 质量方针
    3.2 质量目标
    3.3 质量承诺

第4章 组织和管理
    4.1 地位和责任
    4.2 组织机构
    4.3 管理层和部门职责
    4.4 岗位职责
    4.5 权力委派的规定
    4.6 顾客机密信息和所有权的保护
    4.7 保证公正性、诚实性和独立性的措施

第5章 管理体系
    5.1 总体要求
    5.2 管理职责
    5.3 体系文件
    5.4 文件控制
    5.5 记录控制
    5.6 管理评审

第6章 资源配置和管理
    6.1 总则
    6.2 人员
    6.3 设施和环境条件
    6.4 测量设备

第 7 章 检定、校准和检测的实施
    7.1 检定、校准和检测实施的策划
    7.2 与顾客有关的过程
    7.3 检定、校准和检测方法及方法的确认
    7.4 服务和供应品的采购
    7.5 分包
    7.6 量值溯源（计量溯源性）
    7.7 抽样
    7.8 检定、校准和检测物品的处置
    7.9 检定、校准和检测质量的保证
    7.10 原始记录和数据处理
    7.11 结果报告

第 8 章 管理体系改进
    8.1 改进
    8.2 不符合工作的控制
    8.3 顾客满意和投诉
    8.4 内部审核
    8.5 纠正措施
    8.6 预防措施及应对风险和机遇的措施
    8.7 改进

第 9 章 其他要求

附件一 授权签字人识别表

附件二 程序文件目录

附件三 通用作业指导书目录

附件四 修改记录

其程序文件可包括如下内容：
1. 保证公正性、诚实性、独立性及职业道德的程序
2. 保护顾客信息和所有权的程序
3. 文件与记录控制程序
4. 管理评审程序
5. 人力资源管理程序
6. 现场检定、校准和检测工作管理程序
7. 实验室环境条件设施和保障和内务管理程序
8. 设备和标准物质管理程序
9. 期间核查管理程序

10. 计量检定、校准和检测工作管理程序
11. 合同评审管理程序
12. 检定、校准和检测方法管理程序
13. 数据控制、维护和信息管理程序
14. 服务和供应品采购程序
15. 校准、检测工作分包管理程序
16. 量值溯源(计量溯源性)管理程序
17. 抽样管理程序
18. 检定、校准和检测物品管理程序
19. 处理例外情况的工作管理程序
20. 检定、校准和检测质量控制程序
21. 比对和能力验证管理程序
22. 原始记录和数据处理管理程序
23. 证书和报告管理程序
24. 不符合工作控制程序
25. 顾客满意和投诉处理程序
26. 内部审核控制程序
27. 纠正和预防措施及应对风险和机遇的措施控制程序
28. 开展新项目的评审程序
29. 安全作业管理程序
30. 实验室人员健康与环境保护程序
31. 计量标准管理程序
32. 强制检定管理程序
33. 质量监督管理程序
34. 测量不确定度评定管理程序
35. 校准和测量能力管理程序

扫描二维码观看
实验室和检验机构认可发展